住房和城乡建设部标准定额研究所　　建设工程造价技术资料

通用安装工程消耗量

TY 02-31-2021

第二册　热力设备安装工程

TONGYONG ANZHUANG GONGCHENG XIAOHAOLIANG
DI-ER CE RELI SHEBEI ANZHUANG GONGCHENG

中国计划出版社
北　京

图书在版编目（CIP）数据

通用安装工程消耗量 : TY02-31-2021. 第二册，热力设备安装工程 / 住房和城乡建设部标准定额研究所组织编制. -- 北京 : 中国计划出版社，2022.2
ISBN 978-7-5182-1400-6

Ⅰ. ①通… Ⅱ. ①住… Ⅲ. ①建筑安装－消耗定额－中国②热力系统－设备安装－消耗定额－中国 Ⅳ. ①TU723.3

中国版本图书馆CIP数据核字(2022)第002796号

责任编辑：张　颖　　　　封面设计：韩可斌
责任校对：杨奇志　谭佳艺　　责任印制：赵文斌　康媛媛

中国计划出版社出版发行
网址：www.jhpress.com
地址：北京市西城区木樨地北里甲11号国宏大厦C座3层
邮政编码：100038　电话：(010)63906433(发行部)
北京市科星印刷有限责任公司印刷

880mm×1230mm　1/16　22印张　661千字
2022年2月第1版　2022年2月第1次印刷

定价：154.00元

前　　言

工程造价是工程建设管理的重要内容。以人工、材料、机械消耗量分析为基础进行工程计价，是确定和控制工程造价的重要手段之一，也是基于成本的通用计价方法。长期以来，我国建立了以施工阶段为重点，涵盖房屋建筑、市政工程、轨道交通工程等各个专业的计价体系，为确定和控制工程造价、提高我国工程建设的投资效益发挥了重要作用。

随着我国工程建设技术的发展，新的工程技术、工艺、材料和设备不断涌现和应用，落后的工艺、材料、设备和施工组织方式不断被淘汰，工程建设中的人材机消耗量也随之发生变化。2020 年我部办公厅发布《工程造价改革工作方案》（建办标〔2020〕38 号），要求加快转变政府职能，优化概算定额、估算指标编制发布和动态管理，取消最高投标限价按定额计价的规定，逐步停止发布预算定额。为做好改革期间的过渡衔接，在住房和城乡建设部标准定额司的指导下，我所根据工程造价改革的精神，协调 2015 年版《房屋建筑与装饰工程消耗量定额》《市政工程消耗量定额》《通用安装工程消耗量定额》的部分主编单位、参编单位以及全国有关造价管理机构和专家，按照简明适用、动态调整的原则，对上述专业的消耗量定额进行了修订，形成了新的《房屋建筑与装饰工程消耗量》《市政工程消耗量》《通用安装工程消耗量》，由我所以技术资料形式印刷出版，供社会参考使用。

本次经过修订的各专业消耗量，是完成一定计量单位的分部分项工程人工、材料和机械用量，是一段时间内工程建设生产效率社会平均水平的反映。因每个工程项目情况不同，其设计方案、施工队伍、实际的市场信息、招投标竞争程度等内外条件各不相同，工程造价应当在本地区、企业实际人材机消耗量和市场价格的基础上，结合竞争规则、竞争激烈程度等参考选用与合理调整，不应机械地套用。使用本书消耗量造成的任何造价偏差由当事人自行负责。

本次修订中，各主编单位、参编单位、编制人员和审查人员付出了大量心血，在此一并表示感谢。由于水平所限，本书难免有所疏漏，执行中遇到的问题和反馈意见请及时联系主编单位。

住房和城乡建设部标准定额研究所

2021 年 11 月

总 说 明

一、《通用安装工程消耗量》共分十二册，包括：

第一册　机械设备安装工程

第二册　热力设备安装工程

第三册　静置设备与工艺金属结构制作安装工程

第四册　电气设备与线缆安装工程

第五册　建筑智能化工程

第六册　自动化控制仪表安装工程

第七册　通风空调安装工程

第八册　工业管道安装工程

第九册　消防安装工程

第十册　给排水、采暖、燃气安装工程

第十一册　信息通信设备与线缆安装工程

第十二册　防腐蚀、绝热工程

二、本消耗量适用于工业与民用新建、扩建工程项目中的通用安装工程。

三、本消耗量在《通用安装工程消耗量定额》TY 02-31-2015 基础上，以国家和有关行业发布的现行设计规程或规范、施工及验收规范、技术操作规程、质量评定标准、产品标准和安全操作规程、绿色建造规定、通用施工组织与施工技术等为依据编制。同时参考了有关省市、部委、行业、企业定额，以及典型工程设计、施工和其他资料。

四、本消耗量按照正常施工组织和施工条件，国内大多数施工企业采用的施工方法、机械装备水平、合理的劳动组织及工期进行编制。

1. 设备、材料、成品、半成品、构配件完整无损，符合质量标准和设计要求，附有合格证书和检验、试验合格记录。

2. 安装工程和土建工程之间的交叉作业合理、正常。

3. 正常的气候、地理条件和施工环境。

4. 安装地点、建筑物实体、设备基础、预留孔洞、预留埋件等均符合安装设计要求。

五、关于人工：

1. 本消耗量人工以合计工日表示，分别列出普工、一般技工和高级技工的工日消耗量。

2. 人工消耗量包括基本用工、辅助用工和人工幅度差。

3. 人工每工日按照 8 小时工作制计算。

六、关于材料：

1. 本消耗量材料泛指原材料、成品、半成品，包括施工中主要材料、辅助材料、周转材料和其他材料。本消耗量中以“(×××)”表示的材料为主要材料。

2. 材料用量：

(1)本消耗量中材料用量包括净用量和损耗量。

(2)材料损耗量包括从工地仓库运至安装堆放地点或现场加工地点运至安装地点的搬运损耗、安装操作损耗、安装地点堆放损耗。

(3)材料损耗量不包括场外的运输损失、仓库(含露天堆场)地点或现场加工地点保管损耗、由于材料规格和质量不符合要求而报废的数量；不包括规范、设计文件规定的预留量、搭接量、冗余量。

3. 本消耗量中列出的周转性材料用量是按照不同施工方法、考虑不同工程项目类别、选取不同材料规格综合计算出的摊销量。

4. 对于用量少、低值易耗的零星材料，列为其他材料。按照消耗性材料费用比例计算。

七、关于机械：

1. 本消耗量施工机械是按照常用机械、合理配备考虑，同时结合施工企业的机械化能力与水平等情况综合确定。

2. 本消耗量中的施工机械台班消耗量是按照机械正常施工效率并考虑机械施工适当幅度差综合取定。

3. 原单位价值在 2 000 元以内、使用年限在一年以内不构成固定资产的施工机械，不列入机械台班消耗量，其消耗的燃料动力等综合在其他材料费中。

八、关于仪器仪表：

1. 本消耗量仪器仪表是按照正常施工组织、施工技术水平考虑，同时结合市场实际情况综合确定。

2. 本消耗量中的仪器仪表台班消耗量是按照仪器仪表正常使用率，并考虑必要的检验检测及适当幅度差综合取定。

3. 原单位价值在 2 000 元以内、使用年限在一年以内不构成固定资产的仪器仪表，不列入仪器仪表台班消耗量，其消耗的燃料动力等综合在其他材料费中。

九、关于水平运输和垂直运输：

1. 水平运输：

（1）水平运输距离是指自现场仓库或指定堆放地点运至安装地点或垂直运输点的距离。本消耗量设备水平运距按照 200m、材料（含成品、半成品）水平运距按照 300m 综合取定，执行消耗量时不做调整。

（2）消耗量未考虑场外运输和场内二次搬运。工程实际发生时应根据有关规定另行计算。

2. 垂直运输：

（1）垂直运输基准面为室外地坪。

（2）本消耗量垂直运输按照建筑物层数 6 层以下、建筑高度 20m 以下、地下深度 10m 以内考虑，工程实际超过时，通过计算建筑物超高（深）增加费处理。

十、关于安装操作高度：

1. 安装操作基准面一般是指室外地坪或室内各层楼地面地坪。

2. 安装操作高度是指安装操作基准面至安装点的垂直高度。本消耗量除各册另有规定者外，安装操作高度综合取定为 6m 以内。工程实际超过时，计算安装操作高度增加费。

十一、关于建筑超高（深）增加费：

1. 建筑超高（深）增加费是指在建筑物层数 6 层以上、建筑高度 20m 以上、地下深度 10m 以上的建筑施工时，计算由于建筑超高（深）需要增加的安装费。各册另有规定者除外。

2. 建筑超高（深）增加费包括人工降效、使用机械（含仪器仪表、工具用具）降效、延长垂直运输时间等费用。

3. 建筑超高（深）增加费，以单位工程（群体建筑以车间或单楼设计为准）全部工程量（含地下、地上部分）为基数，按照系数法计算。系数详见各册说明。

4. 单位工程（群体建筑以车间或单楼设计为准）满足建筑高度、建筑物层数、地下深度之一者，应计算建筑超高（深）增加费。

十二、关于脚手架搭拆：

1. 本消耗量脚手架搭拆是根据施工组织设计、满足安装需要所采取的安装措施。脚手架搭拆除满足自身安全外，不包括工程项目安全、环保、文明等工作内容。

2. 脚手架搭拆综合考虑了不同的结构形式、材质、规模、占用时间等要素，执行消耗量时不做调整。

3. 在同一个单位工程内有若干专业安装时，凡符合脚手架搭拆计算规定，应分别计取脚手架搭拆费用。

十三、本消耗量没有考虑施工与生产同时进行、在有害身体健康(防腐蚀工程、检测项目除外)条件下施工时的降效,工程实际发生时根据有关规定另行计算。

十四、本消耗量适用于工程项目施工地点在海拔高度 2 000m 以下施工,超过时按照工程项目所在地区的有关规定执行。

十五、本消耗量中注有“× × 以内”或“× × 以下”及“小于”者,均包括 × × 本身;注有“× × 以外”或“× × 以上”及“大于”者,则不包括 × × 本身。

说明中未注明(或省略)尺寸单位的宽度、厚度、断面等,均以“mm”为单位。

十六、凡本说明未尽事宜,详见各册说明。

册 说 明

一、第二册《热力设备安装工程》(以下简称“本册”)适用于单台锅炉额定蒸发量小于 220t/h 的火力发电、供热工程中热力设备安装及调试工程,包括锅炉、锅炉附属设备、锅炉辅助设备、汽轮发电机、汽轮发电机附属设备、汽轮发电机辅助设备、燃料供应设备、除渣与除灰设备、发电厂水处理专用设备、脱硫与脱硝设备、炉墙保温与砌筑、工业与民用锅炉等安装。

二、本册主要依据的标准:

1.《锅炉安全技术监察规程》TSG G0001—2012;

2.《锅炉节能技术监督管理规程》TSG G0002—2010;

3.《固定式压力容器安全技术监察规程》TSG 21—2016;

4.《现场设备、工业管道焊接工程施工质量验收规范》GB 50683—2011;

5.《机械设备安装工程施工及验收通用规范》GB 50231—2009;

6.《锅炉安装工程施工及验收规范》GB 50273—2009;

7.《电业安全工作规程　第 1 部分:热力和机械》GB 26164.1—2010;

8.《小型火力发电厂设计规范》GB 50049—2011;

9.《秸秆发电厂设计规范》GB 50762—2012;

10.《生物质发电工程建设预算项目划分导则》DL/T 5474—2013;

11.《小型生物质锅炉技术条件》NB/T 34035—2020;

12.《小型生物质锅炉试验方法》NB/T 34036—2020;

13.《生物质循环流化床锅炉技术条件》NB/T 42030—2014;

14.《生物质链条炉排锅炉技术条件》NB/T 42118—2017;

15.《联合循环机组燃气轮机施工及质量验收规范》GB 50973—2014;

16.《工业燃气轮机安装技术规范》SY/T 0440—2010;

17.《燃气轮机及联合循环机组启动调试导则》DL/T 1835—2018;

18.《火力发电建设工程启动试运及验收规程》DL/T 5437—2009;

19.《火力发电建设工程机组调试技术规程》DL/T 5294—2013;

20.《火力发电机组性能试验导则》DL/T 1616—2016;

21.《通用安装工程消耗量定额》TY 02-31-2015。

三、本册除各章另有说明外,均包括下列工作内容:施工准备,设备、材料、工机具的场内运输,设备开箱检查、配合基础验收、设置垫铁,安放地脚螺栓,吊装设备就位、安装(含大型设备的组装、拼装)、连接,配合基础灌浆,设备精平、对中、固定,设备本体的附属设备、冷却系统、润滑系统及支架、防护罩等附件安装,配套电机安装,机组本体管道清洗,临时移动水源与电源,设备单体调整试验、配合检查验收等。

工作内容包括按照施工技术验收规范要求对设备、主要材料质量进行必要的检查、测量和调整工作。

四、本册不包括下列内容:

1. 设备基础铲磨,地脚螺栓孔修整、预压,在需要保护的楼地面上安装设备所需设施。

2. 地脚螺栓孔、设备基础台面灌浆。

3. 设备及其配套附件制作、修理、绝热(锅炉炉墙保温与砌筑除外)、防腐蚀以及设备性能测量、检测、试验等。

4. 电气系统、仪表系统、通风系统、设备本体第一个法兰以外的管道系统等安装、调试,不属于设备本体的附属设备或附件(如平台、梯子、栏杆、支架、容器、屏盘等)安装。

五、执行说明：

1. 本册不适用于单台额定蒸发量大于或等于 220t/h 及以上锅炉及其附属与辅助设备安装，单机容量大于或等于 50MW 汽轮发电机及其附属与辅助设备安装。工程实际需要时，执行电力行业相应定额。

2. 发电与供热工程通用设备安装，如空气压缩机、小型风机、水泵、油泵、桥吊、电动葫芦等，执行第一册《机械设备安装工程》相应项目。

3. 发电与供热工程各种管道与阀门及其附件安装执行第八册《工业管道安装工程》相应项目，防腐蚀、绝热执行第十二册《防腐蚀、绝热工程》相应项目。

4. 随热力设备供货且需要独立安装的电气设备、电缆、滑触线、电缆支架与桥架及槽盒等安装执行第四册《电气设备与线缆安装工程》相应项目。

5. 发电与供热设备分系统调试、整套启动调试、特殊项目测试与性能试验执行本册第十一章“热力设备调试工程”相应项目。

六、关于脚手架搭拆：

1. 本册脚手架搭拆按照人工费 7% 计算。其中：人工费为 40%、材料费为 53%、机械费为 7%。炉墙保温与砌筑工程人工费、第十一章“热力设备调试工程”人工费不作为计算脚手架搭拆计算基数。

2. 炉墙保温与砌筑工程脚手架搭拆按照本册脚手架项目计算。

七、本册中设备地脚螺栓和连接设备各部件的螺栓、销钉、垫片及传动装置润滑油料，按照随设备配套供货考虑。如果工程实际由施工单位采购配置安装所用螺栓、销钉、垫片及传动装置润滑油料时，根据实际安装用量加 3% 损耗率计算其费用。

目　录

第一章　锅炉安装工程

第二章　锅炉附属、辅助设备安装工程

第三章　汽轮发电机安装工程

第四章　汽轮发电机附属、辅助设备安装工程

第五章　燃料供应设备安装工程

第六章　除渣、除灰设备安装工程

第七章　发电厂水处理专用设备安装工程

第八章　脱硫、脱硝设备安装工程

第九章　炉墙保温与砌筑、耐磨衬砌工程

第十章　工业与民用锅炉安装工程

第十一章　热力设备调试工程

第一章　锅炉安装工程

说　　明

一、本章内容包括锅炉钢结构（炉架、平台、扶梯、栏杆、金属结构、不锈钢结构）、汽包、水冷系统、过热器系统、省煤器系统、空气预热器系统、本体管道系统、吹灰器、炉排、燃烧装置、炉内除灰渣装置安装及锅炉水压试验、锅炉风压试验、烘炉、煮炉、酸洗、蒸汽严密性试验、安全门调整等安装工程。不包括露天锅炉的特殊防护措施，炉墙砌筑与保温工作内容。

二、关于下列各项费用的规定：

1. 汽包安装包括汽包及其内部装置、汽包底座、膨胀指示器安装以及膨胀指示器支架配制，不包括膨胀指示器制作（按照设备供货考虑）。锅炉采用双汽包配置时，执行相应项目乘以系数 1.40。

2. 临时管道需要进行保温时，执行第十二册《防腐蚀、绝热工程》相应项目乘以系数 1.30（该系数综合考虑了永久保温与临时保温差异及保温材料拆除费用；临时保温保护层主材用量按照其永久保温保护层材料量的 25% 计算，临时保温绝热主材用量按照其永久保温绝热材料量的 50% 计算）。

3. 本章是按照锅炉设计压力 $P<9.8$MPa 编制，当工程锅炉设计 $P\geqslant 9.8$MPa 时，水冷系统、过热系统、省煤器系统安装及锅炉水压试验项目乘以系数 1.18（该系数综合考虑了焊材、检测等费用调整）。

4. 当锅炉钢架采用柱包筋方式安装时，钢架按系数调整，其中人工乘以系数 1.11，材料乘以系数 1.06，机械乘以系数 1.10。

三、有关说明：

1. 本章综合考虑了焊接或螺栓连接、合金管件焊前的预热及焊后热处理、不同形式的无损检验、受热面焊缝质量抽查和补焊、检验与抽查过程中配合用工。执行时，不得因方法、技术条件不同而调整。

2. 本章中包括校管平台、组合支架或平台、临时梯子与平台、硬支撑的搭拆，临时加固铁构件的制作、安装、拆除，设备、平台、扶梯等安装后补漆。

3. 锅炉平台、扶梯安装是指锅炉本体所属平台、扶梯、栏杆及栏板的安装，包括随锅炉供货的平台扶梯和根据安装设计配制的平台扶梯。不包括由建筑结构设计的相邻锅炉之间及锅炉与主厂房之间的连接平台扶梯的安装。

4. 锅炉钢结构安装包括钢架拉结件、护板、框架、桁架、金属内外墙板、密封条、联箱罩壳、炉顶罩壳、灰斗、旋风筒、连接烟（风）道、省煤器支撑梁、各类门孔（含引出管）、由锅炉厂家供应的炉顶雨水系统（檐沟、水斗、水口、虹吸装置、水落管）及锅炉零星构件安装。不包括下列工作内容，工程实际发生时，执行相应项目：省煤器支撑梁的通风管安装，支撑梁耐火塑料浇灌，炉墙砌筑用的小型铁件（炉墙支撑件、拉钩、耐火塑料挂钩）安装，金属结构制作，除锈、刷油漆。

5. 锅炉不锈钢结构项目主要适用于循环流化床锅炉中的不锈钢钢结构安装，亦适用于其他炉型中的不锈钢钢结构密封件及配件安装。

6. 水冷壁安装包括普通水冷壁组件及联箱、降水管、汽水引出管、管系支吊架、联箱支座或吊杆、水冷壁固定装置安装。

7. 过热器安装综合考虑了低温和高温过热器或前部和后部过热器安装，包括蛇形管排及组件、联箱、减温器、蒸汽联络管、联箱支座或吊杆、管排定位或支架铁件、防磨装置、管系支吊架安装。

8. 省煤器安装包括蛇形管排及管段、联箱、水联络管、联箱支座或吊杆、管排支吊铁件、防磨装置、管系支吊架安装。

9. 水冷壁、过热器、省煤器安装消耗量中包括管道通球试验、组件水压试验、安装后整体外形尺寸的检查调整、蛇形管排地面单排水压试验、表面式减温器抽芯检查与水压试验、混合式减温器内部清理、炉膛四周与顶棚管及穿墙管处的铁件及密封铁板密封焊接、膨胀指示器安装及其支架配制等工作内容。不包括膨胀指示器制作（按照设备供货考虑）。

10. 空气预热器安装包括管式预热器本体（管箱）、框架、护板、伸缩节、连通管及连接法兰、本体烟道挡板及其操作装置、防磨套管及密封结构安装，包括管箱本体渗油试验及一般性缺陷处理；不包括管箱上防磨套管间的塑料浇灌，工程发生时，执行本册第十章“炉墙砌筑”相应项目。

11. 本体管路系统安装是指由制造厂定型设计并随锅炉供货的省煤器至汽包的给水管、事故放水管、再循环管、定期排污、连续排污、汽水取样、加药、联箱疏水、放水及冲洗管、放空气管、加温水管、启动加热管、安全门、水位计、汽水阀门及传动装置、法兰孔板、过滤器、取样冷却器、压力表等及其管路支吊架的安装。

12. 本体管路系统安装中包括下列工作范围：

（1）管道坡口加工、对口焊接；

（2）随锅炉本体供货的阀门、安全门、水位计、取样冷却器的检查及水压试验；

（3）脉冲安全门支架、取样冷却器水槽及支架的配制与安装。

不包括下列工作内容，工程实际发生时，执行相应项目。

（1）重油或轻油点火管路与阀门及油枪的安装；

（2）安全门排汽管与点火排汽管及消音器的安装；

（3）给水操作平台阀门及管件安装。

13. 吹灰器安装包括吹灰器安装与调整，含吹灰器管路、阀门、支吊架及吹灰管路的蒸汽吹洗系统安装。

14. 炉排安装适用于燃煤链条炉炉排安装，其他介质的锅炉炉排可参照执行。锅炉炉排安装包括炉排、传动机（包括轨道、风室、煤闸门及挡灰装置等）安装、试转及调整。

15. 燃烧装置安装包括燃烧器及其支架、托架、平衡装置安装。助燃油装置安装包括重油或轻油点火管路与阀门及油枪的安装，不包括燃油锅炉燃烧器安装。

16. 炉底除灰渣装置安装包括水冷或风冷灰渣室、灰渣斗内装置安装，含护板框架结构、除渣槽、排渣门、浇渣喷嘴、水封槽等安装。

17. 锅炉水压试验是指锅炉本体汽、水系统的水压试验，包括水压试验用临时管路安装与拆除、临时固定件安装与割除、汽水管道临时封堵及支吊架加固与拆除、水压前进行一次0.2~0.3MPa气压试验、水压试验后对一般缺陷处理。

18. 锅炉风压试验是指锅炉本体燃烧室及尾部烟道（包括空气预热器）的风压试验。包括试验前对炉膛内部清理检查、孔门封闭、风压试验后对缺陷处理。

19. 烘炉、煮炉、锅炉酸洗包括临时加药箱与管路及临时炉箅的制作、安装、拆除，包括烘炉、煮炉、锅炉酸洗换水冲洗，停炉检修及缺陷消除。不包括给水管路的冲洗、附属机械静态与动态联动试验、配合锅炉汽水管路冲洗。当锅炉蒸发量小于或等于50t/h时，按同种类型小于或等于150t/h锅炉酸洗项目乘以系数0.65执行；当锅炉蒸发量小于或等于75t/h时，按同种类型小于或等于150t/h锅炉酸洗项目乘以系数0.88执行。

20. 蒸汽严密性试验及安全门调整包括炉膛与烟风道内部清理、蒸汽严密性试验，安全门锁定与恢复、安全门调整、缺陷消除；临时管路的安装与拆除、临时固定件的安装与割除、汽水管道临时封堵与拆除。

21. 本册按燃煤粉锅炉和生物质锅炉编制。当采用循环流化床锅炉时水冷壁系统安装、过热器系统安装、锅炉水压试验、锅炉风压试验、锅炉酸洗子目，人工费乘以系数1.05，材料、机械费乘以系数1.03，烘炉、煮炉子目，人工费、材料费乘以系数1.15、机械乘以系数1.05。

22. 锅炉钢结构油漆执行第十二册《防腐蚀、绝热工程》相应项目。

工程量计算规则

一、锅炉本体设备钢结构安装根据设计图示尺寸，按照成品重量以"t"为计量单位。生物质锅炉与燃煤锅炉本体平台扶梯均执行本册钢结构安装相应子目。计算组装、拼装、安装连接螺栓的重量，不计算焊条重量、下料及加工制作损耗量、设备包装材料、临时加固铁构件等重量。

1. 钢结构炉架安装重量包括燃烧室本体及尾部对流井的立柱、横梁、柱梁间连接铁件、斜撑、垂直拉结件（小柱）、框架结构等重量。随锅炉厂供应的电梯井架计算重量并入钢结构炉架安装重量中。

2. 锅炉平台、扶梯安装重量包括锅炉本体所属平台、扶梯、栏杆及栏板，按照设计配制的平台扶梯重量，不包括由建筑结构设计的相邻锅炉之间及锅炉与主厂房之间的连接平台扶梯的重量。

3. 金属结构安装重量包括钢结构拉结件、护板、框架、桁架、金属内外墙板、密封条、联箱罩壳、炉顶罩壳、灰斗、连接烟（风）道、省煤器支撑梁、各类孔门、锅炉露天布置时炉顶雨水系统及锅炉零星构件重量，不包括省煤器支撑梁的通风管重量，不计算炉墙、保温中的支撑件、拉钩、挂钩、保温钉等重量。锅炉露天布置时，随锅炉厂家供应的铝合金、塑料等非黑色金属结构炉顶雨水系统（檐沟、水斗、水口、虹吸装置、水落管）按照其重量的3倍计算安装重量。

（1）钢结构拉结件（俗称"钢结构拉条"）系指非主体结构系统内部使用，承受构件间拉力的系杆、水平支撑、斜十字形杆、对拉螺栓、U形螺栓等构件。

（2）护板系指⊓型布置锅炉冷灰斗护板、斜烟道护板、炉膛及对流井连续的转折罩等。

（3）框架系指浇制耐热混凝土墙的框架、斜炉顶框架、框架之间的密封铁板。

（4）金属内外墙板：内墙板系指密封炉顶耐热混凝土与保温层之间的埋置金属板，外墙板系指炉顶四周的金属板或波形板、与外墙板连接的铁构件、各部位埋置铁件与支撑等。

（5）联箱罩壳系指各个联箱罩壳和构架及铁件。

（6）炉顶罩壳系指炉顶盖板和构件及铁件。

（7）灰斗系指⊓型布置锅炉斜烟道（对流过热器下部）灰斗、对流井出口灰斗、内部平台和落灰管。

（8）各种孔门系指人孔、窥视孔、防爆门、防护短管、打焦孔、点火孔等门及引出管。

（9）黑色金属结构炉顶雨水系统系指铁制或钢制的檐沟、水斗、水口、虹吸装置、水落管等。

（10）锅炉零星构件系指上述项目以外且需要计算重量的锅炉组成构件。

（11）循环流化床锅炉的干式旋风分离器的重量。

4. 同一构件或配件出现不同材质时，应分别计算工程量。

二、汽包安装根据锅炉结构形式，按照锅炉台数以"套"为计量单位。锅炉采用双汽包配置时，按照一套计算工程量。

三、水冷系统、过热器系统、省煤器系统、空气预热器系统安装根据设计图示尺寸，按照成品重量以"t"为计量单位。不计算焊条、下料及加工制作损耗量、设备包装材料、临时加固铁构件重量。

1. 水冷系统安装重量包括：

水冷壁管、上下联箱、拉钩装置及组件的重量；

侧水冷壁上联箱支座或吊架组件的重量；

前后水冷壁中段和下联箱部位冷拉装置的重量；

降水管及支吊装置的重量；

升汽管（水冷壁上联箱至汽包导汽管）及支吊装置的重量；

循环流化床锅炉的湿式旋风分离器的重量，干式旋风分离器执行锅炉金属结构相应项目。

2. 过热器系统安装重量包括蛇形管排、进出口联箱、蒸汽连通管、表面式减温器或喷水减温器及减温器进出口管路和各个部位的支吊装置、梳形定位板、连接铁件等重量。

3. 省煤器系统安装重量包括蛇形管排、管夹、防磨铁、支吊架、进出口联箱及支座、出口联箱至汽包的给水管和吊架等重量。区分低温和高温省煤器时，应计算低温段出口联箱至高温段进出口联箱连通管的重量，并入省煤器系统安装重量中。

4. 空气预热器安装重量包括管箱及支座、护板、连通管、伸缩节及槽钢框架、密封装置、管箱防磨套管等重量。

四、本体管路系统安装根据设计图示尺寸，按照成品重量以“t”为计量单位。不计算焊条、下料及加工制作损耗量、管道包装材料、临时加固铁构件重量。计算随本体设备供货的本体管路重量，超出部分属于扩大供货，其重量按照第八册《工业管道安装工程》规定计算，并执行管道计算安装费。本体管路包括：

1. 事故放水管：由汽包接出至两只串联阀门止。
2. 定期排污管：由水冷壁下联箱接出至两只串联阀门止。
3. 连续排污管：由汽包接出至两只串联阀门止。
4. 省煤器再循环管：由汽包至省煤器进口联箱止。包括电动阀门和支吊架。
5. 疏、放水及冲洗管：从有关联箱接出至两只串联阀门止。
6. 放空气管：由各放空气管接出至两只串联阀门止。
7. 取样管：由各取样点接出至两只串联阀门止。包括冷却器及中间管路、取样槽和支架。
8. 水位计、安全门、点火排汽电动门。
9. 加药管路：由汽包接出至两只串联阀门止。
10. 就地表计和阀门。

五、吹灰器安装根据设备工作原理，按照设计图示数量以“台”或“套”为计量单位。

六、炉排安装根据设计图示尺寸，按照成品重量以“t”为计量单位。不计算焊条、下料及加工制作损耗量、设备包装材料、临时加固铁构件重量。计算炉排重量范围包括炉排、传动机、轨道、风室、煤闸门、挡灰装置、进煤斗、落煤管、炉排前侧封板、后部拉紧装置、前后拱金属结构、检修孔门等。

七、燃烧装置安装根据单台装置重量，按照锅炉数量以“个”或“台”为计量单位。

八、炉底除灰渣装置安装根据锅炉类型，按照成品重量以“t”为计量单位。不计算焊条、下料及加工制作损耗量、设备包装材料、临时加固铁构件重量。计算炉底除灰渣重量范围包括双向或单向水力（气力）排渣槽、护板框架结构、斜出灰槽、出灰门及操作机构、浇渣喷嘴系统、排渣槽水封、打渣孔门、灰渣斗及格栅、灰斗上部水封等。

九、锅炉水压试验、锅炉风压试验根据锅炉试运大纲的技术要求，按照锅炉数量以“台”为计量单位。

十、烘炉、煮炉、锅炉酸洗、蒸汽严密性试验根据锅炉安装的技术要求，按照锅炉数量以“台”为计量单位。

十一、流化床锅炉炉底除灰渣装置中不锈钢耐磨件计算重量，执行“受热面不锈钢结构”项目。

十二、如工程采用汽动给水泵，汽轮机部分按 2-3-5 项目执行，水泵套用相应的项目。

一、锅炉本体设备安装

1. 钢结构安装

工作内容：检查、组合、吊装、找正、固定。　　　　**计量单位：**t

编　号				2-1-1	2-1-2	2-1-3	2-1-4
项　目				钢结构炉架			
				锅炉蒸发量(t/h)			
				≤50	≤75	≤150	<220
名　称			单位	消　耗　量			
人工	合计工日		工日	7.585	6.590	6.180	5.026
	其中	普工	工日	2.275	1.977	1.854	1.508
		一般技工	工日	4.172	3.625	3.399	2.764
		高级技工	工日	1.138	0.988	0.927	0.754
材料	型钢(综合)		kg	28.178	25.955	15.343	12.473
	镀锌铁丝 φ2.5~4.0		kg	1.590	1.148	0.565	0.459
	圆钢(综合)		kg	4.552	3.978	6.985	5.678
	钢板(综合)		kg	7.222	6.562	6.177	4.963
	斜垫铁(综合)		kg	8.942	6.763	7.558	6.145
	扒钉		kg	0.889	0.612	0.323	0.262
	尼龙砂轮片 φ100		片	1.178	0.673	0.719	0.585
	低碳钢焊条(综合)		kg	8.967	5.508	4.530	3.683
	索具螺旋扣 M16×250		套	0.109	0.138	0.057	0.048
	枕木 2 500×250×200		根	0.196	0.115	0.105	0.086
	氧气		m^3	7.153	5.967	5.007	4.071
	乙炔气		kg	2.751	2.295	1.926	1.566
	其他材料费		%	2.00	2.00	2.00	2.00
机械	履带式起重机 25t		台班	0.365	0.323	0.225	0.183
	汽车式起重机 8t		台班	0.194	0.221	0.025	0.020
	自升式塔式起重机 2 500kN·m		台班	—	—	0.116	0.094
	载货汽车－普通货车 8t		台班	0.038	0.040	0.066	0.054
	弧焊机 20kV·A		台班	0.812	0.473	0.433	0.352
	弧焊机 32kV·A		台班	1.207	0.678	0.808	0.656
	电焊条烘干箱 60×50×75(cm^3)		台班	0.202	0.115	0.124	0.101

计量单位：t

编号			单位	2-1-5	2-1-6	2-1-7	2-1-8
项目				锅炉平台、扶梯			
				锅炉蒸发量（t/h）			
				≤ 50	≤ 75	≤ 150	<220
名称			单位	消耗量			
人工	合计工日		工日	9.712	9.228	8.429	7.594
	其中	普工	工日	2.913	2.768	2.528	2.278
		一般技工	工日	5.342	5.076	4.636	4.177
		高级技工	工日	1.457	1.384	1.265	1.139
材料	型钢（综合）		kg	7.372	7.515	8.797	9.960
	镀锌铁丝 ϕ2.5~4.0		kg	0.333	0.399	0.428	0.484
	圆钢（综合）		kg	0.684	1.017	1.501	1.700
	钢板（综合）		kg	9.605	9.757	9.500	10.756
	麻绳		kg	0.190	0.190	0.190	0.215
	尼龙砂轮片 ϕ100		片	2.432	2.328	2.917	3.302
	低碳钢焊条（综合）		kg	12.255	12.170	13.604	15.402
	枕木 2 500 × 250 × 200		根	0.057	0.057	0.057	0.065
	氧气		m^3	16.635	16.226	14.640	16.575
	乙炔气		kg	6.398	6.241	5.631	6.375
	镀锌钢管 *DN*25		m	3.686	3.800	4.076	4.614
	其他材料费		%	2.00	2.00	2.00	2.00
机械	履带式起重机 25t		台班	0.292	0.363	0.300	0.271
	汽车式起重机 8t		台班	0.036	0.072	0.036	0.035
	自升式塔式起重机 2 500kN·m		台班	—	—	0.197	0.196
	载货汽车－普通货车 5t		台班	0.028	0.036	0.072	0.069
	弧焊机 32kV·A		台班	3.864	3.700	4.624	4.449
	电焊条烘干箱 60 × 50 × 75（cm^3）		台班	0.386	0.370	0.462	0.445

计量单位：t

编号				2-1-9	2-1-10	2-1-11	2-1-12	2-1-13
项目				锅炉金属结构				受热面不锈钢结构
				锅炉蒸发量（t/h）				
				≤50	≤75	≤150	<220	
名称			单位	消耗量				
人工	合计工日		工日	11.684	10.535	9.429	8.198	18.680
	其中	普工	工日	3.506	3.161	2.829	2.459	5.604
		一般技工	工日	6.426	5.794	5.186	4.509	10.274
		高级技工	工日	1.752	1.580	1.414	1.230	2.802
材料	型钢（综合）		kg	6.964	18.440	25.926	28.920	25.926
	镀锌铁丝 ϕ2.5~4.0		kg	1.862	1.710	1.425	1.590	1.425
	圆钢（综合）		kg	0.808	—	—	—	—
	钢板（综合）		kg	4.275	5.145	5.225	5.828	5.225
	钍钨棒		g	—	—	—	—	70.490
	氩气		m^3	—	—	—	—	35.245
	不锈钢氩弧焊丝 1Cr18Ni9Ti ϕ3		kg	—	—	—	—	12.588
	铬不锈钢电焊条		kg	—	—	—	—	32.566
	低碳钢焊条（综合）		kg	13.300	11.030	10.412	11.615	—
	索具螺旋扣 M16×250		套	0.466	0.171	0.437	0.488	0.437
	枕木 2 500×250×200		根	0.076	0.029	0.133	0.148	0.133
	铅油（厚漆）		kg	1.397	0.409	0.684	0.763	0.684
	氧气		m^3	9.662	9.586	10.821	12.071	10.821
	乙炔气		kg	3.716	3.687	4.162	4.643	4.162
	无石棉扭绳 ϕ4~5 烧失量 24%		kg	1.397	0.409	0.722	0.805	0.722
	其他材料费		%	2.00	2.00	2.00	2.00	2.00
机械	履带式起重机 25t		台班	0.244	0.228	0.316	0.353	0.316
	汽车式起重机 8t		台班	0.046	0.102	—	—	—
	自升式塔式起重机 2 500kN·m		台班	—	—	0.099	0.100	0.101
	载货汽车－普通货车 5t		台班	0.054	0.054	0.108	0.121	0.108
	电动葫芦单速 2t		台班	0.362	0.272	0.452	0.505	0.452
	弧焊机 20kV·A		台班	—	—	—	—	12.217
	弧焊机 32kV·A		台班	3.202	3.312	2.560	2.857	1.007
	电焊条烘干箱 60×50×75（cm^3）		台班	0.320	0.331	0.256	0.286	1.322
	氩弧焊机 500A		台班	—	—	—	—	9.680

2. 汽包安装

(1)燃煤锅炉

工作内容：检查、起吊、安装、找正、固定，内部装置安装。 **计量单位：**套

编号				2-1-14	2-1-15	2-1-16	2-1-17
项目				锅炉蒸发量(t/h)			
				≤50	≤75	≤150	<220
名称			单位	消耗量			
人工	合计工日		工日	41.960	57.798	63.293	73.736
	其中	普工	工日	10.490	14.450	15.823	18.434
		一般技工	工日	25.176	34.678	37.976	44.242
		高级技工	工日	6.294	8.670	9.494	11.060
材料	型钢(综合)		kg	25.866	43.419	44.204	51.498
	镀锌铁丝 ϕ2.5~4.0		kg	2.166	5.235	5.325	6.204
	钢板(综合)		kg	3.249	3.700	3.700	4.311
	黑铅粉		kg	1.354	1.354	1.354	1.578
	橡胶板 δ5~10		kg	6.137	6.904	6.904	8.043
	无石棉橡胶板(低压) δ0.8~6.0		kg	2.708	3.430	3.430	3.995
	无石棉橡胶板(高压) δ0.5~8.0		kg	1.083	1.101	1.173	1.367
	白布		kg	1.561	1.570	1.652	1.924
	铁砂布 0#~2#		张	11.733	10.830	10.830	12.617
	低碳钢焊条(综合)		kg	6.327	6.263	6.236	7.265
	钢丝刷子		把	1.805	1.805	1.805	2.103
	索具螺旋扣 M16×250		套	1.805	2.708	1.805	2.103
	枕木 2 500×250×200		根	1.354	1.354	1.354	1.578
	酚醛调和漆		kg	0.587	0.587	0.903	1.051
	氧气		m^3	13.086	17.148	17.418	20.293
	乙炔气		kg	5.033	6.595	6.699	7.805
	其他材料费		%	2.00	2.00	2.00	2.00
机械	履带式起重机 25t		台班	1.157	1.671	0.934	1.088
	汽车式起重机 16t		台班	0.214	0.266	0.266	0.310
	自升式塔式起重机 2 500kN·m		台班	—	—	1.929	2.246
	载货汽车－普通货车 5t		台班	0.257	0.386	0.428	0.500
	电动单筒慢速卷扬机 30kN		台班	0.857	1.800	—	—
	电动单筒慢速卷扬机 50kN		台班	1.071	2.228	2.571	2.996
	弧焊机 32kV·A		台班	4.166	4.055	4.371	5.093
	电动空气压缩机 6m^3/min		台班	0.531	0.523	0.557	0.649
	轴流通风机 7.5kW		台班	3.137	3.137	3.335	3.884
	电焊条烘干箱 60×50×75(cm^3)		台班	0.417	0.405	0.437	0.509

(2)生物质锅炉

工作内容：检查、起吊、安装、找正、固定，内部装置安装。　　　　**计量单位：**套

编号				2-1-18	2-1-19	2-1-20	2-1-21
项目				锅炉蒸发量(t/h)			
				≤50	≤75	≤150	<220
名称			单位	消耗量			
人工	合计工日		工日	49.512	68.200	74.685	87.009
	其中	普工	工日	12.378	17.050	18.671	21.752
		一般技工	工日	29.707	40.920	44.811	52.206
		高级技工	工日	7.427	10.230	11.203	13.051
材料	型钢(综合)		kg	30.521	51.235	52.161	60.768
	镀锌铁丝 ϕ2.5~4.0		kg	2.556	6.177	6.283	7.320
	钢板(综合)		kg	3.834	4.366	4.366	5.087
	黑铅粉		kg	1.597	1.597	1.597	1.862
	橡胶板 δ5~10		kg	7.242	8.147	8.147	9.491
	无石棉橡胶板(低压) δ0.8~6.0		kg	3.195	4.047	4.047	4.715
	无石棉橡胶板(高压) δ0.5~8.0		kg	1.278	1.299	1.384	1.613
	白布		kg	1.842	1.853	1.949	2.270
	铁砂布 $0^{\#}$~$2^{\#}$		张	13.844	12.779	12.779	14.888
	低碳钢焊条(综合)		kg	7.465	7.391	7.359	8.573
	钢丝刷子		把	2.130	2.130	2.130	2.481
	索具螺旋扣 M16×250		套	2.130	3.195	2.130	2.481
	枕木 2 500×250×200		根	1.597	1.597	1.597	1.862
	酚醛调和漆		kg	0.692	0.692	1.065	1.241
	氧气		m^3	15.442	20.234	20.554	23.945
	乙炔气		kg	5.939	7.782	7.905	9.210
	其他材料费		%	2.00	2.00	2.00	2.00
机械	履带式起重机 25t		台班	1.400	2.022	1.130	1.317
	汽车式起重机 16t		台班	0.259	0.321	0.321	0.375
	自升式塔式起重机 2 500kN·m		台班	—	—	2.334	2.718
	载货汽车－普通货车 5t		台班	0.311	0.467	0.518	0.604
	电动单筒慢速卷扬机 30kN		台班	1.037	2.178	—	—
	电动单筒慢速卷扬机 50kN		台班	—	—	3.111	3.625
	弧焊机 32kV·A		台班	5.041	4.906	5.289	6.163
	电动空气压缩机 $6m^3$/min		台班	0.643	0.633	0.674	0.785
	轴流通风机 7.5kW		台班	3.796	3.796	4.035	4.700
	电焊条烘干箱 60×50×75(cm^3)		台班	0.504	0.491	0.529	0.616

3. 水冷系统安装

(1)燃 煤 锅 炉

工作内容: 检查、通球、组合、起吊、固定、安装、无损检验、热处理等。 **计量单位:** t

编号				2-1-22	2-1-23	2-1-24	2-1-25
项目				锅炉蒸发量(t/h)			
				≤ 50	≤ 75	≤ 150	<220
名称			单位	消耗量			
人工	合计工日		工日	14.013	13.442	12.700	10.733
	其中	普工	工日	3.503	3.361	3.175	2.683
		一般技工	工日	8.408	8.065	7.620	6.440
		高级技工	工日	2.102	2.016	1.905	1.610
材料	型钢(综合)		kg	41.734	40.795	23.390	19.285
	镀锌铁丝 ϕ2.5~4.0		kg	3.324	4.623	2.166	1.958
	钢板(综合)		kg	7.693	10.120	14.343	16.939
	铅板 80 × 300 × 3		kg	0.341	0.307	0.282	0.255
	铈钨棒		g	1.585	1.455	0.612	0.553
	塑料暗袋 80 × 300		副	0.639	0.567	0.519	0.469
	白布		kg	0.189	0.197	0.073	0.066
	麻绳		kg	0.414	0.370	0.237	0.214
	尼龙砂轮片 ϕ100		片	2.613	2.725	3.704	3.349
	铁砂布 0#~2#		张	3.389	3.024	0.919	0.831
	低碳钢焊条(综合)		kg	5.444	4.647	7.972	7.306
	氩弧焊丝		kg	0.283	0.260	0.109	0.099
	钢锯条		条	3.629	3.150	3.640	3.291
	索具螺旋扣 M16 × 250		套	0.385	0.197	0.155	0.143
	枕木 2 500 × 250 × 200		根	0.145	0.102	0.073	0.066
	白油漆		kg	0.131	0.118	0.109	0.099
	硫代硫酸钠		g	227.117	202.967	185.879	168.028
	无水亚硫酸钠		g	61.069	53.278	48.800	44.113
	溴化钾		g	2.526	2.252	2.066	1.868
	对苯二酚		g	5.552	4.962	4.541	4.105

续前

编　号			2-1-22	2-1-23	2-1-24	2-1-25
项　目			锅炉蒸发量(t/h)			
			≤ 50	≤ 75	≤ 150	<220
名　称		单位	消　耗　量			
材料	氩气	m^3	0.792	0.728	0.306	0.277
	氧气	m^3	9.261	8.576	7.909	7.467
	乙炔气	kg	3.562	3.299	3.042	2.872
	压敏胶粘带	m	7.570	6.765	6.198	5.602
	软胶片 80 × 300	张	13.166	11.766	10.776	9.740
	增感屏 80 × 300	副	0.660	0.591	0.537	0.485
	无缝钢管(综合)	kg	1.604	2.630	2.039	1.843
	紫铜管 ϕ4~13	kg	0.196	0.095	0.109	0.099
	像质计	个	0.639	0.567	0.519	0.469
	贴片磁铁	副	0.254	0.228	0.209	0.189
	英文字母铅码	套	0.414	0.370	0.346	0.313
	水	m^3	0.334	0.512	0.364	0.329
	号码铅字	套	0.414	0.370	0.346	0.313
	其他材料费	%	2.00	2.00	2.00	2.00
机械	履带式起重机 25t	台班	0.282	0.257	0.255	0.230
	汽车式起重机 8t	台班	0.228	0.184	—	—
	自升式塔式起重机 2 500kN · m	台班	—	—	0.119	0.108
	载货汽车 – 普通货车 5t	台班	0.116	0.095	0.125	0.113
	载货汽车 – 普通货车 8t	台班	—	—	0.063	0.056
	试压泵 60MPa	台班	0.029	0.027	0.031	0.029
	弧焊机 20kV · A	台班	1.659	1.350	2.303	2.082
	弧焊机 32kV · A	台班	0.830	1.242	1.228	1.110
	电动空气压缩机 $6m^3/min$	台班	0.182	0.216	0.203	0.183
	电焊条烘干箱 60 × 50 × 75(cm^3)	台班	0.249	0.259	0.353	0.319
	X 光片脱水烘干机 ZTH–340	台班	0.070	0.063	0.057	0.051
	氩弧焊机 500A	台班	0.250	0.230	0.100	0.090
仪表	X 射线探伤机	台班	1.020	0.909	0.832	0.752

(2)生物质锅炉

工作内容:检查、通球、组合、起吊、固定、安装、无损检验、热处理等。 **计量单位:**t

编号				2-1-26	2-1-27	2-1-28	2-1-29
项目				锅炉蒸发量(t/h)			
				≤50	≤75	≤150	<220
名称			单位	消耗量			
人工	合计工日		工日	14.013	13.442	12.700	10.733
	其中	普工	工日	3.503	3.361	3.175	2.683
		一般技工	工日	8.408	8.065	7.620	6.440
		高级技工	工日	2.102	2.016	1.905	1.610
材料	型钢(综合)		kg	43.820	42.835	24.559	20.249
	镀锌铁丝 ϕ2.5~4.0		kg	3.490	4.854	2.274	2.056
	钢板(综合)		kg	8.078	10.626	15.060	17.785
	铅板 80×300×3		kg	0.358	0.323	0.296	0.267
	铈钨棒		g	1.663	1.528	0.642	0.581
	塑料暗袋 80×300		副	0.671	0.595	0.545	0.493
	白布		kg	0.198	0.207	0.076	0.069
	麻绳		kg	0.434	0.389	0.248	0.224
	尼龙砂轮片 ϕ100		片	2.744	2.861	3.889	3.516
	铁砂布 $0^{\#}$~$2^{\#}$		张	3.559	3.175	0.965	0.873
	低碳钢焊条(综合)		kg	5.716	4.879	8.371	7.671
	氩弧焊丝		kg	0.297	0.273	0.115	0.104
	钢锯条		条	3.810	3.308	3.822	3.455
	索具螺旋扣 M16×250		套	0.404	0.207	0.162	0.150
	枕木 2 500×250×200		根	0.152	0.108	0.076	0.069
	白油漆		kg	0.137	0.124	0.115	0.104
	硫代硫酸钠		g	238.473	213.116	195.173	176.430
	无水亚硫酸钠		g	64.122	55.942	51.240	46.319
	溴化钾		g	2.652	2.365	2.169	1.961
	对苯二酚		g	5.830	5.210	4.768	4.310
	氩气		m^3	0.832	0.764	0.321	0.290
	氧气		m^3	9.724	9.005	8.304	7.840

续前

		编　　号	2-1-26	2-1-27	2-1-28	2-1-29
项　　目			锅炉蒸发量(t/h)			
			≤50	≤75	≤150	<220
名　　称		单位	消　耗　量			
材料	乙炔气	kg	3.740	3.464	3.194	3.016
	压敏胶粘带	m	7.949	7.103	6.508	5.882
	软胶片 80×300	张	13.824	12.354	11.314	10.227
	增感屏 80×300	副	0.694	0.620	0.564	0.510
	无缝钢管(综合)	kg	1.684	2.762	2.141	1.935
	紫铜管 ϕ4~13	kg	0.206	0.099	0.115	0.104
	像质计	个	0.671	0.595	0.545	0.493
	贴片磁铁	副	0.267	0.240	0.220	0.199
	英文字母铅码	套	0.434	0.389	0.363	0.328
	水	m^3	0.351	0.538	0.382	0.345
	号码铅字	套	0.434	0.389	0.363	0.328
	其他材料费	%	2.00	2.00	2.00	2.00
机械	履带式起重机 25t	台班	0.299	0.272	0.270	0.244
	汽车式起重机 8t	台班	0.242	0.195	—	—
	自升式塔式起重机 2 500kN·m	台班	—	—	0.126	0.115
	载货汽车－普通货车 5t	台班	0.123	0.100	0.132	0.120
	载货汽车－普通货车 8t	台班	—	—	0.067	0.059
	试压泵 60MPa	台班	0.031	0.028	0.033	0.030
	弧焊机 20kV·A	台班	1.759	1.431	2.442	2.207
	弧焊机 32kV·A	台班	0.879	1.316	1.301	1.176
	电动空气压缩机 6m^3/min	台班	0.193	0.229	0.215	0.194
	电焊条烘干箱 60×50×75(cm^3)	台班	0.264	0.275	0.374	0.338
	X光片脱水烘干机 ZTH-340	台班	0.075	0.067	0.061	0.054
	氩弧焊机 500A	台班	0.260	0.240	0.100	0.090
仪表	X射线探伤机	台班	1.082	0.963	0.882	0.798

4. 过热器系统安装

(1)燃 煤 锅 炉

工作内容：检查、通球、组合、起吊、固定、安装、无损检验、热处理等。　　计量单位：t

编号				2-1-30	2-1-31	2-1-32	2-1-33
项目				锅炉蒸发量(t/h)			
				≤50	≤75	≤150	<220
名称			单位	消耗量			
人工	合计工日		工日	15.570	14.677	14.020	12.229
	其中	普工	工日	4.671	4.403	4.206	3.668
		一般技工	工日	8.564	8.072	7.711	6.726
		高级技工	工日	2.335	2.202	2.103	1.835
材料	型钢(综合)		kg	22.244	19.845	14.863	13.572
	镀锌铁丝 ϕ2.5~4.0		kg	1.865	2.971	1.756	1.603
	钢板(综合)		kg	5.865	5.334	0.698	0.638
	铅板 80×300×3		kg	0.339	0.241	0.249	0.228
	铈钨棒		g	1.226	0.834	0.952	0.868
	无石棉橡胶板(高压) δ0.5~8.0		kg	0.379	0.149	—	—
	塑料暗袋 80×300		副	0.638	0.447	0.459	0.419
	白布		kg	0.120	0.115	0.100	0.091
	麻绳		kg	0.200	0.115	0.100	0.091
	扒钉		kg	0.509	0.459	0.339	0.310
	尼龙砂轮片 ϕ100		片	0.898	1.239	1.077	0.983
	铁砂布 0#~2#		张	4.000	2.696	2.643	2.414
	低碳钢焊条(综合)		kg	3.990	3.568	2.613	2.386
	低合金钢耐热焊条(综合)		kg	—	—	0.878	0.802
	氩弧焊丝		kg	0.219	0.149	0.170	0.155
	索具螺旋扣 M16×250		套	0.190	0.092	0.020	0.017
	枕木 2 500×250×200		根	0.190	0.103	0.020	0.018
	白油漆		kg	0.130	0.092	0.090	0.082
	硫代硫酸钠		g	229.196	157.707	163.121	148.952
	无水亚硫酸钠		g	60.169	44.841	42.823	39.103
	溴化钾		g	2.544	1.755	1.815	1.658
	对苯二酚		g	5.606	3.854	3.990	3.643
	氩气		m^3	0.613	0.417	0.476	0.434
	氧气		m^3	16.858	11.471	10.374	9.473

续前

编　号			2-1-30	2-1-31	2-1-32	2-1-33
项　目			锅炉蒸发量(t/h)			
			≤50	≤75	≤150	<220
名　称		单位	消　耗　量			
材料	乙炔气	kg	6.484	4.412	3.990	3.643
	压敏胶粘带	m	7.641	5.254	5.436	4.965
	无石棉布(综合)烧失量 32%	kg	—	1.445	1.716	1.567
	无石棉扭绳 ϕ4~5 烧失量 24%	kg	—	0.700	0.878	0.802
	软胶片 80×300	张	13.287	9.143	9.456	8.635
	增感屏 80×300	副	0.668	0.459	0.469	0.428
	无缝钢管(综合)	kg	2.334	2.363	1.995	1.822
	紫铜管 ϕ4~13	kg	0.140	0.138	0.090	0.082
	像质计	个	0.638	0.447	0.459	0.419
	镍铬电阻丝 ϕ3.2	kg	—	0.206	0.200	0.183
	贴片磁铁	副	0.259	0.172	0.180	0.164
	英文字母铅码	套	0.419	0.287	0.299	0.273
	水	m^3	0.170	0.115	0.120	0.109
	号码铅字	套	0.419	0.287	0.299	0.273
	其他材料费	%	2.00	2.00	2.00	2.00
机械	履带式起重机 25t	台班	0.231	0.309	0.297	0.271
	汽车式起重机 8t	台班	0.201	0.144	—	—
	自升式塔式起重机 2 500kN·m	台班	—	—	0.096	0.088
	载货汽车-普通货车 5t	台班	—	0.066	0.057	0.053
	载货汽车-普通货车 8t	台班	0.067	—	—	—
	电动葫芦单速 2t	台班	0.201	0.408	—	—
	电动葫芦单速 3t	台班	—	—	0.403	0.368
	中频加热处理机 50kW	台班	—	0.144	0.172	0.158
	试压泵 60MPa	台班	0.087	0.034	0.231	0.210
	弧焊机 20kV·A	台班	—	1.368	1.228	1.121
	弧焊机 32kV·A	台班	1.458	0.585	0.498	0.455
	电动空气压缩机 $6m^3/min$	台班	0.269	0.265	0.250	0.227
	电焊条烘干箱 60×50×75(cm^3)	台班	0.146	0.195	0.173	0.158
	X光片脱水烘干机 ZTH-340	台班	0.125	0.088	0.087	0.079
	氩弧焊机 500A	台班	0.190	0.130	0.150	0.140
仪表	X射线探伤机	台班	1.726	1.192	1.228	1.121

(2)生物质锅炉

工作内容:检查、通球、组合、起吊、固定、安装、无损检验、热处理等。 计量单位:t

编号			2-1-34	2-1-35	2-1-36	2-1-37
项目			锅炉蒸发量(t/h)			
			≤50	≤75	≤150	<220
名称		单位	消耗量			
人工	合计工日	工日	15.687	14.788	14.123	12.967
	其中 普工	工日	4.706	4.436	4.237	3.890
	其中 一般技工	工日	8.628	8.133	7.768	7.132
	其中 高级技工	工日	2.353	2.219	2.118	1.945
材料	型钢(综合)	kg	23.072	20.584	15.416	14.817
	镀锌铁丝 ϕ2.5~4.0	kg	1.935	3.082	1.821	1.751
	钢板(综合)	kg	6.083	5.533	0.724	0.697
	铅板 80×300×3	kg	0.352	0.250	0.259	0.249
	铈钨棒	g	1.276	0.866	0.985	0.949
	无石棉橡胶板(高压)δ0.5~8.0	kg	0.393	0.155	—	—
	塑料暗袋 80×300	副	0.663	0.464	0.476	0.457
	白布	kg	0.124	0.119	0.103	0.100
	麻绳	kg	0.207	0.119	0.103	0.100
	扒钉	kg	0.528	0.476	0.352	0.338
	尼龙砂轮片 ϕ100	片	0.931	1.285	1.117	1.074
	铁砂布 0#~2#	张	4.149	2.796	2.742	2.635
	低碳钢焊条(综合)	kg	4.138	3.700	2.711	2.605
	低合金钢耐热焊条(综合)	kg	—	—	0.910	0.875
	氩弧焊丝	kg	0.228	0.155	0.176	0.169
	索具螺旋扣 M16×250	套	0.196	0.095	0.021	0.019
	枕木 2 500×250×200	根	0.196	0.107	0.021	0.020
	白油漆	kg	0.135	0.095	0.093	0.089
	硫代硫酸钠	g	237.724	163.575	169.191	162.626
	硼酸	g	7.428	5.116	5.287	5.081
	无水亚硫酸钠	g	62.409	46.510	44.416	42.693
	溴化钾	g	2.638	1.820	1.883	1.810
	对苯二酚	g	5.814	3.998	4.138	3.978
	氩气	m^3	0.638	0.433	0.492	0.475
	氧气	m^3	17.485	11.898	10.760	10.342

续前

编号			2-1-34	2-1-35	2-1-36	2-1-37
项目			锅炉蒸发量（t/h）			
			≤50	≤75	≤150	<220
名称		单位	消耗量			
材料	乙炔气	kg	6.725	4.576	4.138	3.978
	压敏胶粘带	m	7.926	5.449	5.639	5.420
	无石棉布（综合）烧失量 32%	kg	—	1.499	1.780	1.711
	无石棉扭绳 ϕ4~5 烧失量 24%	kg	—	0.726	0.910	0.875
	软胶片 80×300	张	13.781	9.483	9.808	9.428
	增感屏 80×300	副	0.693	0.476	0.486	0.467
	无缝钢管（综合）	kg	2.421	2.451	2.069	1.989
	紫铜管 ϕ4~13	kg	0.145	0.143	0.093	0.089
	像质计	个	0.663	0.464	0.476	0.457
	镍铬电阻丝 ϕ3.2	kg	—	0.214	0.207	0.199
	贴片磁铁	副	0.269	0.178	0.186	0.179
	英文字母铅码	套	0.435	0.297	0.310	0.298
	水	m^3	0.176	0.119	0.124	0.119
	号码铅字	套	0.435	0.297	0.310	0.298
	其他材料费	%	2.00	2.00	2.00	2.00
机械	履带式起重机 25t	台班	0.230	0.308	0.296	0.285
	汽车式起重机 8t	台班	0.201	0.143	—	—
	自升式塔式起重机 2 500kN·m	台班	—	—	0.095	0.092
	载货汽车－普通货车 5t	台班	—	0.066	0.057	0.055
	载货汽车－普通货车 8t	台班	0.067	—	—	—
	电动葫芦单速 2t	台班	0.201	0.407	—	—
	电动葫芦单速 3t	台班	—	—	0.402	0.386
	中频加热处理机 50kW	台班	—	0.143	0.172	0.165
	试压泵 60MPa	台班	0.086	0.033	0.230	0.221
	弧焊机 20kV·A	台班	—	1.364	1.224	1.177
	弧焊机 32kV·A	台班	1.454	0.583	0.497	0.478
	电动空气压缩机 6m^3/min	台班	0.268	0.265	0.249	0.239
	电焊条烘干箱 60×50×75（cm^3）	台班	0.145	0.195	0.172	0.166
	X 光片脱水烘干机 ZTH-340	台班	0.125	0.088	0.086	0.083
	氩弧焊机 500A	台班	0.200	0.100	0.160	0.150
仪表	X 射线探伤机	台班	1.722	1.189	1.224	1.177

5. 省煤器系统安装

（1）燃 煤 锅 炉

工作内容：检查、通球、组合、起吊、固定、安装、无损检验、热处理等。　　　　**计量单位：**t

编　号				2-1-38	2-1-39	2-1-40	2-1-41
项　目				锅炉蒸发量（t/h）			
				≤ 50	≤ 75	≤ 150	<220
名　称			单位	消　耗　量			
人工	合计工日		工日	15.334	15.008	12.540	11.151
	其中	普工	工日	4.600	4.502	3.762	3.345
		一般技工	工日	8.434	8.255	6.897	6.133
		高级技工	工日	2.300	2.251	1.881	1.673
材料	型钢（综合）		kg	13.845	16.758	25.137	25.780
	镀锌铁丝 ϕ2.5~4.0		kg	2.195	1.452	1.556	1.596
	钢板（综合）		kg	16.179	6.145	22.643	23.223
	铅板 80×300×3		kg	0.209	0.196	0.200	0.204
	铈钨棒		g	0.616	0.547	0.279	0.286
	无石棉橡胶板（高压）δ0.5~8.0		kg	0.140	0.098	0.080	0.082
	塑料暗袋 80×300		副	0.389	0.363	0.369	0.378
	白布		kg	0.180	0.070	0.140	0.143
	扒钉		kg	0.329	0.335	0.249	0.256
	尼龙砂轮片 ϕ100		片	1.736	1.466	1.496	1.535
	铁砂布 $0^{\#}$~$2^{\#}$		张	2.175	2.151	4.449	4.563
	低碳钢焊条（综合）		kg	6.424	4.636	5.496	5.637
	氩弧焊丝		kg	0.110	0.098	0.050	0.051
	索具螺旋扣 M16×250		套	0.509	0.265	0.329	0.335
	枕木 2 500×250×200		根	0.150	0.098	0.229	0.235
	白油漆		kg	0.080	0.070	0.080	0.082
	酚醛调和漆		kg	0.130	0.070	0.080	0.082
	硫代硫酸钠		g	137.485	128.883	129.914	133.240
	硼酸		g	4.299	4.036	4.060	4.164
	无水亚硫酸钠		g	36.090	33.963	34.105	34.978
	溴化钾		g	1.526	1.438	1.446	1.483

续前

编号			2-1-38	2-1-39	2-1-40	2-1-41
项目			锅炉蒸发量(t/h)			
			≤50	≤75	≤150	<220
名称		单位	消耗量			
材料	对苯二酚	g	3.362	3.156	3.172	3.253
	氩气	m^3	0.308	0.274	0.140	0.143
	氧气	m^3	12.958	14.719	12.379	12.696
	乙炔气	kg	4.984	5.661	4.761	4.883
	压敏胶粘带	m	4.579	4.301	4.329	4.440
	软胶片 80×300	张	7.970	7.471	7.531	7.724
	增感屏 80×300	副	0.399	0.377	0.379	0.389
	无缝钢管(综合)	kg	6.833	1.327	0.100	0.102
	紫铜管 ϕ4~13	kg	0.100	0.070	0.100	0.102
	像质计	个	0.389	0.363	0.369	0.378
	贴片磁铁	副	0.150	0.140	0.150	0.153
	英文字母铅码	套	0.249	0.237	0.239	0.246
	水	m^3	0.309	0.461	0.319	0.327
	号码铅字	套	0.249	0.237	0.239	0.246
	其他材料费	%	2.00	2.00	2.00	2.00
机械	履带式起重机 25t	台班	0.386	0.465	0.285	0.282
	自升式塔式起重机 2 500kN·m	台班	—	—	0.095	0.089
	载货汽车-普通货车 5t	台班	0.095	—	0.095	0.097
	载货汽车-普通货车 8t	台班	—	0.133	0.095	0.097
	电动葫芦单速 2t	台班	0.351	0.319	0.133	0.136
	试压泵 60MPa	台班	0.503	0.226	0.266	0.273
	弧焊机 32kV·A	台班	2.771	2.299	2.353	2.414
	电动空气压缩机 6m^3/min	台班	0.448	0.359	0.332	0.340
	电焊条烘干箱 60×50×75(cm^3)	台班	0.277	0.230	0.235	0.241
	X光片脱水烘干机 ZTH-340	台班	0.076	0.067	0.067	0.068
	氩弧焊机 500A	台班	0.100	0.090	0.040	0.040
仪表	X射线探伤机	台班	1.025	0.969	0.968	0.992

（2）生物质锅炉

工作内容：检查、通球、组合、起吊、固定、安装、无损检验、热处理等。　　**计量单位：**t

编号			2-1-42	2-1-43	2-1-44	2-1-45
项目			锅炉蒸发量（t/h）			
			≤50	≤75	≤150	<220
名称		单位	消耗量			
人工	合计工日	工日	16.268	15.922	13.304	11.829
	其中 普工	工日	4.880	4.776	3.992	3.548
	其中 一般技工	工日	8.948	8.758	7.317	6.506
	其中 高级技工	工日	2.440	2.388	1.995	1.775
材料	型钢（综合）	kg	15.569	18.845	28.268	28.991
	镀锌铁丝 ϕ2.5~4.0	kg	2.468	1.633	1.750	1.795
	钢板（综合）	kg	18.195	6.910	25.464	26.115
	铅板 80×300×3	kg	0.235	0.220	0.224	0.230
	铈钨棒	g	0.689	0.616	0.314	0.322
	无石棉橡胶板（高压）δ0.5~8.0	kg	0.157	0.110	0.090	0.092
	塑料暗袋 80×300	副	0.438	0.408	0.415	0.425
	白布	kg	0.201	0.079	0.157	0.161
	扒钉	kg	0.370	0.377	0.280	0.288
	尼龙砂轮片 ϕ100	片	1.951	1.649	1.683	1.726
	铁砂布 0#~2#	张	2.445	2.418	5.003	5.131
	低碳钢焊条（综合）	kg	7.224	5.214	6.181	6.339
	氩弧焊丝	kg	0.123	0.110	0.056	0.057
	索具螺旋扣 M16×250	套	0.572	0.298	0.370	0.377
	枕木 2 500×250×200	根	0.169	0.110	0.258	0.265
	白油漆	kg	0.090	0.079	0.090	0.092
	酚醛调和漆	kg	0.146	0.079	0.090	0.092
	硫代硫酸钠	g	154.609	144.936	146.096	149.836
	硼酸	g	4.835	4.539	4.565	4.683
	无水亚硫酸钠	g	40.584	38.193	38.352	39.335
	溴化钾	g	1.716	1.618	1.627	1.668
	对苯二酚	g	3.780	3.549	3.567	3.659

续前

编号			2-1-42	2-1-43	2-1-44	2-1-45
项目			锅炉蒸发量(t/h)			
			≤50	≤75	≤150	<220
名称		单位	消耗量			
材料	氩气	m^3	0.344	0.308	0.157	0.161
	氧气	m^3	14.572	16.552	13.921	14.278
	乙炔气	kg	5.605	6.366	5.354	5.491
	压敏胶粘带	m	5.148	4.837	4.868	4.993
	软胶片 80×300	张	8.962	8.402	8.469	8.686
	增感屏 80×300	副	0.448	0.424	0.426	0.437
	无缝钢管(综合)	kg	7.684	1.492	0.112	0.115
	紫铜管 ϕ4~13	kg	0.112	0.079	0.112	0.115
	像质计	个	0.438	0.408	0.415	0.425
	贴片磁铁	副	0.169	0.157	0.168	0.172
	英文字母铅码	套	0.281	0.267	0.269	0.276
	水	m^3	0.348	0.518	0.359	0.368
	号码铅字	套	0.281	0.267	0.269	0.276
	其他材料费	%	2.00	2.00	2.00	2.00
机械	履带式起重机 25t	台班	0.425	0.512	0.314	0.311
	自升式塔式起重机 2 500kN·m	台班	—	—	0.104	0.098
	载货汽车－普通货车 5t	台班	0.104	—	0.104	0.107
	载货汽车－普通货车 8t	台班	—	0.146	0.104	0.107
	电动葫芦单速 2t	台班	0.387	0.352	0.146	0.150
	试压泵 60MPa	台班	0.555	0.249	0.293	0.301
	弧焊机 32kV·A	台班	3.055	2.535	2.595	2.661
	电动空气压缩机 $6m^3/min$	台班	0.494	0.395	0.366	0.375
	电焊条烘干箱 60×50×75(cm^3)	台班	0.306	0.253	0.259	0.266
	X 光片脱水烘干机 ZTH-340	台班	0.083	0.074	0.074	0.075
	氩弧焊机 500A	台班	0.110	0.100	0.050	0.050
仪表	X 射线探伤机	台班	1.130	1.069	1.067	1.094

6. 空气预热器系统安装

（1）燃 煤 锅 炉

工作内容：检查、组合、起吊、安装、找正、固定。 **计量单位：**t

编号				2-1-46	2-1-47	2-1-48
项目				锅炉蒸发量（t/h）		
				≤ 75	≤ 150	<220
名称			单位	消耗量		
人工	合计工日		工日	3.893	3.117	2.916
	其中	普工	工日	1.168	0.935	0.875
		一般技工	工日	2.141	1.714	1.604
		高级技工	工日	0.584	0.468	0.437
材料	型钢（综合）		kg	4.977	2.993	2.801
	镀锌铁丝 ϕ2.5~4.0		kg	0.431	0.788	0.737
	钢板（综合）		kg	2.331	2.342	2.191
	低碳钢焊条（综合）		kg	5.051	4.442	4.157
	索具螺旋扣 M16 × 250		套	0.053	0.021	0.019
	枕木 2 500 × 250 × 200		根	0.021	0.032	0.029
	铅油（厚漆）		kg	0.179	0.326	0.304
	氧气		m^3	3.728	2.678	2.506
	乙炔气		kg	1.434	1.030	0.964
	无石棉扭绳 ϕ4~5 烧失量 24%		kg	0.263	0.252	0.236
	其他材料费		%	2.00	2.00	2.00
机械	履带式起重机 25t		台班	0.152	0.131	0.123
	汽车式起重机 8t		台班	0.040	0.040	0.038
	自升式塔式起重机 2 500kN·m		台班	—	0.051	0.048
	载货汽车 – 普通货车 5t		台班	0.060	0.060	0.056
	弧焊机 32kV·A		台班	1.343	1.767	1.653
	电焊条烘干箱 60 × 50 × 75（cm^3）		台班	0.134	0.177	0.165

（2）生物质锅炉

工作内容：检查、组合、起吊、安装、找正、固定。　　　　**计量单位：**t

编　号				2-1-49	2-1-50	2-1-51
项　目				锅炉蒸发量（t/h）		
				≤75	≤150	<220
名　称			单位	消　耗　量		
人工	合计工日		工日	4.011	3.211	3.003
	其中	普工	工日	1.203	0.963	0.901
		一般技工	工日	2.206	1.766	1.652
		高级技工	工日	0.602	0.482	0.450
材料	型钢（综合）		kg	5.126	3.082	2.885
	镀锌铁丝　ϕ2.5~4.0		kg	0.443	0.811	0.759
	钢板（综合）		kg	2.401	2.412	2.257
	低碳钢焊条（综合）		kg	5.202	4.575	4.282
	索具螺旋扣　M16×250		套	0.054	0.022	0.019
	枕木　2 500×250×200		根	0.022	0.032	0.030
	铅油（厚漆）		kg	0.184	0.335	0.313
	氧气		m^3	3.839	2.758	2.581
	乙炔气		kg	1.477	1.061	0.993
	无石棉扭绳　ϕ4~5　烧失量　24%		kg	0.270	0.260	0.243
	其他材料费		%	2.00	2.00	2.00
机械	履带式起重机　25t		台班	0.159	0.138	0.129
	汽车式起重机　8t		台班	0.042	0.042	0.040
	自升式塔式起重机　2 500kN·m		台班	—	0.053	0.050
	载货汽车－普通货车　5t		台班	0.063	0.063	0.059
	弧焊机　32kV·A		台班	1.410	1.855	1.736
	电焊条烘干箱　60×50×75（cm^3）		台班	0.141	0.186	0.174

7. 本体管道系统安装

工作内容：坡口加工、对口焊接、起吊、安装、无损检验、热处理等。 **计量单位：**t

编　号				2-1-52	2-1-53	2-1-54	2-1-55
项　目				锅炉蒸发量（t/h）			
				≤50	≤75	≤150	<220
名　称			单位	消　耗　量			
人工	合计工日		工日	29.846	26.511	22.907	20.303
	其中	普工	工日	5.969	5.302	4.581	4.061
		一般技工	工日	17.908	15.907	13.745	12.181
		高级技工	工日	5.969	5.302	4.581	4.061
材料	型钢（综合）		kg	85.187	64.239	56.159	48.578
	镀锌铁丝 ϕ2.5~4.0		kg	4.499	2.773	3.671	3.524
	铅板 80×300×3		kg	0.239	0.170	0.200	0.192
	铈钨棒		g	2.123	1.229	1.899	1.820
	无石棉橡胶板（高压）δ0.5~8.0		kg	1.187	0.349	0.449	0.431
	塑料暗袋 80×300		副	0.439	0.319	0.369	0.354
	白布		kg	1.636	1.217	0.988	0.948
	麻绳		kg	—	0.219	0.249	0.239
	尼龙砂轮片 ϕ100		片	2.803	3.481	3.002	2.883
	铁砂布 0#~2#		张	6.105	6.135	4.589	4.405
	低碳钢焊条（综合）		kg	10.574	17.057	14.264	13.694
	不锈钢焊条（综合）		kg	0.549	0.369	0.209	0.201
	氩弧焊丝		kg	0.379	0.219	0.339	0.325
	钢锯条		条	28.429	25.017	20.549	19.727
	砂子 中砂		t	0.110	0.100	0.090	0.086
	白油漆		kg	0.090	0.070	0.080	0.077
	酚醛调和漆		kg	0.249	0.269	0.209	0.201
	油浸无石棉盘根 编织 ϕ6~10（250℃）		kg	0.788	0.768	0.599	0.575
	金属清洗剂		kg	0.382	0.288	0.240	0.230
	机油		kg	0.778	0.698	0.569	0.546
	黄甘油		kg	0.289	—	—	—
	硫代硫酸钠		g	154.692	112.358	129.914	124.717
	硼酸		g	4.838	3.511	4.060	3.897
	无水亚硫酸钠		g	40.608	29.496	34.105	32.740
	溴化钾		g	1.716	1.247	1.446	1.389
	对苯二酚		g	3.781	2.743	3.172	3.045

续前

编号			2-1-52	2-1-53	2-1-54	2-1-55
项目			锅炉蒸发量(t/h)			
			≤50	≤75	≤150	<220
名称		单位	消耗量			
材料	氩气	m^3	1.061	0.614	0.950	0.910
	氧气	m^3	30.324	19.751	21.347	20.493
	乙炔气	kg	11.663	7.596	8.210	7.882
	压敏胶粘带	m	5.157	3.741	4.329	4.156
	无石棉布(综合)烧失量 32%	kg	1.097	1.536	0.978	0.939
	无石棉扭绳 ϕ4~5 烧失量 24%	kg	1.187	0.708	0.628	0.603
	软胶片 80×300	张	8.968	6.514	7.531	7.230
	增感屏 80×300	副	0.449	0.329	0.379	0.364
	钢齿形垫(综合)	片	0.299	0.798	0.698	0.670
	像质计	个	0.439	0.319	0.369	0.354
	硬铜绞线 TJ-120mm^2	kg	—	1.357	0.978	0.939
	贴片磁铁	副	0.170	0.130	0.150	0.144
	英文字母铅码	套	0.289	0.209	0.239	0.229
	水	m^3	0.110	0.080	0.090	0.086
	号码铅字	套	0.289	0.209	0.239	0.229
	其他材料费	%	2.00	2.00	2.00	2.00
机械	履带式起重机 25t	台班	0.103	0.200	0.106	0.104
	汽车式起重机 8t	台班	0.104	0.267	—	—
	自升式塔式起重机 2 500kN·m	台班	—	—	0.232	0.220
	载货汽车-普通货车 5t	台班	0.133	0.180	0.180	0.173
	电动葫芦单速 3t	台班	0.446	1.139	0.911	0.875
	坡口机 2.2kW	台班	0.105	0.170	0.294	0.282
	中频加热处理机 50kW	台班	—	0.086	0.057	0.055
	试压泵 60MPa	台班	0.474	0.778	0.531	0.510
	弧焊机 20kV·A	台班	0.304	0.285	0.285	0.273
	弧焊机 32kV·A	台班	4.441	5.513	4.764	4.573
	电动空气压缩机 6m^3/min	台班	1.101	0.351	0.427	0.410
	鼓风机 18m^3/min	台班	0.076	—	—	—
	电焊条烘干箱 60×50×75(cm^3)	台班	0.474	0.580	0.505	0.485
	X光片脱水烘干机 ZTH-340	台班	0.086	0.057	0.067	0.064
	氩弧焊机 500A	台班	0.340	0.190	0.300	0.290
仪表	X射线探伤机	台班	0.847	0.835	0.968	0.930

8. 吹灰器安装

工作内容：检查、组合、安装、找正、固定、单体调试。

编号				2-1-56	2-1-57
项目				蒸汽吹灰器	声波吹灰器
				台	套
名称			单位	消耗量	
人工	合计工日		工日	3.509	6.575
	其中	普工	工日	1.053	1.972
		一般技工	工日	1.930	3.616
		高级技工	工日	0.526	0.987
材料	镀锌铁丝（综合）		kg	0.459	0.912
	镀锌铁丝 ϕ2.5~4.0		kg	0.126	—
	型钢（综合）		kg	—	6.334
	钢板（综合）		kg	0.441	—
	中厚钢板 δ15 以内		kg	—	0.420
	无石棉橡胶板（低压）δ0.8~6.0		kg	0.032	—
	普低钢焊条 J507 ϕ3.2		kg	—	0.757
	低碳钢焊条（综合）		kg	0.126	—
	氧气		m^3	1.103	1.701
	乙炔气		kg	0.424	0.654
	无石棉扭绳（综合）		kg	—	0.570
	无缝钢管（综合）		kg	0.882	—
	其他材料费		%	2.00	2.00
机械	自升式塔式起重机 2 500kN·m		台班	0.031	0.031
	载货汽车－普通货车 10t		台班	—	0.011
	弧焊机 32kV·A		台班	0.101	0.208
	电焊条烘干箱 60×50×75（cm^3）		台班	0.010	0.021

9. 炉排、燃烧装置安装

(1)燃 煤 锅 炉

工作内容：检查、组合、安装、找正、固定、单体调试。

编　号				2-1-58	2-1-59	2-1-60	2-1-61
项　目				链条炉炉排	煤粉炉燃烧装置(t)		
					≤1	≤5	≤10
				t	个		
名　称			单位	消　耗　量			
人工	合计工日		工日	16.092	13.469	34.438	41.773
	其中	普工	工日	4.023	3.367	8.609	10.444
		一般技工	工日	8.851	7.408	18.941	22.975
		高级技工	工日	3.218	2.694	6.888	8.354
材料	型钢(综合)		kg	4.489	6.484	10.474	10.973
	镀锌铁丝 ϕ2.5~4.0		kg	0.499	5.367	10.015	11.511
	圆钢(综合)		kg	—	—	—	2.494
	钢板(综合)		kg	20.948	7.980	12.968	15.960
	紫铜板(综合)		kg	0.040	—	—	—
	聚氯乙烯薄膜		m^2	0.299	—	—	—
	棉纱		kg	0.998	—	—	—
	白布		kg	0.587	—	—	0.998
	羊毛毡 6~8		m^2	0.030	—	—	—
	麻绳		kg	—	—	0.499	0.698
	尼龙砂轮片 ϕ100		片	0.479	—	—	—
	铁砂布 $0^{\#}$~$2^{\#}$		张	2.993	—	—	—
	低碳钢焊条(综合)		kg	1.596	10.474	20.449	24.439
	斜垫铁(综合)		kg	19.950	—	—	—
	索具螺旋扣 M16×250		套	—	0.499	0.998	—
	酚醛调和漆		kg	0.100	—	—	—

续前

编号			2-1-58	2-1-59	2-1-60	2-1-61
项目			链条炉炉排	煤粉炉燃烧装置（t）		
				≤1	≤5	≤10
			t	个		
名称		单位	消耗量			
材料	金属清洗剂	kg	0.232	—	—	—
	溶剂汽油	kg	1.995	—	—	—
	机油	kg	7.481	—	—	—
	铅油（厚漆）	kg	0.499	0.499	1.197	1.995
	黄甘油	kg	1.696	—	—	—
	氧气	m^3	5.267	11.012	23.192	25.785
	乙炔气	kg	2.026	4.236	8.920	9.917
	密封胶	kg	0.798	—	—	—
	无石棉扭绳 ϕ4~5 烧失量 24%	kg	0.998	0.499	1.496	1.995
	青壳纸 δ0.1~1.0	kg	0.200	—	—	—
	其他材料费	%	2.00	2.00	2.00	2.00
机械	履带式起重机 25t	台班	0.077	0.323	0.702	0.787
	汽车式起重机 8t	台班	—	0.076	0.409	0.380
	汽车式起重机 16t	台班	0.095	—	—	—
	自升式塔式起重机 2 500kN·m	台班	—	—	0.285	0.710
	载货汽车－普通货车 5t	台班	0.076	0.076	—	—
	载货汽车－普通货车 8t	台班	—	—	0.380	0.399
	电动单筒慢速卷扬机 30kN	台班	0.665	—	—	—
	电动单筒慢速卷扬机 50kN	台班	—	—	1.898	1.898
	试压泵 60MPa	台班	—	0.048	0.048	0.048
	弧焊机 32kV·A	台班	0.759	2.695	5.096	6.045
	电动空气压缩机 0.6m^3/min	台班	0.019	—	—	—
	电焊条烘干箱 60×50×75（cm^3）	台班	0.076	0.270	0.510	0.605

（2）流化床炉燃烧装置

工作内容：检查、组合、安装、找正、固定、单体调试。　　　　**计量单位：**台

编　号				2-1-62	2-1-63
项　目				流化床炉燃烧装置	
				锅炉蒸发量（t/h）	
				≤ 150	<220
名　称			单位	消　耗　量	
人工	合计工日		工日	27.966	36.165
	其中	普工	工日	6.992	9.041
		一般技工	工日	15.381	19.891
		高级技工	工日	5.593	7.233
材料	型钢（综合）		kg	172.732	223.370
	镀锌铁丝（综合）		kg	5.770	7.461
	普低钢焊条 J507 ϕ3.2		kg	25.424	32.878
	金属清洗剂		kg	0.653	0.845
	氧气		m^3	20.773	26.863
	乙炔气		kg	7.990	10.332
	其他材料费		%	2.00	2.00
机械	履带式起重机 50t		台班	1.126	1.457
	自升式塔式起重机 2 500kN·m		台班	1.101	1.424
	载货汽车－平板拖车组 20t		台班	0.733	0.949
	电动单筒慢速卷扬机 50kN		台班	1.468	1.898
	弧焊机 32kV·A		台班	5.258	6.799
	电焊条烘干箱 60×50×75（cm^3）		台班	0.526	0.680

（3）生物质锅炉

工作内容：检查、组合、安装、找正、固定、单体调试。

编号			2-1-64	2-1-65	2-1-66	2-1-67
项目			链条炉炉排	燃烧装置（t）		
				≤1	≤3	≤5
			t	个		
名称		单位	消耗量			
人工	合计工日	工日	15.584	12.052	30.813	37.376
	其中 普工	工日	3.896	3.013	7.703	9.344
	其中 一般技工	工日	8.571	6.628	16.947	20.557
	其中 高级技工	工日	3.117	2.411	6.163	7.475
材料	型钢（综合）	kg	4.347	5.801	9.371	9.818
	镀锌铁丝 ϕ2.5~4.0	kg	0.483	4.802	8.961	10.299
	圆钢（综合）	kg	—	—	—	2.231
	钢板（综合）	kg	20.286	7.140	11.603	14.280
	紫铜板（综合）	kg	0.039	—	—	—
	聚氯乙烯薄膜	m^2	0.290	—	—	—
	棉纱	kg	0.966	—	—	—
	白布	kg	0.568	—	—	0.893
	羊毛毡 6~8	m^2	0.029	—	—	—
	麻绳	kg	—	—	0.446	0.625
	尼龙砂轮片 ϕ100	片	0.464	—	—	—
	铁砂布 0#~2#	张	2.898	—	—	—
	低碳钢焊条（综合）	kg	1.546	9.371	18.296	21.866
	斜垫铁（综合）	kg	19.320	—	—	—
	索具螺旋扣 M16×250	套	—	0.446	0.893	—
	酚醛调和漆	kg	0.097	—	—	—
	金属清洗剂	kg	0.225	—	—	—

续前

编号			2-1-64	2-1-65	2-1-66	2-1-67
项目			链条炉炉排	燃烧装置（t）		
				≤1	≤3	≤5
			t	个		
名称		单位	消耗量			
材料	溶剂汽油	kg	1.932	—	—	—
	机油	kg	7.245	—	—	—
	铅油（厚漆）	kg	0.483	0.446	1.071	1.785
	黄甘油	kg	1.642	—	—	—
	氧气	m^3	5.100	9.853	20.751	23.071
	乙炔气	kg	1.962	3.790	7.981	8.874
	密封胶	kg	0.773	—	—	—
	无石棉扭绳 ϕ4~5 烧失量 24%	kg	0.966	0.446	1.339	1.785
	青壳纸 δ0.1~1.0	kg	0.193	—	—	—
	其他材料费	%	2.00	2.00	2.00	2.00
机械	履带式起重机 25t	台班	0.074	0.290	0.631	0.706
	汽车式起重机 8t	台班	—	0.068	0.367	0.341
	汽车式起重机 16t	台班	0.092	—	—	—
	自升式塔式起重机 2 500kN·m	台班	—	—	0.256	0.637
	载货汽车 - 普通货车 5t	台班	0.073	0.068	—	—
	载货汽车 - 普通货车 8t	台班	—	—	0.341	0.358
	电动单筒慢速卷扬机 30kN	台班	0.645	—	—	—
	电动单筒慢速卷扬机 50kN	台班	—	—	1.704	1.704
	试压泵 60MPa	台班	—	0.043	0.043	0.043
	弧焊机 32kV·A	台班	0.736	2.420	4.575	5.427
	电动空气压缩机 0.6m^3/min	台班	0.018	—	—	—
	电焊条烘干箱 60×50×75（cm^3）	台班	0.074	0.242	0.457	0.543

(4)助燃油装置

工作内容：检查、组合、安装、找正、固定、单体调试。　　　　计量单位：个

编号				2-1-68	2-1-69
项目				助燃油装置	
				重量(t)	
				≤0.6	≤1.5
名称			单位	消耗量	
人工	合计工日		工日	13.469	34.438
	其中	普工	工日	3.367	8.609
		一般技工	工日	7.408	18.941
		高级技工	工日	2.694	6.888
材料	型钢(综合)		kg	6.484	10.474
	镀锌铁丝 ϕ2.5~4.0		kg	5.367	10.015
	钢板(综合)		kg	7.980	12.968
	麻绳		kg	—	0.499
	低碳钢焊条(综合)		kg	10.474	20.449
	索具螺旋扣 M16×250		套	0.499	0.998
	铅油(厚漆)		kg	0.499	1.197
	氧气		m^3	11.012	23.192
	乙炔气		kg	4.236	8.920
	无石棉扭绳 ϕ4~5 烧失量 24%		kg	0.499	1.496
	其他材料费		%	2.00	2.00
机械	履带式起重机 25t		台班	0.323	0.702
	汽车式起重机 8t		台班	0.076	0.409
	自升式塔式起重机 2 500kN·m		台班	—	0.285
	载货汽车－普通货车 5t		台班	0.076	—
	载货汽车－普通货车 8t		台班	—	0.380
	电动单筒慢速卷扬机 50kN		台班	—	1.898
	试压泵 60MPa		台班	0.048	0.048
	弧焊机 32kV·A		台班	2.695	5.096
	电焊条烘干箱 60×50×75(cm^3)		台班	0.270	0.510

10. 炉底除灰渣装置安装

工作内容：检查、组合、安装、找正、固定、单体调试。　　　　**计量单位：**t

编　　号				2-1-70	2-1-71	2-1-72	2-1-73	2-1-74
项　　目				燃煤链条炉	生物质链条炉	煤粉炉		
						锅炉蒸发量（t/h）		
						≤75	≤150	<220
名　　称			单位	消　耗　量				
人工	合计工日		工日	28.052	25.099	11.460	11.285	12.390
	其中	普工	工日	8.416	7.530	3.438	3.385	3.717
		一般技工	工日	15.428	13.804	6.303	6.207	6.814
		高级技工	工日	4.208	3.765	1.719	1.693	1.859
材料	型钢（综合）		kg	12.369	11.067	6.554	4.828	5.300
	镀锌铁丝 ϕ2.5~4.0		kg	4.988	4.463	1.057	1.436	1.577
	钢板（综合）		kg	32.020	28.649	4.010	2.903	3.187
	镀锌钢板（综合）		kg	1.397	1.250	—	—	—
	紫铜板（综合）		kg	0.399	0.357	—	—	—
	耐油无石棉橡胶板 δ1		kg	1.496	1.339	—	—	—
	白布		kg	3.990	3.570	—	—	—
	羊毛毡 1~5		m^2	0.100	0.089	—	—	—
	铁砂布 $0^{\#}$~$2^{\#}$		张	7.980	7.140	—	—	—
	低碳钢焊条（综合）		kg	3.990	3.570	8.618	10.833	11.893
	枕木 2 500×250×200		根	—	—	—	0.070	0.077
	酚醛调和漆		kg	4.608	4.123	—	—	—
	手喷漆		kg	0.130	0.116	—	—	—
	酚醛防锈漆		kg	0.499	0.446	—	—	—
	金属清洗剂		kg	1.210	1.083	—	—	—
	溶剂汽油		kg	11.372	10.175	—	—	—
	机油		kg	15.761	14.102	—	—	—
	铅油（厚漆）		kg	2.993	2.678	0.868	0.868	0.952
	黄甘油		kg	2.494	2.231	—	—	—
	红丹粉		kg	0.399	0.357	—	—	—
	氧气		m^3	8.978	8.033	12.269	14.174	15.562
	乙炔气		kg	3.453	3.089	4.719	5.452	5.985
	密封胶		kg	7.980	7.140	—	—	—
	无石棉扭绳 ϕ4~5 烧失量 24%		kg	1.995	1.785	0.988	1.157	1.271
	其他材料费		%	2.00	2.00	2.00	2.00	2.00
机械	履带式起重机 25t		台班	—	—	0.180	0.199	0.189
	汽车式起重机 8t		台班	0.474	0.429	0.095	—	—
	自升式塔式起重机 2 500kN·m		台班	—	—	—	0.029	0.028
	载货汽车－普通货车 5t		台班	0.237	0.214	—	0.076	0.071
	电动单筒慢速卷扬机 30kN		台班	0.474	0.429	0.142	0.151	0.143
	弧焊机 32kV·A		台班	2.467	2.231	2.780	3.027	2.856
	电焊条烘干箱 60×50×75（cm^3）		台班	0.247	0.223	0.278	0.303	0.286

计量单位：t

编号				2-1-75	2-1-76	2-1-77
项目				流化床炉		
				锅炉蒸发量（t/h）		
				≤75	≤150	<220
名称			单位	消耗量		
人工	合计工日		工日	13.753	13.542	14.124
	其中	普工	工日	4.126	4.062	4.237
		一般技工	工日	7.564	7.448	7.768
		高级技工	工日	2.063	2.032	2.119
材料	型钢（综合）		kg	6.554	4.828	3.111
	镀锌铁丝 ϕ2.5~4.0		kg	1.057	1.436	1.498
	钢板（综合）		kg	4.010	2.903	3.027
	不锈钢氩弧焊丝 1Cr18Ni9Ti ϕ3		kg	8.000	9.536	9.995
	铬不锈钢电焊条		kg	1.835	2.314	2.454
	低碳钢焊条（综合）		kg	8.618	10.833	11.299
	枕木 2 500×250×200		根	—	0.070	0.073
	铅油（厚漆）		kg	0.868	0.868	0.905
	氩气		m^3	22.400	26.701	27.986
	氧气		m^3	12.269	14.174	14.784
	乙炔气		kg	4.719	5.452	5.686
	无石棉扭绳 ϕ4~5 烧失量 24%		kg	0.988	1.157	1.207
	铈钨棒		g	44.800	53.402	55.972
	其他材料费		%	2.00	2.00	2.00
机械	履带式起重机 25t		台班	0.184	0.204	0.181
	汽车式起重机 8t		台班	0.097	—	—
	自升式塔式起重机 2 500kN·m		台班	—	0.030	0.026
	载货汽车－普通货车 5t		台班	—	0.077	0.068
	电动单筒慢速卷扬机 30kN		台班	0.146	0.155	0.137
	弧焊机 20kV·A		台班	3.924	4.714	5.158
	电焊条烘干箱 60×50×75（cm^3）		台班	0.392	0.471	0.516
	氩弧焊机 500A		台班	6.150	7.340	7.790

二、锅炉水压试验

1. 燃煤锅炉

工作内容：临时管路安拆、上水、升压、加药、放水、缺陷处理。　　　　**计量单位：**台

编号			2-1-78	2-1-79	2-1-80	2-1-81
项目			锅炉蒸发量(t/h)			
			≤50	≤75	≤150	<220
名称		单位	消耗量			
人工	合计工日	工日	26.895	32.811	44.894	59.932
	其中 普工	工日	6.724	8.203	11.224	14.983
	其中 一般技工	工日	14.792	18.046	24.691	32.963
	其中 高级技工	工日	5.379	6.562	8.979	11.986
材料	型钢(综合)	kg	87.561	124.518	166.024	221.642
	镀锌铁丝 ϕ2.5~4.0	kg	3.089	4.321	5.951	7.945
	钢板(综合)	kg	3.791	5.686	7.581	10.121
	耐油无石棉橡胶板 δ1	kg	3.374	3.610	4.008	5.351
	尼龙砂轮片 ϕ100	片	2.360	2.540	4.245	5.668
	低碳钢焊条(综合)	kg	7.515	8.983	12.556	16.763
	紫铜电焊条 T107 ϕ3.2	kg	0.019	0.019	0.019	0.026
	铜焊粉	kg	0.009	0.009	0.009	0.012
	无石棉盘根 ϕ6~10	kg	0.948	0.948	1.327	1.771
	氨水	kg	41.696	76.758	110.872	148.014
	联氨 40%	kg	41.696	76.758	110.872	148.014
	氧气	m^3	14.717	18.194	24.941	33.297
	乙炔气	kg	5.660	6.998	9.593	12.806
	镀锌钢管 *DN*25	m	14.736	17.105	23.084	30.818
	无缝钢管(综合)	kg	59.700	87.561	125.087	166.990
	紫铜管 ϕ4~13	kg	0.265	0.265	0.341	0.456
	法兰截止阀 *DN*50	个	0.948	0.948	0.948	1.265
	平焊法兰 1.6MPa *DN*50	片	1.895	1.895	1.895	2.530
	水	m^3	18.005	34.115	49.277	77.705
	软化水	t	(27.481)	(51.172)	(73.915)	(121.296)
	电	kW·h	(80.548)	(119.401)	(170.573)	(267.230)
	其他材料费	%	2.00	2.00	2.00	2.00
机械	试压泵 60MPa	台班	1.803	2.704	3.606	4.814
	弧焊机 32kV·A	台班	3.741	4.030	6.734	8.991
	电动空气压缩机 6m^3/min	台班	0.451	0.604	0.757	1.011
	电焊条烘干箱 60×50×75(cm^3)	台班	0.374	0.403	0.673	0.899

2. 生物质锅炉

工作内容：临时管路安拆、上水、升压、加药、放水、缺陷处理。 **计量单位：**台

编号				2-1-82	2-1-83	2-1-84	2-1-85
项目				锅炉蒸发量（t/h）			
				≤50	≤75	≤150	<220
名称			单位	消耗量			
人工	合计工日		工日	29.800	36.355	49.744	66.407
	其中	普工	工日	7.450	9.089	12.436	16.602
		一般技工	工日	16.390	19.995	27.359	36.524
		高级技工	工日	5.960	7.271	9.949	13.281
材料	型钢（综合）		kg	97.020	137.970	183.960	245.587
	镀锌铁丝 ϕ2.5~4.0		kg	3.423	4.788	6.594	8.803
	钢板（综合）		kg	4.200	6.300	8.400	11.214
	耐油无石棉橡胶板 δ1		kg	3.738	4.001	4.442	5.929
	尼龙砂轮片 ϕ100		片	2.615	2.814	4.704	6.280
	低碳钢焊条（综合）		kg	8.327	9.954	13.913	18.573
	紫铜电焊条 T107 ϕ3.2		kg	0.021	0.021	0.021	0.028
	铜焊粉		kg	0.011	0.011	0.011	0.014
	无石棉盘根 ϕ6~10		kg	1.050	1.050	1.470	1.962
	氨水		kg	46.200	85.050	122.850	164.005
	联氨 40%		kg	46.200	85.050	122.850	164.005
	氧气		m^3	16.307	20.160	27.636	36.894
	乙炔气		kg	6.272	7.754	10.629	14.190
	镀锌钢管 *DN*25		m	16.328	18.953	25.578	34.147
	无缝钢管（综合）		kg	66.150	97.020	138.600	185.031
	紫铜管 ϕ4~13		kg	0.294	0.294	0.378	0.505
	法兰截止阀 *DN*50		个	1.050	1.050	1.050	1.402
	平焊法兰 1.6MPa *DN*50		片	2.100	2.100	2.100	2.804
	水		m^3	19.950	37.800	54.600	86.100
	软化水		t	（30.450）	（56.700）	（81.900）	（134.400）
	电		kW·h	（89.250）	（132.300）	（189.000）	（296.100）
	其他材料费		%	2.00	2.00	2.00	2.00
机械	试压泵 60MPa		台班	2.019	3.028	4.039	5.391
	弧焊机 32kV·A		台班	4.189	4.512	7.541	10.068
	电动空气压缩机 $6m^3$/min		台班	0.505	0.676	0.848	1.132
	电焊条烘干箱 60×50×75（cm^3）		台班	0.419	0.451	0.754	1.007

三、锅炉风压试验

1. 燃 煤 锅 炉

工作内容：清理、检查、孔门封闭，风压试验，缺陷处理。 **计量单位：**台

编号				2-1-86	2-1-87	2-1-88	2-1-89
项目				锅炉蒸发量(t/h)			
				≤50	≤75	≤150	<220
名称			单位	消耗量			
人工	合计工日		工日	13.933	17.739	19.635	29.274
	其中	普工	工日	3.483	4.435	4.909	7.318
		一般技工	工日	7.663	9.756	10.799	16.101
		高级技工	工日	2.787	3.548	3.927	5.855
材料	镀锌铁丝 ϕ2.5~4.0		kg	1.496	2.494	2.993	4.462
	钢板(综合)		kg	2.993	3.491	3.990	5.949
	低碳钢焊条(综合)		kg	3.990	6.983	7.980	11.898
	铅油(厚漆)		kg	2.494	2.993	3.491	5.206
	滑石粉		kg	99.750	159.600	199.500	297.455
	氧气		m^3	4.489	5.985	6.983	10.411
	乙炔气		kg	1.726	2.302	2.686	4.004
	无石棉扭绳 ϕ4~5 烧失量 24%		kg	2.494	2.993	3.491	5.206
	电		kW·h	(1 596.000)	(2 374.050)	(4 588.500)	(6 384.000)
	其他材料费		%	2.00	2.00	2.00	2.00
机械	弧焊机 32kV·A		台班	1.918	4.316	4.795	7.150
	电焊条烘干箱 60×50×75(cm^3)		台班	0.192	0.432	0.480	0.715
	鼓风机 18m^3/min		台班	3.222	4.431	6.042	7.250

2. 生物质锅炉

工作内容：清理、检查、孔门封闭，风压试验，缺陷处理。 **计量单位：**台

编号				2-1-90	2-1-91	2-1-92	2-1-93
项目				锅炉蒸发量（t/h）			
				≤50	≤75	≤150	<220
名称			单位	消耗量			
人工	合计工日		工日	14.629	18.626	20.616	30.738
	其中	普工	工日	3.657	4.657	5.154	7.684
		一般技工	工日	8.046	10.244	11.339	16.906
		高级技工	工日	2.926	3.725	4.123	6.148
材料	镀锌铁丝 ϕ2.5~4.0		kg	1.571	2.618	3.142	4.685
	钢板（综合）		kg	3.142	3.666	4.190	6.247
	低碳钢焊条（综合）		kg	4.190	7.332	8.379	12.493
	铅油（厚漆）		kg	2.618	3.142	3.666	5.466
	滑石粉		kg	104.738	167.580	209.475	312.327
	氧气		m^3	4.713	6.284	7.332	10.931
	乙炔气		kg	1.813	2.417	2.820	4.204
	无石棉扭绳 ϕ4~5 烧失量 24%		kg	2.618	3.142	3.666	5.466
	电		kW·h	（1 675.800）	（2 492.753）	（4 817.925）	（6 703.200）
	其他材料费		%	2.00	2.00	2.00	2.00
机械	弧焊机 32kV·A		台班	2.072	4.661	5.179	7.722
	电焊条烘干箱 60×50×75（cm^3）		台班	0.207	0.466	0.518	0.772
	鼓风机 18m^3/min		台班	3.480	4.785	6.525	7.830

四、烘炉、煮炉

1. 燃 煤 锅 炉

工作内容：点火前准备；燃料、药品搬运，烘炉测温、取样点设置、检查；缺陷处理。　　**计量单位：**台

编　　号				2-1-94	2-1-95	2-1-96	2-1-97
项　　目				锅炉蒸发量（t/h）			
				≤50	≤75	≤150	<220
名　　称			单位	消　耗　量			
人工	合计工日		工日	88.356	104.302	116.794	126.246
	其中	普工	工日	17.671	20.861	23.359	25.249
		一般技工	工日	48.596	57.366	64.237	69.436
		高级技工	工日	22.089	26.075	29.198	31.561
材料	轻油		t	（11.400）	（24.700）	（49.400）	（76.000）
	软化水		t	（244.150）	（513.000）	（1 026.000）	（1 377.500）
	型钢（综合）		kg	119.700	159.600	237.830	293.765
	钢板（综合）		kg	169.575	209.475	319.450	389.350
	镀锌铁丝 ϕ2.5~4.0		kg	4.489	4.988	4.988	5.736
	无石棉橡胶板（中压） δ0.8~6.0		kg	2.793	3.192	3.491	4.015
	棉纱		kg	2.095	2.494	3.192	3.671
	铁砂布 0#~2#		张	5.985	6.983	7.980	9.177
	低碳钢焊条（综合）		kg	21.446	27.731	32.050	45.736
	钢锯条		条	11.970	14.963	14.963	17.207
	水位计玻璃板		块	2.993	2.993	2.993	3.441
	油浸无石棉盘根 编织 ϕ6~10（250℃）		kg	2.783	2.893	2.993	3.441
	机油		kg	2.394	3.292	4.190	4.818
	氨水		kg	2.284	5.017	8.748	10.061
	联氨 40%		kg	0.718	1.566	2.733	3.143
	磷酸三钠		kg	120.598	169.874	286.981	330.028
	氢氧化钠（烧碱）		kg	372.068	531.668	851.865	979.645
	氧气		m^3	38.005	42.194	38.803	40.199
	乙炔气		kg	14.617	16.229	14.924	15.461
	无缝钢管（综合）		kg	81.795	97.755	109.725	126.184
	木柴		kg	2 992.500	4 987.500	6 234.000	7 092.000
	水		m^3	144.638	164.588	177.555	209.475
	电		kW·h	（6 483.750）	（8 728.125）	（16 957.500）	（24 438.750）
	其他材料费		%	2.00	2.00	2.00	2.00
机械	履带式起重机 25t		台班	0.191	0.288	—	—
	自升式塔式起重机 2 500kN·m		台班	—	—	0.393	0.452
	载货汽车－普通货车 5t		台班	2.877	3.837	0.767	0.882
	弧焊机 32kV·A		台班	12.742	15.044	16.784	19.301
	电动空气压缩机 6m^3/min		台班	0.959	1.151	1.439	1.655
	电焊条烘干箱 60×50×75（cm^3）		台班	1.274	1.504	1.678	1.930

2. 生物质锅炉

工作内容: 点火前准备;燃料、药品搬运,烘炉测温、取样点设置、检查;缺陷处理。 **计量单位:** 台

编号				2-1-98	2-1-99	2-1-100	2-1-101
项目				锅炉蒸发量(t/h)			
				≤ 50	≤ 75	≤ 150	<220
名称			单位	消耗量			
人工	合计工日		工日	93.007	109.793	122.942	132.890
	其中	普工	工日	18.601	21.959	24.589	26.578
		一般技工	工日	51.154	60.386	67.618	73.090
		高级技工	工日	23.252	27.448	30.735	33.222
材料	轻油		t	(12.000)	(26.000)	(52.000)	(80.000)
	软化水		t	(257.000)	(540.000)	(1 080.000)	(1 450.000)
	型钢(综合)		kg	126.000	168.000	71.400	98.700
	钢板(综合)		kg	178.500	220.500	331.000	393.000
	镀锌铁丝 ϕ2.5~4.0		kg	4.725	5.250	5.250	6.038
	无石棉橡胶板(中压) δ0.8~6.0		kg	2.940	3.360	3.675	4.226
	棉纱		kg	2.205	2.625	3.360	3.864
	铁砂布 $0^{\#}$~$2^{\#}$		张	6.300	7.350	8.400	9.660
	低碳钢焊条(综合)		kg	22.575	29.190	21.105	27.090
	钢锯条		条	12.600	15.750	15.750	18.113
	水位计玻璃板		块	3.150	3.150	3.150	3.623
	油浸无石棉盘根 编织 ϕ6~10(250℃)		kg	2.930	3.045	3.150	3.623
	机油		kg	2.520	3.465	4.410	5.072
	氨水		kg	2.405	5.282	9.209	10.590
	联氨 40%		kg	0.756	1.649	2.877	3.309
	磷酸三钠		kg	126.945	178.815	302.085	347.398
	氢氧化钠(烧碱)		kg	391.650	559.650	896.700	1 031.205
	氧气		m^3	40.005	44.415	40.845	42.315
	乙炔气		kg	15.387	17.083	15.710	16.275
	无缝钢管(综合)		kg	86.100	102.900	115.500	132.825
	木柴		kg	3 150.000	5 250.000	6 540.000	7 892.000
	水		m^3	152.250	173.250	186.900	220.500
	电		kW·h	(6 825.000)	(9 187.500)	(17 850.000)	(25 725.000)
	其他材料费		%	2.00	2.00	2.00	2.00
机械	履带式起重机 25t		台班	0.201	0.303	—	—
	自升式塔式起重机 2 500kN·m		台班	—	—	0.413	0.476
	载货汽车 – 普通货车 5t		台班	3.028	4.039	0.808	0.929
	弧焊机 32kV·A		台班	18.676	21.099	17.667	20.317
	电动空气压缩机 $6m^3$/min		台班	1.009	1.212	1.515	1.742
	电焊条烘干箱 60 × 50 × 75(cm^3)		台班	1.868	2.110	1.767	2.032

五、锅炉酸洗

工作内容：临时系统安装、酸洗、拆除，过程检查、记录，废液处理。　　　　**计量单位：**台

		编　号		2-1-102	2-1-103	2-1-104	2-1-105
		项　目		燃煤锅炉 盐酸清洗	燃煤锅炉 EDTA 钠铵盐清洗	生物质锅炉 盐酸清洗	生物质锅炉 EDTA 钠铵盐清洗
				150≤锅炉蒸发量（t/h）<220			
		名　称	单位	消　耗　量			
人工		合计工日	工日	235.224	162.406	245.025	169.173
人工	其中	普工	工日	47.045	32.481	49.005	33.835
人工	其中	一般技工	工日	129.373	89.323	134.764	93.045
人工	其中	高级技工	工日	58.806	40.602	61.256	42.293
材料		软化水	t	（1 680.000）	（2 280.000）	（1 680.000）	（2 280.000）
材料		镀锌铁丝（综合）	kg	9.072	7.074	9.450	7.369
材料		型钢（综合）	kg	416.405	483.840	433.755	504.000
材料		中厚钢板 δ15 以外	kg	572.443	975.946	596.295	1 016.610
材料		钨棒	kg	69.754	57.254	72.660	59.640
材料		橡胶板 δ5~10	kg	143.338	308.549	149.310	321.405
材料		无石棉橡胶板（低中压） δ0.8~6.0	kg	2.359	3.271	2.457	3.407
材料		白布	m	1.225	—	1.276	—
材料		纱布	张	31.752	36.590	33.075	38.115
材料		普低钢焊条 J507 φ3.2	kg	43.142	55.037	44.940	57.330
材料		尼龙砂轮片 φ100	片	32.659	18.295	34.020	19.058
材料		碳钢氩弧焊丝	kg	1.996	1.464	2.079	1.525
材料		枕木 2 500×200×160	根	2.268	2.772	2.363	2.888
材料		聚四氟乙烯盘根	kg	2.268	—	2.363	—
材料		橡胶盘根（低压）	kg	6.532	—	6.804	—
材料		油浸无石棉盘根 编织 φ4~5（450℃）	kg	3.175	4.269	3.308	4.447
材料		黄油钙基脂	kg	3.629	—	3.780	—
材料		氨水	kg	698.544	—	727.650	—
材料		联氨 40%	kg	190.512	1 014.048	198.450	1 056.300
材料		磷酸氢二钠	kg	286.272	—	298.200	—
材料		磷酸三钠	kg	411.264	—	428.400	—
材料		氯化钠	kg	2 222.640	—	2 315.250	—
材料		氢氧化钠（烧碱）	kg	7 922.880	2 797.200	8 253.000	2 913.750
材料		乌洛托品	kg	—	116.424	—	121.275
材料		亚硝酸钠	kg	825.552	—	859.950	—
材料		盐酸 31% 合成	kg	9 525.600	—	9 922.500	—
材料		柠檬酸	kg	381.024	—	396.900	—
材料		漂白粉（综合）	kg	1 587.600	—	1 653.750	—
材料		渗透剂 500mL	瓶	—	53.424	—	55.650
材料		洗涤剂	kg	19.051	—	19.845	—
材料		氩气	m^3	5.588	4.098	5.821	4.269
材料		氧气	m^3	210.269	189.302	219.030	197.190

续前

编号			2-1-102	2-1-103	2-1-104	2-1-105
项目			燃煤锅炉盐酸清洗	燃煤锅炉EDTA钠铵盐清洗	生物质锅炉盐酸清洗	生物质锅炉EDTA钠铵盐清洗
			150≤锅炉蒸发量(t/h)<220			
名称		单位	消耗量			
材料	乙炔气	kg	80.873	72.809	84.242	75.842
	无石棉编绳(综合)	kg	12.701	4.879	13.230	5.082
	聚氨酯泡沫塑料板	m^3	—	1.048	—	1.092
	无缝钢管 *D*(51~70)×(4.7~7)	kg	2 872.558	2 419.200	2 992.248	2 520.000
	压制弯头 *DN*100	个	23.587	6.653	24.570	6.930
	压制弯头 *DN*150	个	12.701	—	13.230	—
	压制弯头 *DN*200	个	—	13.306	—	13.860
	法兰截止阀 J41T-16 *DN*100	个	25.402	7.862	26.460	8.190
	法兰止回阀 H44T-10 *DN*100	个	2.722	—	2.835	—
	平焊法兰 1.6MPa *DN*100	副	70.762	20.160	73.710	21.000
	平焊法兰 1.6MPa *DN*200	副	14.515	20.160	15.120	21.000
	封头	个	18.144	31.046	18.900	32.340
	温度计 0~100℃	支	1.814	2.218	1.890	2.310
	弹簧压力表 Y-100 0~1.6MPa	块	1.814	2.218	1.890	2.310
	压力表 0~2.5MPa ϕ50	块	0.454	0.554	0.473	0.578
	转子流量计 TZB-25 1 000t/min	支	0.907	0.504	0.945	0.525
	仪表接头	套	2.722	3.326	2.835	3.465
	衬胶隔膜阀 G40J-10 *DN*50	个	4.536	—	4.725	—
	衬胶隔膜阀 G40J-10 *DN*100	只	0.907	3.528	0.945	3.675
	缓蚀剂盐酸缓蚀剂	kg	77.112	—	80.325	—
	EDTA 试剂 99.5%	kg	—	5 644.800	—	5 880.000
	缓蚀剂氢氟酸缓蚀剂 F-102	kg	—	493.920	—	514.500
	除油剂(A5)	kg	—	2 197.440	—	2 289.000
	汽油(综合)	kg	12.960	—	13.500	—
	水	m^3	322.560	322.560	336.000	336.000
	电	kW·h	(17 640.000)	(15 926.400)	(18 375.000)	(16 590.000)
	铈钨棒	g	11.177	8.196	11.642	8.538
	其他材料费	%	2.00	2.00	2.00	2.00
机械	履带式起重机 25t	台班	1.812	1.939	1.888	2.019
	汽车式起重机 25t	台班	1.658	—	1.727	—
	载货汽车 - 普通货车 10t	台班	—	5.815	—	6.057
	载货汽车 - 平板拖车组 20t	台班	3.314	0.969	3.452	1.009
	中频加热处理机 50kW	台班	0.828	—	0.863	—
	耐腐蚀泵 80mm	台班	4.846	—	5.048	—
	试压泵 60MPa	台班	1.454	—	1.515	—
	弧焊机 32kV·A	台班	38.593	29.714	40.202	30.952
	鼓风机 $8m^3/min$	台班	2.907	1.842	3.028	1.919
	耐腐蚀泵 50mm	台班	0.437	1.013	0.455	1.055
	电焊条烘干箱 60×50×75(cm^3)	台班	3.859	2.971	4.020	3.095

六、蒸汽严密性试验及安全门调整

1. 燃煤锅炉

工作内容：清理、检查、蒸汽严密性试验、安全门锁定及恢复、安全门调整、缺陷消除。　**计量单位：**台

编　号				2-1-106	2-1-107	2-1-108	2-1-109
项　目				锅炉蒸发量(t/h)			
				≤50	≤75	≤150	<220
名　称			单位	消　耗　量			
人工	合计工日		工日	41.860	55.064	75.454	100.121
	其中	普工	工日	8.372	11.013	15.090	20.024
		一般技工	工日	23.023	30.285	41.500	55.066
		高级技工	工日	10.465	13.766	18.864	25.031
材料	型钢(综合)		kg	25.662	37.506	56.259	64.698
	钢板(综合)		kg	11.844	14.805	16.779	19.296
	普低钢焊条 J507 ϕ3.2		kg	—	—	14.262	16.402
	低碳钢焊条(综合)		kg	7.699	10.364	—	—
	氧气		m^3	22.800	32.176	40.270	46.310
	乙炔气		kg	8.769	12.375	15.488	17.812
	无缝钢管(综合)		kg	59.220	74.025	116.466	142.918
	水		m^3	155.946	185.556	335.580	444.150
	轻油		t	(12.555)	(26.505)	(53.010)	(71.145)
	软化水		t	(255.750)	(520.800)	(1 125.300)	(1 655.400)
	电		kW·h	(7 402.500)	(9 159.360)	(17 766.000)	(25 760.700)
	其他材料费		%	2.00	2.00	2.00	2.00
机械	履带式起重机 25t		台班	3.756	4.319	—	—
	履带式起重机 50t		台班	—	—	3.756	4.319
	载货汽车－普通货车 5t		台班	2.816	3.756	—	—
	载货汽车－普通货车 10t		台班	—	—	1.409	1.620
	弧焊机 32kV·A		台班	2.819	3.431	2.466	2.837
	电动空气压缩机 $6m^3/min$		台班	1.878	2.160	—	—
	电动空气压缩机 $10m^3/min$		台班	—	—	1.878	2.159
	电焊条烘干箱 60×50×75(cm^3)		台班	0.282	0.343	0.247	0.284

2. 生物质锅炉

工作内容：清理、检查、蒸汽严密性试验、安全门锁定及恢复、安全门调整、缺陷消除。 **计量单位：**台

编号				2-1-110	2-1-111	2-1-112	2-1-113
项目				锅炉蒸发量（t/h）			
				≤50	≤75	≤150	<220
名称			单位	消耗量			
人工	合计工日		工日	44.533	58.579	80.271	106.511
	其中	普工	工日	8.907	11.716	16.054	21.302
		一般技工	工日	24.493	32.218	44.149	58.581
		高级技工	工日	11.133	14.645	20.068	26.628
材料	型钢（综合）		kg	27.300	39.900	59.850	68.828
	钢板（综合）		kg	12.600	15.750	17.850	20.528
	普低钢焊条 J507 ϕ3.2		kg	—	—	15.173	17.449
	低碳钢焊条（综合）		kg	8.190	11.025	—	—
	氧气		m^3	24.255	34.230	42.840	49.266
	乙炔气		kg	9.329	13.165	16.477	18.948
	无缝钢管（综合）		kg	63.000	78.750	123.900	152.040
	水		m^3	165.900	197.400	357.000	472.500
	轻油		t	（13.500）	（28.500）	（57.000）	（76.500）
	软化水		t	（275.000）	（560.000）	（1 210.000）	（1 780.000）
	电		kW·h	（7 875.000）	（9 744.000）	（18 900.000）	（27 405.000）
	其他材料费		%	2.00	2.00	2.00	2.00
机械	履带式起重机 25t		台班	4.039	4.644	—	—
	履带式起重机 50t		台班	—	—	4.039	4.644
	载货汽车－普通货车 5t		台班	3.028	4.039	—	—
	载货汽车－普通货车 10t		台班	—	—	1.515	1.742
	弧焊机 32kV·A		台班	3.032	3.689	2.652	3.051
	电动空气压缩机 $6m^3/min$		台班	2.019	2.322	—	—
	电动空气压缩机 $10m^3/min$		台班	—	—	2.019	2.321
	电焊条烘干箱 60×50×75（cm^3）		台班	0.303	0.369	0.265	0.305

第二章　锅炉附属、辅助设备安装工程

说　　明

一、本章内容包括煤粉系统设备、风机、除尘器、排污扩容器、疏水扩容器、消音器、暖风器等与锅炉有关的附属及辅助设备安装，锅炉附属与辅助设备的支架、平台、扶梯、栏杆安装，烟、风、煤管道等安装工程。

二、有关说明：

1. 设备安装中包括电动机安装、设备安装后补漆、配合灌浆、就地一次仪表安装、设备水位计（表）及护罩安装。就地一次仪表的表计、表管、玻璃管、阀门等均按照设备成套供货考虑。不包括下列工作内容，工程实际发生时，执行相应项目：电动机的检查、接线及空载试转，整套设备的电气联锁试验，支吊架、平台、扶梯、栏杆、防雨罩、基础框架及地脚螺栓、电动机吸风筒等金属结构配制、组合、安装与油漆及主材费，设备保温及油漆、基础灌浆，风门、人孔门等配制。

2. 油循环系统设备所需的润滑油按照设备供货考虑，项目中包括油过滤工作内容。

3. 项目中包括设备本体冷却水管、油管安装，不包括管路酸洗。单独配制冷却水管、油管的制作费及主材费需要另行计算。

4. 磨煤机安装根据设备类型分别执行相应项目。

（1）钢球磨煤机安装包括主轴承检修平台搭拆、平台板与球面台板研磨及组装、传动机与减速机组装、端盖与筒体组装、台板与罐体及大齿轮安装、筒体内钢瓦与出入口短管及密封装置安装、罐体隔音罩与固定隔音罩及齿轮罩安装、装钢球，油箱、油泵、滤油器、冷油器、随设备供应的油管及附件清洗与安装及油过滤等。

（2）风扇磨煤机安装包括轴承座检查、风轮装配、油泵检查、冷油器水压试验及安装、伸缩节与煤粉分离器挡板调整及安装。

（3）中速磨煤机安装包括减速机检查及组装、弹簧装置安装、减速机安装、煤粉分离器及附件安装、随设备供应的附件设备等。

5. 给煤机安装根据设备类型分别执行相应项目。

（1）电磁振动给煤机安装包括给煤簸箕与电磁振动器组装。

（2）埋刮板式给煤机安装包括减速机及刮板组装、机体与减速机安装。

（3）皮带式给煤机安装包括皮带构架安装、前后滚筒与托辊安装、减速机及拉紧装置安装、皮带敷设及胶接、导煤槽等安装。

6. 叶轮给粉机安装包括机体散件组装、安装。

7. 螺旋输粉机安装包括减速机组装、机壳及螺旋叶片安装、吊瓦研刮、落粉管与闸板门及机壳盖板等安装。项目中输粉机整台安装长度按照10m考虑，实际长度大于10m时，执行安装长度调整项目。调整单位为每10m，长度小于10m的按照10m计算。

8. 测粉装置安装包括标尺、绞车、滑轮、浮漂等手动测粉装置安装。项目中包括钢丝绳用量。本项目适用于粉煤灰综合利用中的煤灰测量装置安装。

9. 煤粉分离器安装包括设备本体、操作装置、防爆门及人孔门安装。

10. 风机安装项目适用于排粉风机、石灰石粉输送风机、送风机、引风机、流化风机、烟气再循环风机等离心式或轴流式风机安装及电动空气压缩机安装。

（1）离心式风机安装包括轴承组装、轴承冷却水室水压试验，叶轮装置、风壳、轴承、转子、喇叭口安装与间隙调整以及进口调节挡板校验与安装及转子静平衡试验。

（2）轴流式风机安装包括机壳、主轴承、转子、进气室、扩压器、封闭装置、动（静）叶调节器、空冷器、联轴器外壳、罩壳等安装，润滑油系统安装与试验及调整、冷油器及空冷器水压漏检等。

（3）电动空气压缩机安装包括下列工作内容：

1）气缸塞与冷却器水压试验、安装；

2）油泵、滤气器、卸荷阀、机体、皮带轮、皮带与罩壳安装；

3）空气干燥器、储气罐及附件安装与单体调试。

11. 除尘器安装根据设备类型分别执行相应项目。项目中包括校正平台的搭拆，不包括旋风子除尘器内衬砌筑及灰斗下方导向挡板及落灰管的配制。

（1）旋风式单筒除尘器安装包括蜗壳、分离筒、导烟管、顶盖、排灰筒等组合、安装。

（2）旋风式多管除尘器安装包括设备本体、芯子、灰斗、排灰装置等组合、安装。

布袋除尘器安装包括过滤室、灰斗、进烟烟道、入口挡板门、滤袋与袋笼、净气室、脉冲清洗系统、出口离线阀、导向挡板、落灰管、箱式冲灰器的安装以及布袋除尘壳体、灰斗等部位焊缝的渗透试验。

（3）电除尘器安装包括下列工作内容：

1）侧墙板、柱、梁、阴阳极板、上部盖板、灰斗、进出喇叭口、保温箱组合、安装；

2）阴阳极振打装置安装、漏风试验、振打试验；

3）配合电场带电升压试验及试验后的缺陷消除；

4）锁气器、导向挡板、落灰管、箱式冲灰器的安装；

5）电除尘壳体、灰斗等部位焊缝的渗油试验。

（4）电袋复合除尘器安装包括烟气预处理室、高压静电除尘室、脉冲布袋除尘室、灰斗、除灰装置、振打装置、清洗系统等安装以及电袋复合除尘壳体、灰斗等部位焊缝的渗透试验。

12. 排污扩容器、疏水扩容器安装包括本体及随本体供货附件的安装、调整。

13. 消音器安装包括消音器及附件组合、安装。

14. 暖风器安装包括暖风器及附件组合、安装。不包括管路系统安装。

15. 金属结构安装适用于锅炉附属、辅助设备安装所用的支撑框架与梁柱、支架、吊架、护板、密封板、罩壳、设备露天布置的防雨罩及排雨水系统、平台、栏杆、扶梯等构件组合、安装。项目中不包括上述构件的配制、除锈与刷油漆。

16. 烟、风、煤管道安装包括各种管道、防爆门、人孔门、伸缩节、支吊架、各种挡板闸门、锁气器、传动操作装置、木块及木屑分离器、配风箱、法兰、补偿器、混合器等组装、安装及管道安装焊缝渗透试验、管道风压试验及缺陷消除。

（1）项目中不包括烟、风、煤管道与附件及支架的配制，工程应用时，执行第三册《静置设备与工艺金属结构制作安装工程》相应项目。

（2）项目中不包括管道保温与油漆、内部防腐、防磨衬里，工程实际发生时，执行相应项目。

（3）制粉系统蒸汽消防管道、煤粉仓煤粉放空管道根据材质执行第八册《工业管道安装工程》相应项目。

工程量计算规则

一、磨煤机、给煤机、叶轮给粉机，螺旋输粉机、煤粉分离器根据工艺系统布置，按照设计图示数量以“台”为计量单位。测粉装置按照设计安装数量以“套”为计量单位。

二、风机根据工艺系统布置，按照设计图示数量以“台”为计量单位。

三、单筒旋风式除尘器根据工艺系统布置，按照设计图示数量以“个”为计量单位。

四、多管旋风式除尘器根据设计图示尺寸，按照成品重量以“t”为计量单位。不计算焊条、下料及加工制作损耗量、设备包装材料、临时加固铁构件重量。计算多管旋风式除尘器重量范围包括设备本体、芯子、灰斗、排灰装置，不计算支架、护板等重量。

五、袋式除尘器、电除尘器根据设计图示尺寸，按照成品重量以“t”为计量单位。不计算焊条、下料及加工制作损耗量、设备包装材料、临时加固铁构件重量。

1. 计算布袋除尘器重量范围包括过滤室、灰斗、进烟烟道、入口挡板门、滤袋与袋笼、净气室、脉冲清洗系统、出口离线阀、导向挡板、落灰管、箱式冲灰器等。

2. 计算电除尘器重量范围包括侧墙板、柱、梁、阴阳极板、上部盖板、灰斗、进出喇叭口、保温箱、阴阳极振打装置、锁气器、导向挡板、落灰管、箱式冲灰器等。

3. 计算电袋复合除尘器重量范围包括烟气预处理室、高压静电除尘室、脉冲布袋除尘室、灰斗、除灰装置、振打装置、清洗系统等。

六、排污扩容器、疏水扩容器、暖风器根据工艺系统布置，按照设计图示数量以“台”为计量单位。消音器按照设计安装数量以“台”为计量单位。

七、金属结构安装根据设计图示尺寸，按照成品重量以“t”为计量单位。计算组装、拼装连接螺栓的重量，不计算焊条、下料及加工制作损耗量、设备包装材料、临时加固铁构件重量。计算金属结构安装重量的范围包括锅炉附属、辅助设备安装所用的支撑框架与梁柱、支架、吊架、护板、密封板、罩壳、设备露天布置的防雨罩及排雨水系统、平台、栏杆、扶梯等。

八、烟道、风道、煤管道安装根据设计断面形式及钢板厚度，按照成品重量以“t”为计量单位。计算补偿器、伸缩节、加劲肋、组装与拼装连接螺栓、包角焊接所用的钢板与角钢等重量，不计算焊条、下料及加工制作损耗量、设备包装材料、临时加固铁构件重量。

1. 冷风道安装重量范围包括从吸风口起经送风机至空气预热器或暖风器入口止。计算重量时包括风道各部件，即吸风口滤网、人孔门、送风机出口闸板门、支吊架等。

2. 热风道安装重量范围包括从空气预热器出口起至燃烧器（二次风）止，或从空气预热器出口起至磨煤机进口止，或从空气预热器出口起至送风管混合器进口（采用热风送粉）止。计算重量时包括管道伸缩节、风门及挡板、操作装置、热风集箱、支吊架等。

3. 制粉管道安装重量范围包括从磨煤机出口起经粗粉分离器、细粉分离器至煤粉仓止，或从磨煤机出口起经粗粉分离器至排粉风机入口止，或从磨煤机出口起至回粉管（回到磨煤机）。计算重量时包括管道、伸缩节、锁气器、木屑分离器、吸潮管、挡板、防爆门、支吊架等。

4. 热风送粉管道安装重量范围包括从混合器（给粉机出口）起至燃烧器（二次风）止。排粉风机送粉从出口起经混合器至燃烧器（二次风）止，或从排粉风机出口起至燃烧器（三次风）止。计算重量时包括管道、吹扫孔、补偿器、支吊架等。

5. 直吹式送粉管道从磨煤机上部分离器出口起至燃烧器（二次风）止。计算重量时包括管道、弯头、支吊架等。

6. 原煤管道安装重量范围包括从原煤斗下部接口起经给煤机至磨煤机进口止。计算重量时包括管道、煤闸门、落导流装置等。

7. 烟道安装重量范围包括从空气预热器出口起经除尘器、引风机至混凝土烟道或砖烟道或烟囱入口止。计算重量时包括烟道、伸缩节、防爆门、人孔门、风机出口闸板、旁路烟道等。钢结构烟道支架单独计算工程量,根据设计专业图纸执行相应项目。

一、煤粉系统设备安装

1. 磨煤机安装

工作内容：基础检查、设备安装、配合二次灌浆、单体调试。　　**计量单位：**台

编　号				2-2-1	2-2-2	2-2-3	2-2-4	2-2-5	2-2-6
项　目				钢球磨煤机			中速磨煤机	风扇磨煤机	
				出力(t/h)					
				≤5	≤10	≤20		≤10	≤20
名　称			单位	消　耗　量					
人工	合计工日		工日	346.496	367.280	405.792	207.863	57.064	87.711
	其中	普工	工日	86.624	91.820	101.448	51.965	14.266	21.928
		一般技工	工日	207.898	220.368	243.475	124.718	34.238	52.626
		高级技工	工日	51.974	55.092	60.869	31.180	8.560	13.157
材料	型钢(综合)		kg	104.239	161.096	265.335	14.214	28.429	28.429
	镀锌铁丝 ϕ2.5~4.0		kg	17.057	17.057	17.057	3.791	1.706	1.706
	钢板(综合)		kg	129.825	265.335	322.193	94.763	66.334	66.334
	镀锌钢板(综合)		kg	5.686	5.686	5.686	0.948	0.474	0.474
	紫铜板(综合)		kg	1.800	1.800	1.800	0.284	0.190	0.190
	紫铜棒 ϕ16~80		kg	3.791	3.791	3.791	—	—	—
	橡胶板 δ5~10		kg	0.853	0.853	0.948	—	—	—
	耐油无石棉橡胶板 δ1		kg	1.895	1.895	1.895	—	0.332	0.332
	橡胶垫 δ2		m^2	2.653	2.938	3.222	—	—	—
	聚氯乙烯薄膜		m^2	4.264	4.454	4.738	1.895	0.948	0.948
	聚四氟乙烯生料带 26mm×20m×0.1mm		m	2.085	2.085	2.274	—	0.332	0.332
	棉纱		kg	23.691	24.164	24.638	2.843	4.264	4.454
	白布		kg	22.351	22.824	23.393	1.137	—	—
	羊毛毡 6~8		m^2	2.198	2.198	2.198	0.095	0.076	0.085
	麻绳		kg	4.738	4.738	4.738	—	—	—
	尼龙砂轮片 ϕ100		片	0.948	0.948	0.948	—	—	—
	铁砂布 0#~2#		张	66.334	73.915	81.496	9.476	8.529	9.476
	低碳钢焊条(综合)		kg	28.429	30.324	32.219	10.424	2.369	2.369
	紫铜电焊条 T107 ϕ3.2		kg	0.190	0.190	0.190	—	—	—
	钢锯条		条	42.643	44.538	47.381	—	—	—
	钢丝刷子		把	3.791	3.791	3.791	—	—	—
	铜网(综合)		m^2	0.948	0.948	0.948	—	0.379	0.474
	斜垫铁(综合)		kg	28.429	43.591	58.753	59.525	52.668	59.144
	砂子 中砂		m^3	1.421	1.421	1.421	—	—	—
	枕木 2 500×250×200		根	8.055	8.529	9.950	—	—	—

续前

编　号			2-2-1	2-2-2	2-2-3	2-2-4	2-2-5	2-2-6
项　目			钢球磨煤机			中速磨煤机	风扇磨煤机	
			出力(t/h)					
			≤5	≤10	≤20		≤10	≤20
名　称		单位	消　耗　量					
材料	酚醛磁漆	kg	2.843	2.843	2.843	0.474	0.332	0.332
	酚醛调和漆	kg	37.905	44.538	52.119	13.153	2.369	2.464
	手喷漆	kg	0.948	0.948	1.137	1.421	1.090	1.090
	酚醛防锈漆	kg	6.918	8.339	10.045	3.791	2.653	2.748
	石油沥青 10#	kg	28.429	33.167	37.905	—	—	—
	溶剂汽油	kg	14.593	19.616	26.723	3.411	4.738	5.212
	铅油(厚漆)	kg	2.843	2.843	2.843	2.369	1.706	1.706
	黄甘油	kg	12.319	14.214	17.057	3.791	—	—
	红丹粉	kg	2.464	2.559	2.748	0.190	—	—
	脱化剂	kg	8.529	8.529	8.529	—	—	—
	氧气	m^3	39.800	89.077	118.453	36.957	23.691	26.534
	乙炔气	kg	15.308	34.260	45.559	14.214	9.112	10.205
	密封胶	kg	14.214	14.214	14.214	6.633	5.686	5.686
	无石棉扭绳 ϕ6~10 烧失量 24%	kg	2.843	2.843	2.843	2.843	2.085	2.085
	无石棉纸	kg	—	—	—	2.274	—	—
	青壳纸 δ0.1~1.0	kg	0.758	0.853	0.948	0.284	0.284	0.284
	硬铜绞线 TJ-120mm²	kg	—	—	—	0.190	—	—
	滤油纸 300×300	张	530.670	739.148	814.958	—	—	—
	水	m^3	3.411	3.411	3.411	—	10.803	10.898
	其他材料费	%	2.00	2.00	2.00	2.00	2.00	2.00
机械	履带式起重机 25t	台班	1.622	1.758	1.939	—	—	—
	汽车式起重机 8t	台班	0.901	0.901	0.992	1.803	0.676	0.721
	自升式塔式起重机 2 500kN·m	台班	1.353	1.443	1.533	0.451	—	—
	载货汽车－普通货车 5t	台班	1.803	1.893	1.983	1.803	0.676	0.721
	载货汽车－平板拖车组 30t	台班	0.811	0.901	0.992	—	—	—
	电动单筒慢速卷扬机 50kN	台班	12.170	13.162	14.153	7.212	1.082	1.262
	弧焊机 20kV·A	台班	1.803	1.803	1.803	—	—	—
	弧焊机 32kV·A	台班	9.916	10.818	11.720	4.958	1.353	1.443
	电动空气压缩机 0.6m³/min	台班	0.901	0.901	0.901	0.451	0.721	0.811
	电动空气压缩机 10m³/min	台班	1.353	1.353	1.353	—	—	—
	电焊条烘干箱 60×50×75(cm³)	台班	1.172	1.262	1.352	0.496	0.135	0.144
	滤油机 LX100 型	台班	8.113	8.113	8.113	—	—	—

2. 给煤机安装

工作内容：基础检查、设备安装、配合二次灌浆、单体调试。 **计量单位：**台

编号			2-2-7	2-2-8	2-2-9	2-2-10
项目			电磁振动给煤机		埋刮板式给煤机	
			ZG-10	ZG-20	MG-10	MG-20
名称		单位	消耗量			
人工	合计工日	工日	7.222	7.992	39.832	45.780
	其中 普工	工日	1.805	1.998	9.958	11.445
	其中 一般技工	工日	4.333	4.796	23.899	27.468
	其中 高级技工	工日	1.084	1.198	5.975	6.867
材料	型钢（综合）	kg	9.476	11.372	2.843	3.791
	钢板（综合）	kg	—	—	4.738	6.633
	镀锌钢板（综合）	kg	—	—	0.474	0.569
	紫铜板（综合）	kg	—	—	0.142	0.171
	聚氯乙烯薄膜	m^2	—	—	0.948	0.948
	棉纱	kg	—	—	1.895	1.895
	白布	kg	0.284	0.284	1.895	1.895
	羊毛毡 6~8	m^2	—	—	0.028	0.028
	铁砂布 $0^{\#}$~$2^{\#}$	张	1.421	1.421	6.633	7.581
	低碳钢焊条（综合）	kg	0.948	0.948	3.791	3.791
	斜垫铁（综合）	kg	—	—	8.055	8.718
	酚醛磁漆	kg	—	—	0.379	0.379
	酚醛调和漆	kg	0.095	0.095	2.464	2.559
	手喷漆	kg	0.038	0.038	0.047	0.047
	溶剂汽油	kg	—	—	1.895	3.885
	铅油（厚漆）	kg	0.948	0.948	—	2.653
	黄甘油	kg	—	—	3.791	3.791
	氧气	m^3	2.843	2.843	3.696	4.264
	乙炔气	kg	1.093	1.093	1.421	1.640
	密封胶	kg	—	—	5.686	5.686
	无石棉扭绳 ϕ6~10 烧失量 24%	kg	0.948	0.948	3.317	3.791
	青壳纸 δ0.1~1.0	kg	—	—	0.758	0.853
	其他材料费	%	2.00	2.00	2.00	2.00
机械	汽车式起重机 8t	台班	0.180	0.180	0.631	0.721
	载货汽车－普通货车 5t	台班	0.180	0.180	0.631	0.721
	电动单筒慢速卷扬机 30kN	台班	0.540	0.586	1.443	1.622
	弧焊机 32kV·A	台班	0.451	0.451	1.803	2.254
	电动空气压缩机 $0.6m^3$/min	台班	—	—	0.090	0.090
	电焊条烘干箱 60×50×75（cm^3）	台班	0.045	0.045	0.180	0.225

计量单位：台

编号				2-2-11	2-2-12	2-2-13	2-2-14
项目				皮带式给煤机		电子重力式给煤机	
				B=500mm	B=600mm	出力（t/h）	
						≤10	≤20
名称			单位	消耗量			
人工	合计工日		工日	34.363	39.741	23.670	27.220
	其中	普工	工日	8.591	9.935	5.917	6.805
		一般技工	工日	20.618	23.845	14.202	16.332
		高级技工	工日	5.154	5.961	3.551	4.083
材料	型钢（综合）		kg	37.905	37.905	3.791	4.359
	钢丝绳 ϕ14.1~15.0		kg	—	—	4.738	5.449
	钢板（综合）		kg	18.953	28.429	—	—
	中厚钢板 δ15 以外		kg	—	—	2.843	3.269
	镀锌钢板（综合）		kg	0.663	0.663	—	—
	紫铜板（综合）		kg	0.190	0.190	—	—
	棉纱		kg	1.895	2.843	—	—
	棉纱头		kg	—	—	0.474	0.545
	白布		kg	2.369	2.369	—	—
	羊毛毡 6~8		m^2	0.047	0.057	—	—
	纱布		张	—	—	2.843	3.269
	普低钢焊条 J507 ϕ3.2		kg	—	—	1.203	1.384
	铁砂布 0#~2#		张	6.633	7.581	—	—
	低碳钢焊条（综合）		kg	4.738	5.686	—	—
	钢丝刷子		把	0.948	0.948	—	—
	斜垫铁（综合）		kg	46.858	46.858	1.895	2.180
	枕木 2 500×200×160		根	—	—	1.895	2.180
	酚醛调和漆		kg	8.244	10.718	—	—
	手喷漆		kg	0.047	0.057	—	—
	酚醛防锈漆		kg	0.474	0.474	—	—

续前

编　号			2-2-11	2-2-12	2-2-13	2-2-14
项　目			皮带式给煤机		电子重力式给煤机	
			B=500mm	B=600mm	出力（t/h）	
					≤10	≤20
名　称		单位	消　耗　量			
材料	溶剂汽油	kg	5.781	6.823	—	—
	铅油（厚漆）	kg	0.474	0.474	—	—
	黄甘油	kg	1.895	1.895	—	—
	黄油钙基脂	kg	—	—	1.895	2.180
	生胶	kg	1.232	1.421	—	—
	清洗剂 500mL	瓶	—	—	1.706	1.962
	氧气	m^3	4.264	4.833	1.611	1.853
	乙炔气	kg	1.640	1.859	0.620	0.713
	密封胶	kg	5.686	5.686	—	—
	无石棉扭绳 ϕ6~10 烧失量 24%	kg	0.948	0.948	—	—
	青壳纸 δ0.1~1.0	kg	1.516	1.895	—	—
	电炉丝 220V 2 000W	条	0.948	0.948	—	—
	牛皮纸	m^2	1.895	1.895	—	—
	其他材料费	%	2.00	2.00	2.00	2.00
机械	履带式起重机 50t	台班	—	—	0.451	0.519
	汽车式起重机 8t	台班	0.901	0.901	—	—
	载货汽车－普通货车 5t	台班	0.901	0.901	—	—
	载货汽车－普通货车 10t	台班	—	—	0.451	0.519
	电动单筒慢速卷扬机 30kN	台班	0.901	0.992	—	—
	电动单筒慢速卷扬机 50kN	台班	—	—	0.901	1.037
	弧焊机 32kV·A	台班	1.803	2.254	0.381	0.438
	电动空气压缩机 0.6m^3/min	台班	0.018	0.018	—	—
	电焊条烘干箱 60×50×75（cm^3）	台班	0.180	0.225	0.038	0.044

3. 叶轮给粉机安装

工作内容：基础检查、设备安装、配合二次灌浆、单体调试。 **计量单位：**台

编号				2-2-15	2-2-16	2-2-17
项目				叶轮给粉机		
				出力（t/h）		
				≤1.5	≤3	≤6
名称			单位	消耗量		
人工	合计工日		工日	8.440	11.055	11.816
	其中	普工	工日	2.110	2.764	2.954
		一般技工	工日	5.064	6.633	7.090
		高级技工	工日	1.266	1.658	1.772
材料	紫铜棒 ϕ16~80		kg	0.284	0.284	0.284
	白布		m	0.426	0.512	0.597
	纱布		张	3.791	3.791	4.738
	普低钢焊条 J507 ϕ3.2		kg	0.398	0.398	0.398
	黄油钙基脂		kg	0.474	0.474	0.663
	清洗剂 500mL		瓶	0.853	0.995	1.137
	氧气		m^3	1.042	1.042	1.327
	乙炔气		kg	0.401	0.401	0.510
	无石棉扭绳（综合）		kg	0.474	0.711	0.948
	其他材料费		%	2.00	2.00	2.00
机械	汽车式起重机 25t		台班	0.225	0.225	0.225
	载货汽车－普通货车 10t		台班	0.135	0.135	0.135
	弧焊机 32kV·A		台班	0.100	0.100	0.100
	电焊条烘干箱 60×50×75（cm^3）		台班	0.010	0.010	0.010

4. 螺旋输粉机安装

工作内容：基础检查、设备安装、配合二次灌浆、单体调试。

编　号				2-2-18	2-2-19	2-2-20	2-2-21
项　目				螺旋输粉机			螺旋输粉机安装长度调整
				出力（t/h）			
				≤5	≤10	≤20	
				台			每 10m
名　称			单位	消　耗　量			
人工	合计工日		工日	25.970	30.241	37.820	7.380
	其中	普工	工日	6.493	7.560	9.455	1.845
		一般技工	工日	15.582	18.145	22.692	4.428
		高级技工	工日	3.895	4.536	5.673	1.107
材料	钢丝绳 ϕ14.1~15.0		kg	5.904	5.760	5.760	—
	型钢（综合）		kg	5.510	5.376	9.601	10.369
	中厚钢板 δ15 以外		kg	3.936	3.840	3.840	—
	紫铜板（综合）		kg	—	—	—	0.115
	棉纱头		kg	0.984	0.960	0.960	0.576
	纱布		张	7.872	7.680	7.680	4.032
	普低钢焊条 J507 ϕ3.2		kg	3.346	3.264	6.241	2.448
	斜垫铁（综合）		kg	3.936	3.840	3.840	6.912
	黄油钙基脂		kg	3.444	3.361	3.361	0.576
	清洗剂 500mL		瓶	2.952	2.880	2.880	0.656
	氧气		m^3	3.346	3.264	3.840	2.880
	乙炔气		kg	1.287	1.256	1.477	1.108
	无石棉扭绳（综合）		kg	—	—	—	0.749
	其他材料费		%	2.00	2.00	2.00	2.00
机械	履带式起重机 25t		台班	0.606	0.585	0.585	0.685
	载货汽车－普通货车 10t		台班	0.606	0.585	0.585	0.012
	弧焊机 32kV·A		台班	0.896	0.865	1.171	0.166
	电焊条烘干箱 60×50×75（cm^3）		台班	0.090	0.087	0.117	0.017

5. 测粉装置安装

工作内容：手摇绞车，设备与附件安装、固定；标尺刻度调整、校定。 **计量单位：**套

编号				2-2-22	2-2-23
项目				标尺比例	
				1∶1	1∶2
名称			单位	消耗量	
人工	合计工日		工日	18.519	20.378
	其中	普工	工日	4.630	5.095
		一般技工	工日	11.111	12.226
		高级技工	工日	2.778	3.057
材料	型钢（综合）		kg	134.060	134.060
	镀锌铁丝 ϕ2.5~4.0		kg	3.698	3.698
	钢丝绳 ϕ4.2		kg	8.321	8.321
	钢板（综合）		kg	83.210	83.210
	低碳钢焊条（综合）		kg	9.246	9.246
	黄甘油		kg	0.277	0.277
	氧气		m^3	16.642	16.642
	乙炔气		kg	6.401	6.401
	其他材料费		%	2.00	2.00
机械	弧焊机 32kV·A		台班	4.397	4.838
	电焊条烘干箱 60×50×75（cm^3）		台班	0.440	0.484

6. 煤粉分离器安装

工作内容：设备检查，组合焊接，吊装就位、固定；调节挡板或套筒调整，指示标定。　　**计量单位：**台

编　号				2-2-24	2-2-25	2-2-26	2-2-27
项　目				粗粉分离器			
				直径（mm）			
				≤2 000	≤2 200	≤2 800	≤3 400
名　称			单位	消　耗　量			
人工	合计工日		工日	17.770	21.624	27.633	35.923
	其中	普工	工日	4.443	5.406	6.908	8.981
		一般技工	工日	10.662	12.975	16.580	21.554
		高级技工	工日	2.665	3.243	4.145	5.388
材料	型钢（综合）		kg	7.308	9.135	11.945	15.528
	钢板（综合）		kg	5.902	7.378	11.067	14.387
	镀锌钢板（综合）		kg	0.703	0.878	1.054	1.370
	低碳钢焊条（综合）		kg	7.940	9.925	12.911	16.785
	酚醛调和漆		kg	1.405	1.757	2.196	2.855
	金属清洗剂		kg	0.164	0.204	0.204	0.266
	机油		kg	0.352	0.440	0.440	0.571
	铅油（厚漆）		kg	1.757	1.757	2.196	2.855
	氧气		m^3	10.400	12.297	17.742	23.065
	乙炔气		kg	4.000	4.729	6.824	8.871
	无石棉扭绳　ϕ3　烧失量　24%		kg	6.148	6.588	7.905	10.276
	其他材料费		%	2.00	2.00	2.00	2.00
机械	履带式起重机　25t		台班	0.217	0.231	0.326	0.423
	自升式塔式起重机　2 500kN·m		台班	0.441	0.570	0.652	0.847
	载货汽车－普通货车　5t		台班	0.163	0.203	0.271	0.353
	弧焊机　32kV·A		台班	1.738	2.172	2.919	3.795
	电焊条烘干箱　60×50×75（cm^3）		台班	0.174	0.217	0.292	0.379

计量单位：台

编号				2-2-28	2-2-29	2-2-30
项目				细粉分离器		
				直径(mm)		
				≤1 600	≤1 850	≤2 350
名称			单位	消耗量		
人工	合计工日		工日	15.780	17.133	20.351
	其中	普工	工日	3.945	4.283	5.088
		一般技工	工日	9.468	10.280	12.210
		高级技工	工日	2.367	2.570	3.053
材料	型钢(综合)		kg	6.373	6.373	8.194
	镀锌铁丝 ϕ2.5~4.0		kg	4.098	5.008	5.919
	钢板(综合)		kg	4.552	4.552	5.463
	镀锌钢板(综合)		kg	4.371	4.734	5.463
	低碳钢焊条(综合)		kg	12.747	14.568	18.210
	铅油(厚漆)		kg	0.910	1.002	1.366
	氧气		m^3	9.105	10.015	11.836
	乙炔气		kg	3.502	3.852	4.552
	无石棉扭绳 ϕ3 烧失量 24%		kg	2.731	2.913	3.642
	其他材料费		%	2.00	2.00	2.00
机械	履带式起重机 25t		台班	0.336	0.336	0.393
	自升式塔式起重机 2 500kN·m		台班	0.421	0.491	1.024
	载货汽车－普通货车 5t		台班	0.141	0.141	0.393
	弧焊机 32kV·A		台班	2.103	2.314	2.805
	电焊条烘干箱 60×50×75(cm^3)		台班	0.210	0.231	0.281

二、风 机 安 装

1. 排粉风机安装

工作内容：基础检查、设备安装、配合二次灌浆、单体调试。 **计量单位：**台

编 号				2-2-31	2-2-32	2-2-33
项 目				叶轮直径（mm）		
				≤1 000	≤1 300	≤1 800
名 称			单位	消 耗 量		
人工	合计工日		工日	36.833	40.947	64.622
	其中	普工	工日	9.208	10.237	16.156
		一般技工	工日	22.100	24.568	38.773
		高级技工	工日	5.525	6.142	9.693
材料	型钢（综合）		kg	126.517	145.982	230.388
	钢板（综合）		kg	77.857	87.589	138.233
	镀锌钢板（综合）		kg	0.487	0.487	0.768
	紫铜板（综合）		kg	0.194	0.194	0.307
	橡胶板 δ5~10		kg	0.487	0.584	0.921
	橡胶垫 δ2		m^2	0.098	0.098	0.154
	聚氯乙烯薄膜		m^2	1.946	1.946	3.072
	聚四氟乙烯生料带 26mm×20m×0.1mm		m	0.292	0.292	0.461
	棉纱		kg	1.460	1.946	3.072
	白布		kg	1.460	1.946	3.072
	羊毛毡 6~8		m^2	0.039	0.068	0.107
	铁砂布 0#~2#		张	5.839	7.786	12.287
	低碳钢焊条（综合）		kg	3.893	4.866	7.680
	钢锯条		条	3.893	4.866	7.680
	斜垫铁（综合）		kg	76.785	82.250	125.029

续前

编　号			2-2-31	2-2-32	2-2-33
项　目			叶轮直径（mm）		
			≤1 000	≤1 300	≤1 800
名　称		单位	消　耗　量		
材料	酚醛磁漆	kg	0.487	0.487	0.768
	酚醛调和漆	kg	0.117	0.127	0.200
	手喷漆	kg	0.925	0.934	1.475
	酚醛防锈漆	kg	1.217	1.217	1.920
	金属清洗剂	kg	0.454	0.454	0.717
	溶剂汽油	kg	4.866	5.839	9.216
	机油	kg	0.973	0.973	1.536
	铅油（厚漆）	kg	0.973	0.973	1.536
	黄甘油	kg	1.460	1.460	2.304
	氧气	m^3	23.357	26.277	41.470
	乙炔气	kg	8.983	10.106	15.950
	密封胶	kg	5.839	5.839	9.216
	无石棉扭绳 ϕ6~10 烧失量 24%	kg	1.460	1.460	2.304
	无石棉纸	kg	0.389	0.487	0.768
	青壳纸 δ0.1~1.0	kg	1.167	1.363	2.150
	水	m^3	7.863	7.863	12.410
	其他材料费	%	2.00	2.00	2.00
机械	履带式起重机 25t	台班	0.261	0.261	0.412
	汽车式起重机 8t	台班	0.261	0.348	0.549
	载货汽车－普通货车 5t	台班	0.261	0.348	0.549
	弧焊机 32kV·A	台班	1.915	2.176	3.434
	电动空气压缩机 0.6m^3/min	台班	0.261	0.261	0.412
	电焊条烘干箱 60×50×75（cm^3）	台班	0.191	0.218	0.343

2. 石灰石粉输送风机安装

工作内容：基础检查、设备安装、配合二次灌浆、单体调试。　　　　**计量单位：**台

编　号				2-2-34	2-2-35	2-2-36	2-2-37	2-2-38	2-2-39
项　目				罗茨风机			电动空气压缩机		
				功率（kW）			重量（t）		
				≤30	≤50	≤100	≤3	≤5	≤10
名　称			单位	消　耗　量					
人工	合计工日		工日	10.748	12.898	14.332	34.089	51.026	68.159
	其中	普工	工日	2.687	3.224	3.583	8.522	13.257	17.540
		一般技工	工日	6.449	7.739	8.599	20.453	29.815	40.095
		高级技工	工日	1.612	1.935	2.150	5.114	7.954	10.524
材料	型钢（综合）		kg	38.320	45.984	51.094	—	—	—
	镀锌铁丝 ϕ2.5~4.0		kg	—	—	—	2.920	4.087	3.893
	钢板（综合）		kg	22.992	27.591	30.656	1.217	1.703	2.434
	镀锌钢板（综合）		kg	0.128	0.153	0.170	—	—	—
	紫铜板（综合）		kg	0.051	0.061	0.068	0.029	0.041	0.048
	橡胶板 δ5~10		kg	0.153	0.184	0.204	—	—	—
	耐油橡胶板 δ3~6		kg	—	—	—	1.217	1.703	1.946
	无石棉橡胶板（高压）δ0.5~8.0		kg	—	—	—	2.434	3.407	4.866
	橡胶垫 δ2		m^2	0.026	0.031	0.034	—	—	—
	聚氯乙烯薄膜		m^2	0.511	0.613	0.681	0.730	1.022	1.460
	聚四氟乙烯生料带 26mm×20m×0.1mm		m	0.077	0.092	0.102	—	—	—
	棉纱		kg	0.511	0.613	0.681	1.071	1.499	2.141
	白布		kg	0.511	0.613	0.681	2.044	2.861	4.087
	羊毛毡 6~8		m^2	0.018	0.022	0.024	—	—	—
	铁砂布 0#~2#		张	2.044	2.452	2.725	—	—	—
	低碳钢焊条（综合）		kg	1.277	1.533	1.703	0.205	0.286	0.613
	钢锯条		条	1.277	1.533	1.703	—	—	—
	铜丝布		m	—	—	—	0.048	0.068	0.098
	平垫铁（综合）		kg	—	—	—	12.855	17.995	24.494
	斜垫铁（综合）		kg	35.765	42.919	47.687	5.956	8.338	10.557
	钩头成对斜垫铁 Q195~Q235 1#		kg	—	—	—	6.120	8.567	10.308
	丝绸布		m	—	—	—	1.460	2.044	2.920
	酚醛磁漆		kg	0.128	0.153	0.170	—	—	—
	酚醛调和漆		kg	0.033	0.040	0.044	—	—	—

续前

编号			2-2-34	2-2-35	2-2-36	2-2-37	2-2-38	2-2-39
项目			罗茨风机			电动空气压缩机		
			功率（kW）			重量（t）		
			≤30	≤50	≤100	≤3	≤5	≤10
名称		单位	消耗量					
材料	漆片（各种规格）	kg	—	—	—	0.244	0.340	0.487
	手喷漆	kg	0.245	0.294	0.327	—	—	—
	酚醛防锈漆	kg	0.319	0.383	0.426	—	—	—
	透平油	kg	—	—	—	0.973	1.363	1.946
	金属清洗剂	kg	0.119	0.143	0.159	2.384	3.338	4.292
	溶剂汽油	kg	1.533	1.839	2.044	—	—	—
	机油	kg	0.255	0.306	0.341	1.966	2.752	3.932
	铅油（厚漆）	kg	0.255	0.306	0.341	—	—	—
	黄甘油	kg	0.383	0.460	0.511	0.196	0.275	0.393
	二硫化钼	kg	—	—	—	0.730	1.022	1.460
	酒精	kg	—	—	—	0.487	0.681	0.973
	氧气	m^3	6.898	8.277	9.197	0.497	0.695	0.993
	乙炔气	kg	2.653	3.183	3.537	0.191	0.267	0.382
	密封胶	kg	1.533	1.839	2.044	—	—	—
	无石棉编绳（综合）	kg	—	—	—	2.920	4.087	4.866
	无石棉扭绳 ϕ6~10 烧失量 24%	kg	0.383	0.460	0.511	—	—	—
	无石棉纸	kg	0.128	0.153	0.170	—	—	—
	凡尔砂	kg	—	—	—	0.092	0.128	0.019
	青壳纸 δ0.1~1.0	kg	0.358	0.429	0.477	0.244	0.340	0.487
	水	m^3	2.064	2.477	2.752	—	—	—
	其他材料费	%	2.00	2.00	2.00	2.00	2.00	2.00
机械	履带式起重机 25t	台班	0.073	0.087	0.097	—	—	—
	汽车式起重机 8t	台班	0.097	0.117	0.130	—	—	—
	汽车式起重机 16t	台班	—	—	—	0.277	0.389	0.648
	载货汽车－普通货车 5t	台班	0.097	0.117	0.130	—	—	—
	载货汽车－普通货车 8t	台班	—	—	—	0.186	0.259	0.463
	弧焊机 21kV·A	台班	—	—	—	0.370	0.519	0.463
	弧焊机 32kV·A	台班	0.608	0.729	0.810	—	—	—
	电动空气压缩机 $0.6m^3/min$	台班	0.073	0.087	0.097	—	—	—
	电焊条烘干箱 60×50×75（cm^3）	台班	0.061	0.073	0.081	0.037	0.052	0.046

3. 送风机安装

工作内容：基础检查、设备安装、配合二次灌浆、单体调试。　　　　**计量单位：**台

编　　号				2-2-40	2-2-41	2-2-42
项　　目				离心式		
				功率(kW)		
				≤240	≤400	≤800
名　　称			单位	消　耗　量		
人工	合计工日		工日	18.357	30.237	36.640
	其中	普工	工日	4.589	7.559	9.160
		一般技工	工日	11.015	18.143	21.984
		高级技工	工日	2.753	4.535	5.496
材料	型钢(综合)		kg	126.517	136.250	155.714
	镀锌铁丝 ϕ2.5~4.0		kg	1.946	2.434	2.434
	钢板(综合)		kg	58.393	68.125	77.857
	镀锌钢板(综合)		kg	0.487	0.487	0.487
	紫铜板(综合)		kg	0.117	0.155	0.194
	聚氯乙烯薄膜		m^2	0.973	0.973	0.973
	聚四氟乙烯生料带 26mm×20m×0.1mm		m	—	—	0.292
	棉纱		kg	1.071	1.265	1.460
	白布		kg	0.584	0.779	0.973
	羊毛毡 6~8		m^2	0.029	0.039	0.048
	铁砂布 0#~2#		张	6.812	7.786	9.732
	低碳钢焊条(综合)		kg	2.434	2.434	2.920
	钢锯条		条	5.839	6.812	7.786
	斜垫铁(综合)		kg	126.517	136.250	145.982
	酚醛磁漆		kg	0.340	0.389	0.487
	酚醛调和漆		kg	3.114	3.309	3.893
	手喷漆		kg	0.633	0.681	0.779
	溶剂汽油		kg	4.380	4.866	5.839
	机油		kg	29.196	31.143	36.982
	铅油(厚漆)		kg	2.434	2.920	2.920
	黄甘油		kg	0.973	1.167	1.167
	氧气		m^3	14.598	16.545	17.518
	乙炔气		kg	5.615	6.363	6.738
	密封胶		kg	2.920	2.920	2.920
	无石棉扭绳 ϕ6~10 烧失量 24%		kg	3.407	3.893	3.893
	青壳纸 δ0.1~1.0		kg	0.973	1.167	1.167
	水		m^3	5.839	6.812	6.812
	其他材料费		%	2.00	2.00	2.00
机械	汽车式起重机 8t		台班	0.277	0.277	0.277
	载货汽车－普通货车 5t		台班	0.277	0.277	0.277
	弧焊机 32kV·A		台班	1.158	1.158	1.389
	电焊条烘干箱 60×50×75(cm^3)		台班	0.116	0.116	0.139

4. 引风机安装

工作内容：基础检查、设备安装、配合二次灌浆、单体调试。 **计量单位：**台

编号				2-2-43	2-2-44	2-2-45	2-2-46
项目				离心式			
				功率(kW)			
				≤300	≤500	≤800	≤1 200
名称			单位	消耗量			
人工	合计工日		工日	16.713	41.950	49.059	55.437
	其中	普工	工日	4.178	10.488	12.265	13.859
		一般技工	工日	10.028	25.170	29.435	33.262
		高级技工	工日	2.507	6.292	7.359	8.316
材料	型钢(综合)		kg	87.589	116.785	145.982	164.960
	钢板(综合)		kg	48.661	66.178	77.857	87.978
	紫铜板(综合)		kg	0.098	0.117	0.136	0.154
	聚氯乙烯薄膜		m^2	1.946	1.946	1.946	2.199
	棉纱		kg	0.973	1.460	1.752	1.980
	白布		kg	0.973	1.460	1.752	1.980
	羊毛毡 6~8		m^2	0.039	0.059	0.059	0.066
	铁砂布 0#~2#		张	7.786	7.786	8.759	9.898
	低碳钢焊条(综合)		kg	1.946	3.893	4.866	5.499
	钢锯条		条	7.786	7.786	8.759	9.898
	斜垫铁(综合)		kg	97.321	145.982	175.178	197.951
	酚醛磁漆		kg	0.389	0.389	0.389	0.440
	酚醛调和漆		kg	1.460	1.557	1.752	1.980
	手喷漆		kg	0.973	1.071	1.167	1.320
	溶剂汽油		kg	4.866	5.839	6.812	7.699
	机油		kg	29.196	36.982	40.875	46.188
	铅油(厚漆)		kg	2.920	2.920	2.920	3.300
	黄甘油		kg	0.973	1.460	1.752	1.980
	氧气		m^3	7.786	17.518	19.464	21.994
	乙炔气		kg	2.994	6.738	7.486	8.459
	密封胶		kg	2.920	5.839	5.839	6.598
	无石棉扭绳 ϕ6~10 烧失量 24%		kg	3.893	3.893	3.893	4.399
	无石棉纸		kg	0.487	0.681	0.876	0.989
	青壳纸 δ0.1~1.0		kg	0.973	1.167	1.363	1.540
	水		m^3	5.839	6.812	6.812	7.699
	其他材料费		%	2.00	2.00	2.00	2.00
机械	汽车式起重机 8t		台班	0.277	0.370	0.463	0.523
	载货汽车 – 普通货车 5t		台班	0.277	0.370	0.463	0.523
	弧焊机 32kV·A		台班	1.389	1.852	2.314	2.615
	电焊条烘干箱 60×50×75(cm^3)		台班	0.139	0.185	0.231	0.262

5. 回料（流化）风机安装

工作内容： 基础检查、设备安装、配合二次灌浆、单体调试。　　　　**计量单位：** 台

编　号				2-2-47	2-2-48	2-2-49
项　目				离心式		
				功率（kW）		
				≤30	≤50	≤100
名　称			单位	消　耗　量		
人工	合计工日		工日	8.357	14.683	14.719
	其中	普工	工日	2.089	3.671	3.680
		一般技工	工日	5.014	8.810	8.831
		高级技工	工日	1.254	2.202	2.208
材料	型钢（综合）		kg	43.794	58.525	73.156
	钢板（综合）		kg	24.330	33.172	39.026
	紫铜板（综合）		kg	0.049	0.117	0.137
	聚氯乙烯薄膜		m^2	0.973	0.976	0.976
	棉纱		kg	0.487	0.732	0.879
	白布		kg	0.487	0.732	0.879
	羊毛毡 6~8		m^2	0.019	0.020	0.020
	铁砂布 0#~2#		张	3.893	3.903	3.903
	低碳钢焊条（综合）		kg	0.973	1.951	2.440
	钢锯条		条	3.893	3.903	3.903
	斜垫铁（综合）		kg	48.661	73.174	87.809
	酚醛磁漆		kg	0.195	0.196	0.196
	酚醛调和漆		kg	0.730	0.781	0.879
	手喷漆		kg	0.487	0.196	0.586
	溶剂汽油		kg	2.433	2.928	3.416
	机油		kg	14.598	18.537	20.489
	铅油（厚漆）		kg	1.460	1.464	1.464
	黄甘油		kg	0.487	0.732	0.879
	氧气		m^3	3.893	8.781	9.665
	乙炔气		kg	1.497	3.377	3.717
	密封胶		kg	1.460	2.928	2.928
	无石棉扭绳 ϕ6~10 烧失量 24%		kg	1.946	1.951	1.951
	无石棉纸		kg	0.244	0.342	0.440
	青壳纸 δ0.1~1.0		kg	0.487	0.586	0.684
	水		m^3	2.920	3.415	3.415
	其他材料费		%	2.00	2.00	2.00
机械	汽车式起重机 8t		台班	0.139	0.130	0.139
	载货汽车－普通货车 5t		台班	0.139	0.130	0.139
	弧焊机 32kV·A		台班	0.694	0.648	0.694
	电焊条烘干箱 60×50×75（cm^3）		台班	0.069	0.065	0.069

三、除尘器安装

1. 旋风式除尘器安装

工作内容：基础检查、配合二次灌浆、设备安装、单体调试。

编号				2-2-50	2-2-51	2-2-52
项目				单筒		多管
				直径（mm）		
				≤900	≤1 400	
				个		t
名称			单位	消耗量		
人工	合计工日		工日	3.473	4.981	5.452
	其中	普工	工日	0.877	1.245	1.363
		一般技工	工日	2.070	2.989	3.271
		高级技工	工日	0.526	0.747	0.818
材料	型钢（综合）		kg	2.920	3.893	1.946
	镀锌铁丝 ϕ2.5~4.0		kg	0.244	—	—
	钢板（综合）		kg	1.460	—	—
	橡胶板 δ5~10		kg	—	1.946	3.893
	低碳钢焊条（综合）		kg	2.920	4.282	3.407
	钢锯条		条	—	1.946	2.434
	铅油（厚漆）		kg	1.167	2.434	3.503
	氧气		m^3	2.434	2.434	3.407
	乙炔气		kg	0.936	0.936	1.310
	无石棉扭绳 ϕ3 烧失量 24%		kg	1.655	—	—
	其他材料费		%	2.00	2.00	2.00
机械	履带式起重机 25t		台班	0.620	0.701	0.111
	载货汽车－普通货车 5t		台班	0.056	0.056	0.093
	弧焊机 32kV·A		台班	0.676	1.055	1.112
	电焊条烘干箱 60×50×75（cm^3）		台班	0.068	0.106	0.111

2. 袋式除尘器、电除尘器安装

工作内容：基础检查、配合二次灌浆、设备安装、单体调试。 **计量单位：**t

编号				2-2-53	2-2-54	2-2-55
项目				布袋式除尘器	电除尘器	电袋复合除尘器
名称			单位	消耗量		
人工	合计工日		工日	7.125	7.725	6.879
	其中	普工	工日	1.781	1.931	1.720
		一般技工	工日	4.275	4.635	4.127
		高级技工	工日	1.069	1.159	1.032
材料	型钢（综合）		kg	2.822	9.485	2.336
	镀锌铁丝 ϕ1.5~2.5		kg	—	0.584	—
	钢板（综合）		kg	5.645	—	4.672
	热轧薄钢板（综合）		kg	—	5.337	—
	无石棉橡胶板（中压）δ0.8~6.0		kg	—	0.048	—
	棉纱		kg	—	0.117	—
	羊毛毡 6~8		m^2	—	0.009	—
	铁砂布 0#~2#		张	—	2.920	—
	低碳钢焊条（综合）		kg	4.939	4.565	4.087
	枕木 2 500 × 200 × 160		根	—	0.098	—
	金属清洗剂		kg	—	0.106	—
	机油		kg	—	0.078	—
	铅油（厚漆）		kg	3.528	0.146	2.920
	黄甘油		kg	—	0.068	—
	二硫化钼		kg	—	0.020	—
	氧气		m^3	5.080	5.450	4.205
	乙炔气		kg	1.954	2.096	1.617
	无石棉绳 ϕ6		kg	—	0.205	—
	无石棉扭绳 ϕ3 烧失量 24%		kg	4.939	—	4.087
	无石棉纸		kg	—	0.029	—
	其他材料费		%	2.00	2.00	2.00
机械	履带式起重机 25t		台班	0.137	0.120	0.117
	自升式塔式起重机 2 500kN·m		台班	0.208	0.109	0.168
	载货汽车－平板拖车组 40t		台班	0.114	0.058	0.097
	弧焊机 32kV·A		台班	1.369	1.070	1.173
	电焊条烘干箱 60 × 50 × 75（cm^3）		台班	0.137	0.107	0.117

四、锅炉辅助设备安装

1. 排污扩容器安装

工作内容：本体与附件安装、固定、调整；内部清理、孔盖封闭。 **计量单位**：台

编号			2-2-56	2-2-57	2-2-58	2-2-59	2-2-60	2-2-61
项目			定期排污扩容器			连续排污扩容器		
			容积（m^3）					
			≤2	≤5	≤10	≤1	≤2	≤5
名称		单位	消耗量					
人工	合计工日	工日	7.853	9.238	10.080	11.899	14.699	17.682
人工	其中 普工	工日	2.356	2.771	3.024	3.569	4.410	5.305
人工	其中 一般技工	工日	4.319	5.081	5.544	6.545	8.084	9.725
人工	其中 高级技工	工日	1.178	1.386	1.512	1.785	2.205	2.652
材料	型钢（综合）	kg	12.905	15.182	12.652	11.387	11.387	15.182
材料	无石棉橡胶板（高压）δ1~6	kg	1.613	1.898	2.530	1.946	2.434	2.920
材料	低碳钢焊条 J427（综合）	kg	1.828	2.151	2.581	2.695	3.012	3.441
材料	斜垫铁（综合）	kg	5.377	6.326	7.883	4.768	4.768	6.326
材料	氧气	m^3	1.398	1.645	2.100	1.910	2.189	2.657
材料	乙炔气	kg	0.538	0.633	0.808	0.735	0.842	1.022
材料	其他材料费	%	2.00	2.00	2.00	2.00	2.00	2.00
机械	履带式起重机 25t	台班	0.362	0.426	0.597	0.341	0.341	0.597
机械	载货汽车－普通货车 10t	台班	0.217	0.255	0.341	0.171	0.171	0.341
机械	弧焊机 21kV·A	台班	0.421	0.496	0.537	0.562	0.573	0.655
机械	电动空气压缩机 6m^3/min	台班	0.114	0.134	0.134	0.134	0.134	0.134
机械	电焊条烘干箱 60×50×75（cm^3）	台班	0.042	0.050	0.054	0.056	0.057	0.065

2. 疏水扩容器安装

工作内容： 本体与附件安装、固定、调整；内部清理、孔盖封闭。　　**计量单位：** 台

编号				2-2-62	2-2-63	2-2-64
项目				容积（m^3）		
				≤0.5	≤1	≤3
名称			单位	消耗量		
人工	合计工日		工日	5.599	7.700	9.799
	其中	普工	工日	1.680	2.310	2.940
		一般技工	工日	3.079	4.235	5.389
		高级技工	工日	0.840	1.155	1.470
材料	型钢（综合）		kg	13.158	19.737	26.316
	无石棉橡胶板（高压）δ1~6		kg	1.645	1.974	2.467
	低碳钢焊条 J427（综合）		kg	1.683	2.239	2.796
	斜垫铁（综合）		kg	3.114	4.768	6.326
	氧气		m^3	1.582	1.974	2.366
	乙炔气		kg	0.608	0.759	0.910
	其他材料费		%	2.00	2.00	2.00
机械	履带式起重机 25t		台班	—	0.509	0.666
	汽车式起重机 25t		台班	0.463	—	—
	载货汽车－普通货车 10t		台班	0.213	0.315	0.370
	弧焊机 21kV·A		台班	0.348	0.561	0.633
	电动空气压缩机 6m^3/min		台班	0.073	0.120	0.120
	电焊条烘干箱 60×50×75（cm^3）		台班	0.035	0.056	0.063

3. 消音器安装

工作内容: 支架组装,本体安装、固定、调整。　　　　**计量单位:** 台

编号				2-2-65	2-2-66	2-2-67
项目				锅炉排气中压级消音器(t)		锅炉排气高压级消音器(t)
				≤0.5	≤0.8	
名称			单位	消耗量		
人工	合计工日		工日	7.771	9.327	10.659
	其中	普工	工日	2.331	2.798	3.198
		一般技工	工日	4.274	5.130	5.862
		高级技工	工日	1.166	1.399	1.599
材料	型钢(综合)		kg	4.866	5.839	6.812
	镀锌铁丝 ϕ2.5~4.0		kg	0.973	1.167	1.460
	钢板(综合)		kg	0.973	1.167	1.946
	无石棉橡胶板(中压) δ0.8~6.0		kg	0.973	1.167	—
	无石棉橡胶板(高压) δ0.5~6.0		kg	—	—	1.460
	低碳钢焊条(综合)		kg	4.866	5.450	6.326
	酚醛调和漆		kg	1.655	1.946	1.655
	氧气		m^3	2.920	3.503	4.866
	乙炔气		kg	1.123	1.347	1.872
	其他材料费		%	2.00	2.00	2.00
机械	汽车式起重机 8t		台班	0.186	0.186	0.186
	自升式塔式起重机 2 500kN·m		台班	0.266	0.312	0.325
	载货汽车－普通货车 5t		台班	0.098	0.115	0.098
	弧焊机 32kV·A		台班	1.422	1.707	2.000
	电焊条烘干箱 60×50×75(cm^3)		台班	0.142	0.171	0.200

计量单位：台

编号				2-2-68	2-2-69	2-2-70
项目				送风机入口消音器		
				风机功率（kW）		
				≤240	≤400	≤800
名称			单位	消耗量		
人工	合计工日		工日	15.448	18.538	22.480
	其中	普工	工日	4.634	5.562	6.744
		一般技工	工日	8.497	10.196	12.364
		高级技工	工日	2.317	2.780	3.372
材料	型钢（综合）		kg	28.340	34.007	42.510
	低碳钢焊条 J427（综合）		kg	15.473	18.568	23.216
	氧气		m^3	6.988	8.386	10.530
	乙炔气		kg	2.688	3.225	4.050
	无石棉扭绳（综合）		kg	6.389	7.667	7.060
	其他材料费		%	2.00	2.00	2.00
机械	履带式起重机 25t		台班	0.444	0.444	0.444
	汽车式起重机 20t		台班	0.355	0.426	0.444
	载货汽车－普通货车 10t		台班	0.178	0.214	0.178
	弧焊机 32kV·A		台班	3.071	3.686	4.609
	电焊条烘干箱 60×50×75（cm^3）		台班	0.307	0.369	0.461

4. 暖风器安装

工作内容：检查、组装、安装、固定、密封。

计量单位：台

<table>
<tr><td colspan="3">编号</td><td>2-2-71</td><td>2-2-72</td><td>2-2-73</td></tr>
<tr><td colspan="3" rowspan="2">项目</td><td colspan="2">NT 型暖风器</td><td rowspan="2">其他型暖风器</td></tr>
<tr><td>单排管</td><td>双排管</td></tr>
<tr><td colspan="2">名称</td><td>单位</td><td colspan="3">消耗量</td></tr>
<tr><td rowspan="4">人工</td><td>合计工日</td><td>工日</td><td>11.528</td><td>13.833</td><td>4.713</td></tr>
<tr><td>其中 普工</td><td>工日</td><td>3.458</td><td>4.150</td><td>1.414</td></tr>
<tr><td>其中 一般技工</td><td>工日</td><td>6.341</td><td>7.608</td><td>2.592</td></tr>
<tr><td>其中 高级技工</td><td>工日</td><td>1.729</td><td>2.075</td><td>0.707</td></tr>
<tr><td rowspan="16">材料</td><td>型钢（综合）</td><td>kg</td><td>10.238</td><td>12.286</td><td>1.946</td></tr>
<tr><td>镀锌铁丝 ϕ2.5~4.0</td><td>kg</td><td>—</td><td>—</td><td>0.419</td></tr>
<tr><td>钢板（综合）</td><td>kg</td><td>—</td><td>—</td><td>2.774</td></tr>
<tr><td>无石棉橡胶板（低中压）δ0.8~6.0</td><td>kg</td><td>0.949</td><td>1.139</td><td>—</td></tr>
<tr><td>低碳钢焊条 J427（综合）</td><td>kg</td><td>4.871</td><td>5.845</td><td>—</td></tr>
<tr><td>低碳钢焊条（综合）</td><td>kg</td><td>—</td><td>—</td><td>2.920</td></tr>
<tr><td>枕木 2 500 × 200 × 160</td><td>根</td><td>0.026</td><td>0.030</td><td>—</td></tr>
<tr><td>枕木 2 500 × 250 × 200</td><td>根</td><td>—</td><td>—</td><td>0.068</td></tr>
<tr><td>酚醛调和漆</td><td>kg</td><td>—</td><td>—</td><td>0.866</td></tr>
<tr><td>铅油（厚漆）</td><td>kg</td><td>—</td><td>—</td><td>0.312</td></tr>
<tr><td>氧气</td><td>m^3</td><td>4.783</td><td>5.739</td><td>2.044</td></tr>
<tr><td>乙炔气</td><td>kg</td><td>1.839</td><td>2.207</td><td>0.786</td></tr>
<tr><td>无石棉扭绳（综合）</td><td>kg</td><td>1.422</td><td>1.708</td><td>—</td></tr>
<tr><td>无石棉扭绳 ϕ3 烧失量 24%</td><td>kg</td><td>—</td><td>—</td><td>0.487</td></tr>
<tr><td>无缝钢管（综合）</td><td>kg</td><td>—</td><td>—</td><td>1.752</td></tr>
<tr><td>其他材料费</td><td>%</td><td>2.00</td><td>2.00</td><td>2.00</td></tr>
<tr><td rowspan="8">机械</td><td>履带式起重机 25t</td><td>台班</td><td>0.088</td><td>0.105</td><td>0.026</td></tr>
<tr><td>汽车式起重机 16t</td><td>台班</td><td>0.205</td><td>0.245</td><td>—</td></tr>
<tr><td>载货汽车 - 普通货车 5t</td><td>台班</td><td>—</td><td>—</td><td>0.009</td></tr>
<tr><td>载货汽车 - 普通货车 10t</td><td>台班</td><td>0.088</td><td>0.105</td><td>—</td></tr>
<tr><td>试压泵 60MPa</td><td>台班</td><td>—</td><td>—</td><td>0.158</td></tr>
<tr><td>弧焊机 21kV · A</td><td>台班</td><td>0.734</td><td>0.880</td><td>—</td></tr>
<tr><td>弧焊机 32kV · A</td><td>台班</td><td>—</td><td>—</td><td>0.721</td></tr>
<tr><td>电焊条烘干箱 60 × 50 × 75（cm^3）</td><td>台班</td><td>0.073</td><td>0.088</td><td>0.072</td></tr>
</table>

五、金属结构安装

工作内容：检查、组装、安装、固定。 **计量单位：**t

编号				2-2-74	2-2-75	2-2-76	2-2-77	2-2-78
项目				除尘器钢结构支架	平台、扶梯、栏杆钢结构	设备支架钢结构		
						重量(t)		
						≤0.5	≤2	>2
名称			单位	消耗量				
人工	合计工日		工日	9.758	10.236	10.690	8.037	9.596
	其中	普工	工日	2.928	3.071	3.207	2.411	2.879
		一般技工	工日	5.367	5.630	5.880	4.420	5.278
		高级技工	工日	1.463	1.535	1.603	1.206	1.439
材料	型钢(综合)		kg	2.920	5.921	6.001	3.152	6.287
	镀锌铁丝 ϕ2.5~4.0		kg	1.946	—	—	—	—
	钢板(综合)		kg	3.893	—	—	—	—
	热轧薄钢板 δ2.0~3.0		kg	—	—	—	1.207	6.657
	中厚钢板 δ15 以内		kg	—	1.875	2.280	—	—
	无石棉橡胶板(低中压) δ0.8~6.0		kg	—	—	—	1.716	0.962
	低碳钢焊条 J427(综合)		kg	—	9.034	9.154	4.807	6.038
	砂轮片(综合)		片	—	0.372	0.566	—	—
	尼龙砂轮片 ϕ100		片	—	0.205	0.311	—	—
	低碳钢焊条(综合)		kg	7.786	—	—	—	—
	枕木 2 500×200×160		根	—	0.076	0.092	0.566	0.019
	铅油(厚漆)		kg	0.973	—	—	—	—
	氧气		m^3	8.759	7.795	9.482	4.881	5.942
	乙炔气		kg	3.369	2.998	3.647	1.877	2.285
	无石棉扭绳(综合)		kg	—	—	—	4.853	1.760
	无石棉扭绳 ϕ3 烧失量 24%		kg	1.460	—	—	—	—
	其他材料费		%	2.00	2.00	2.00	2.00	2.00
机械	履带式起重机 25t		台班	—	—	—	0.264	0.144
	汽车式起重机 16t		台班	—	—	—	0.324	0.400
	汽车式起重机 25t		台班	—	0.442	0.202	—	—
	自升式塔式起重机 2 500kN·m		台班	—	0.067	0.161	0.154	0.122
	载货汽车－普通货车 5t		台班	0.088	—	—	—	—
	载货汽车－普通货车 10t		台班	—	0.221	0.056	0.137	0.134
	弧焊机 21kV·A		台班	—	2.578	2.612	1.373	0.898
	弧焊机 32kV·A		台班	1.935	—	—	—	—
	电焊条烘干箱 60×50×75(cm^3)		台班	0.194	0.258	0.261	0.137	0.090

六、烟道、风道、煤管道安装

工作内容：管道及支吊架组合、焊接，各种门、孔安装，焊缝渗透试验，风压试验后缺陷消除。

计量单位：t

编号				2-2-79	2-2-80	2-2-81	2-2-82
项目				矩形断面		圆形断面	
				钢板厚度（mm）			
				≤4	>4	≤4	>4
名称			单位	消耗量			
人工	合计工日		工日	5.460	4.796	5.499	4.614
	其中	普工	工日	1.638	1.439	1.650	1.384
		一般技工	工日	3.003	2.638	3.024	2.538
		高级技工	工日	0.819	0.719	0.825	0.692
材料	镀锌铁丝（综合）		kg	0.721	0.556	0.885	0.671
	钢丝绳 ϕ14.1~15.0		kg	0.011	0.011	0.012	0.023
	型钢（综合）		kg	5.820	3.817	6.021	8.003
	低碳钢焊条 J427（综合）		kg	6.949	7.391	7.366	10.594
	枕木 2 500×200×160		根	0.026	0.026	0.027	0.026
	渗透剂 500mL		瓶	0.294	0.199	0.360	0.246
	氧气		m^3	2.481	2.251	2.723	3.754
	乙炔气		kg	0.954	0.866	1.047	1.444
	无石棉扭绳（综合）		kg	0.319	0.325	0.405	0.570
	其他材料费		%	2.00	2.00	2.00	2.00
机械	履带式起重机 25t		台班	0.055	0.055	0.023	0.020
	汽车式起重机 25t		台班	0.022	0.014	0.023	0.010
	自升式塔式起重机 2 500kN·m		台班	0.025	0.025	0.026	0.025
	载货汽车－平板拖车组 20t		台班	0.045	0.030	0.047	0.030
	电动单筒慢速卷扬机 50kN		台班	0.334	0.410	0.351	0.595
	弧焊机 21kV·A		台班	1.151	1.199	1.271	1.586
	电焊条烘干箱 60×50×75（cm^3）		台班	0.115	0.120	0.127	0.159

计量单位：t

编号				2-2-83	2-2-84	2-2-85
项目				送粉管道（直径 mm）		原煤管道
				≤159	≤273	
名称			单位	消耗量		
人工	合计工日		工日	7.041	6.818	6.073
	其中	普工	工日	2.112	2.045	1.822
		一般技工	工日	3.873	3.750	3.340
		高级技工	工日	1.056	1.023	0.911
材料	型钢（综合）		kg	3.846	3.455	7.683
	镀锌铁丝（综合）		kg	0.671	0.671	—
	镀锌铁丝 ϕ2.5~4.0		kg	—	—	2.540
	钢丝绳 ϕ14.1~15.0		kg	0.024	0.024	—
	钢板（综合）		kg	—	—	0.175
	热轧薄钢板 δ2.0~3.0		kg	3.598	3.166	—
	低碳钢焊条 J427（综合）		kg	11.124	11.679	—
	低碳钢焊条（综合）		kg	—	—	13.693
	枕木 2 500×200×160		根	0.026	0.026	—
	枕木 2 500×250×200		根	—	—	0.073
	渗透剂 500mL		瓶	—	—	0.114
	机油		kg	—	—	0.070
	铅油（厚漆）		kg	—	—	0.382
	黄甘油		kg	—	—	0.140
	氧气		m^3	3.315	3.133	10.405
	乙炔气		kg	1.275	1.205	4.002
	无石棉扭绳（综合）		kg	0.550	0.581	—
	无石棉扭绳 ϕ3 烧失量 24%		kg	—	—	0.514
	其他材料费		%	2.00	2.00	2.00
机械	履带式起重机 25t		台班	—	—	0.017
	履带式起重机 50t		台班	0.023	0.023	—
	汽车式起重机 25t		台班	0.009	0.009	—
	自升式塔式起重机 2 500kN·m		台班	0.009	0.009	0.027
	载货汽车－普通货车 5t		台班	—	—	0.033
	载货汽车－平板拖车组 20t		台班	0.064	0.064	—
	电动单筒慢速卷扬机 50kN		台班	1.151	1.151	0.438
	弧焊机 21kV·A		台班	2.153	2.153	—
	弧焊机 32kV·A		台班	—	—	2.659
	电焊条烘干箱 60×50×75（cm^3）		台班	0.215	0.215	0.266

第三章　汽轮发电机安装工程

说　明

一、本章内容包括汽轮机本体、燃气轮机本体、汽轮机本体管道、发电机本体等安装工程。

二、有关说明：

1. 汽轮发电机本体安装是按照采用厂房内桥式起重机（电厂未接收的固定资产）施工考虑的，实际施工与其不同时，应根据实际使用的机械台班用量和单价调整安装机械费。

2. 汽轮机本体安装包括下列工作内容，不包括汽轮机叶片频率测定：

（1）汽轮机、调速系统、主汽门、联合汽门等安装；

（2）找正用千斤顶、转子吊马、中心线架、转子支撑架等专用工具制作；

（3）基础临时栏杆、设备临时堆放架搭设与拆除；

（4）汽轮机低压缸排气口临时木盖板敷设；

（5）假轴的折旧摊销费用。

3. 汽轮机本体管道安装包括随汽轮机（燃气轮机调压站设备、管道）本体设备供应的管道、管件、阀门、支吊架安装以及直径小于或等于 76mm 管道揻弯与支吊架制作、管道系统水压（风压）试验。不包括蒸汽管道吹洗、非厂供的本体管道（整套设计或补充设计）安装。项目综合考虑了不同形式的汽轮机结构，执行时，不做调整。

（1）汽轮机本体管道包括随汽轮机本体设备供应的导汽管、汽封疏水管、蒸汽管、油管。

（2）非汽轮发电机配套供应的油管安装，执行相应的管道安装项目乘以系数 2.20。

（3）项目不包括汽轮机本体管道无损检测，工程实际发生时，执行第八册《工业管道安装工程》相应项目。

4. 燃气轮的发电机与蒸汽轮机的发电机执行同等容量的项目子目。

5. 发电机本体安装包括发电机、励磁机、副励磁机、空气冷却器、发电机本体消防水管道安装及发电机空气冷却器水压试验和风道安装。不包括发电机及励磁机的电气部分检查、干燥、接线及电气调整试验。

燃气轮机安装中不包括调压站设备及管道安装。

工程量计算规则

一、汽轮机本体、发电机本体根据设备性能，按照设计安装数量以“台”为计量单位。

二、汽轮机本体管道安装根据汽轮发电机容量与本体管道供货重量，按照汽轮发电机数量以“台”为计量单位。

三、汽轮发电机整套空负荷试运根据汽轮机型号，按照汽轮发电机数量以“台”为计量单位。

一、汽轮机本体安装

1. 背压式汽轮机安装

工作内容：基础检查，垫铁安装，设备组合安装，地脚螺栓安装，管路、支吊架配制、安装等。

计量单位：台

编　号				2-3-1	2-3-2	2-3-3	2-3-4
项　目				单机容量（MW）			
				≤6	≤15	≤25	≤35
名　称			单位	消　耗　量			
人工	合计工日		工日	366.012	542.936	746.187	1 093.037
	其中	普工	工日	91.503	135.734	186.547	273.259
		一般技工	工日	201.306	298.615	410.403	601.170
		高级技工	工日	73.203	108.587	149.237	218.608
材料	型钢（综合）		kg	273.116	378.094	759.602	1 112.689
	镀锌铁丝 ϕ0.1~0.5		kg	0.171	0.171	0.299	0.438
	镀锌铁丝 ϕ2.5~4.0		kg	20.484	23.898	33.286	48.758
	圆钢（综合）		kg	17.070	18.350	21.593	31.630
	方钢（综合）		kg	4.267	4.267	5.121	7.501
	钢板（综合）		kg	50.185	71.138	183.953	269.370
	斜垫铁（综合）		kg	62.134	88.075	227.676	333.506
	镀锌钢板（综合）		kg	1.707	2.134	2.134	3.125
	不锈钢板 δ0.05~0.50		kg	1.366	1.664	2.987	4.376
	黄铜棒 ϕ7~80		kg	1.707	1.707	2.560	3.750
	紫铜棒 ϕ16~80		kg	2.560	2.560	3.414	5.001
	白铅粉		kg	0.853	0.853	0.853	1.250
	黑铅粉		kg	2.603	2.945	5.548	8.126
	弹簧钢		kg	12.802	12.802	12.802	18.753
	橡胶板 δ5~10		kg	1.536	2.304	3.073	4.500
	无石棉橡胶板（高压）δ1~6		kg	1.536	4.182	8.279	12.127
	耐油无石棉橡胶板 δ0.8		kg	2.560	2.560	4.609	6.751
	橡胶棒 ϕ35		kg	0.427	0.427	0.853	1.250
	聚氯乙烯薄膜		m^2	2.390	2.390	2.987	4.376
	有机玻璃 δ8		m^2	0.045	0.045	0.073	0.107
	棉纱		kg	18.350	25.349	35.676	52.259
	白布		kg	7.570	9.009	12.608	18.468
	圆钉 50~75		kg	1.024	1.280	1.280	1.875
	尼龙砂轮片 ϕ100		片	9.388	11.095	14.509	21.254
	铁砂布 $0^{\#}$~$2^{\#}$		张	110.953	136.558	221.906	325.055
	低碳钢焊条（综合）		kg	29.019	33.994	60.598	88.765
	钢锯条		条	20.484	20.484	38.407	56.259
	钢丝刷子		把	2.560	3.414	4.267	6.251
	板枋材		m^3	0.171	0.222	0.367	0.538
	硝基腻子		kg	1.707	2.134	1.707	2.501
	油性清漆		kg	0.128	0.128	1.707	2.501

续前

编号			2-3-1	2-3-2	2-3-3	2-3-4
项目			单机容量(MW)			
			≤6	≤15	≤25	≤35
名称		单位	消耗量			
材料	手喷漆	kg	4.267	5.121	6.401	9.376
	金属清洗剂	kg	15.534	19.716	27.285	39.968
	溶剂汽油	kg	5.121	7.255	8.962	13.127
	汽轮机油	kg	11.693	12.376	19.545	28.630
	黄甘油	kg	1.878	2.134	3.414	5.001
	红丹粉	kg	3.866	3.977	4.950	7.251
	二硫化钼	kg	1.366	1.792	2.475	3.626
	磷酸三钠	kg	1.707	2.560	3.414	5.001
	脱化剂	kg	4.267	4.694	5.974	8.752
	氧气	m^3	52.233	61.084	106.515	156.027
	乙炔气	kg	20.090	23.494	40.967	60.010
	密封胶	kg	35.846	35.846	51.209	75.013
	无石棉布(综合)烧失量 32%	kg	—	—	2.987	4.376
	凡尔砂	kg	0.043	0.043	0.043	0.062
	无缝钢管(综合)	kg	12.802	12.802	89.616	131.272
	保险丝 5A	轴	2.560	3.414	4.267	6.251
	酚醛层压板 10~20	m^2	0.256	0.256	0.427	0.625
	硬铜绞线 TJ-120mm^2	kg	—	—	1.280	1.875
	面粉	kg	4.908	5.974	7.895	11.565
	隔电纸	m^2	1.366	1.622	1.707	2.501
	油刷 65	把	3.414	3.414	4.267	6.251
	其他材料费	%	2.00	2.00	2.00	2.00
机械	汽车式起重机 8t	台班	0.342	0.930	0.807	1.182
	汽车式起重机 16t	台班	0.380	—	—	—
	门式起重机 30t	台班	—	1.405	1.405	2.058
	桥式起重机 20t	台班	28.146	—	—	—
	桥式起重机 30t	台班	—	36.601	—	—
	桥式起重机 50t	台班	—	—	49.829	72.991
	载货汽车 - 普通货车 5t	台班	0.342	0.930	0.807	1.182
	载货汽车 - 普通货车 8t	台班	0.380	0.342	—	—
	载货汽车 - 平板拖车组 15t	台班	—	0.380	—	—
	载货汽车 - 平板拖车组 20t	台班	—	0.684	—	—
	载货汽车 - 平板拖车组 40t	台班	—	—	1.405	2.058
	中频加热处理机 100kW	台班	—	—	0.949	1.390
	弧焊机 32kV·A	台班	12.099	15.667	24.673	36.141
	电动空气压缩机 1m^3/min	台班	0.949	1.424	1.424	2.085
	电动空气压缩机 6m^3/min	台班	9.015	10.828	12.859	18.835
	电焊条烘干箱 60×50×75(cm^3)	台班	1.210	1.567	2.467	3.614
	台式砂轮机	台班	5.219	7.117	10.438	15.291

2. 抽凝式汽轮机安装（单抽）

工作内容：基础检查，垫铁安装，设备组合、安装，地脚螺栓安装，管路、支吊架配制、安装等。

计量单位：台

编　号				2-3-5	2-3-6	2-3-7	2-3-8
项　目				单抽			
				单机容量（MW）			
				≤6	≤15	≤25	≤35
名　称			单位	消　耗　量			
人工	合计工日		工日	398.828	522.313	760.489	1 050.996
	其中	普工	工日	99.707	130.579	190.122	262.749
		一般技工	工日	219.355	287.272	418.269	578.048
		高级技工	工日	79.766	104.462	152.098	210.199
材料	型钢（综合）		kg	308.108	368.706	609.090	841.762
	镀锌铁丝 ϕ0.1~0.5		kg	0.179	0.179	0.256	0.354
	镀锌铁丝 ϕ2.5~4.0		kg	21.661	24.410	36.529	50.484
	圆钢（综合）		kg	13.229	18.026	22.873	31.611
	方钢（综合）		kg	5.548	5.548	5.548	7.667
	钢板（综合）		kg	59.072	82.952	142.087	196.364
	斜垫铁（综合）		kg	73.137	102.703	125.917	243.117
	镀锌钢板（综合）		kg	1.758	2.202	5.377	7.431
	不锈钢板 δ0.05~0.50		kg	1.451	1.622	2.484	3.433
	黄铜棒 ϕ7~80		kg	1.707	1.707	2.817	3.893
	紫铜棒 ϕ16~80		kg	3.329	2.560	3.755	5.190
	白铅粉		kg	0.879	0.879	0.896	1.238
	黑铅粉		kg	2.782	2.893	4.703	6.499
	弹簧钢		kg	17.582	13.229	13.485	18.637
	橡胶板 δ5~10		kg	1.622	2.134	3.243	4.483
	无石棉橡胶板（高压）δ1~6		kg	2.134	6.572	7.425	10.261
	耐油无石棉橡胶板 δ0.8		kg	3.329	3.329	3.499	4.836
	橡胶棒 ϕ35		kg	0.597	0.427	0.939	1.297
	聚氯乙烯薄膜		m^2	1.707	2.560	3.414	4.718
	有机玻璃 δ8		m^2	0.063	0.045	0.073	0.100
	棉纱		kg	20.228	24.922	36.273	50.129
	白布		kg	8.698	8.783	12.628	17.452
	圆钉 50~75		kg	1.459	1.297	2.296	3.173
	尼龙砂轮片 ϕ100		片	11.949	11.949	12.802	17.693
	铁砂布 $0^{\#}$~$2^{\#}$		张	116.928	133.997	220.199	304.316
	低碳钢焊条（综合）		kg	30.725	34.139	54.751	75.666
	钢锯条		条	26.458	20.484	37.553	51.899
	钢丝刷子		把	2.560	3.414	4.267	5.898
	板枋材		m^3	0.222	0.230	0.358	0.495
	硝基腻子		kg	1.707	2.134	2.731	3.774
	油性清漆		kg	0.128	0.171	0.188	0.259
	手喷漆		kg	4.267	6.401	7.511	10.380

续前

编号			2-3-5	2-3-6	2-3-7	2-3-8
项目			单抽			
			单机容量(MW)			
			≤6	≤15	≤25	≤35
名称		单位	消耗量			
材料	金属清洗剂	kg	16.729	19.398	27.953	38.630
	溶剂汽油	kg	6.529	5.121	8.364	11.560
	汽轮机油	kg	12.973	12.205	19.340	26.728
	黄甘油	kg	1.101	2.014	3.474	4.801
	红丹粉	kg	4.080	3.918	6.111	8.445
	二硫化钼	kg	1.485	1.400	2.484	3.433
	磷酸三钠	kg	1.707	2.560	4.267	5.898
	脱化剂	kg	4.856	4.788	6.256	8.646
	氧气	m^3	55.306	59.403	97.588	134.866
	乙炔气	kg	21.271	22.847	37.534	51.872
	密封胶	kg	35.846	35.846	51.209	70.771
	无石棉布(综合)烧失量 32%	kg	—	—	2.987	4.128
	凡尔砂	kg	0.060	0.085	0.128	0.177
	无缝钢管(综合)	kg	12.802	12.802	93.883	129.747
	保险丝 5A	轴	2.560	3.414	4.267	5.898
	酚醛层压板 10~20	m^2	0.341	0.256	0.469	0.649
	硬铜绞线 TJ-120mm^2	kg	—	—	1.280	1.769
	面粉	kg	5.633	5.872	7.477	10.332
	隔电纸	m^2	1.408	1.587	1.707	2.359
	油刷 65mm	把	3.414	3.414	4.267	5.898
	其他材料费	%	2.00	2.00	2.00	2.00
机械	汽车式起重机 8t	台班	0.579	0.921	1.309	1.809
	汽车式起重机 20t	台班	0.380	—	—	—
	门式起重机 30t	台班	—	1.405	1.405	1.941
	桥式起重机 20t	台班	31.619	—	—	—
	桥式起重机 30t	台班	—	37.796	—	—
	桥式起重机 50t	台班	—	—	47.714	65.940
	载货汽车 - 普通货车 5t	台班	0.579	0.921	1.309	1.809
	载货汽车 - 普通货车 8t	台班	—	0.342	—	—
	载货汽车 - 平板拖车组 15t	台班	0.380	0.380	—	—
	载货汽车 - 平板拖车组 20t	台班	—	0.684	—	—
	载货汽车 - 平板拖车组 30t	台班	—	—	1.405	1.941
	中频加热处理机 100kW	台班	—	—	0.949	1.311
	弧焊机 32kV·A	台班	12.811	13.855	21.665	29.941
	电动空气压缩机 1m^3/min	台班	0.949	1.424	1.424	1.967
	电动空气压缩机 6m^3/min	台班	9.490	8.683	11.160	15.422
	电焊条烘干箱 60×50×75(cm^3)	台班	1.281	1.385	2.166	2.994
	台式砂轮机	台班	5.219	6.643	11.388	15.737

3. 抽凝式汽轮机安装（双抽）

工作内容：基础检查，垫铁安装，设备组合、安装，地脚螺栓安装，管路、支吊架配制、安装等。

计量单位：台

编　号				2-3-9	2-3-10	2-3-11
项　目				双抽		
				单机容量（MW）		
				≤15	≤25	≤35
名　称			单位	消　耗　量		
人工	合计工日		工日	540.220	760.489	1 117.906
	其中	普工	工日	135.055	190.122	279.477
		一般技工	工日	297.121	418.269	614.848
		高级技工	工日	108.044	152.098	223.581
材料	型钢（综合）		kg	377.241	609.090	895.353
	镀锌铁丝 ϕ0.1~0.5		kg	0.196	0.256	0.376
	镀锌铁丝 ϕ2.5~4.0		kg	25.007	36.529	53.697
	圆钢（综合）		kg	18.376	22.873	33.624
	方钢（综合）		kg	5.548	5.548	8.155
	钢板（综合）		kg	84.209	142.087	208.866
	斜垫铁（综合）		kg	104.259	175.917	258.595
	镀锌钢板（综合）		kg	2.245	5.377	7.904
	不锈钢板 δ0.05~0.50		kg	1.664	2.484	3.651
	黄铜棒 ϕ7~80		kg	2.134	2.817	4.140
	紫铜棒 ϕ16~80		kg	2.987	3.755	5.520
	白铅粉		kg	0.896	0.896	1.317
	黑铅粉		kg	2.979	4.703	6.913
	弹簧钢		kg	13.485	13.485	19.823
	橡胶板 δ5~10		kg	2.134	3.243	4.768
	无石棉橡胶板（高压）δ1~6		kg	6.657	7.425	10.915
	耐油无石棉橡胶板 δ0.8		kg	3.329	3.499	5.144
	橡胶棒 ϕ35		kg	0.469	0.939	1.380
	聚氯乙烯薄膜		m^2	2.560	3.414	5.018
	有机玻璃 δ8		m^2	0.050	0.073	0.107
	棉纱		kg	25.605	36.273	53.321
	白布		kg	9.260	12.628	18.563
	圆钉 50~75		kg	1.391	2.296	3.375
	尼龙砂轮片 ϕ100		片	12.802	12.802	18.819
	铁砂布 $0^{\#}$~$2^{\#}$		张	139.972	220.199	323.690
	低碳钢焊条（综合）		kg	34.139	54.751	80.483
	钢锯条		条	22.191	37.553	55.203
	钢丝刷子		把	3.414	4.267	6.273
	板枋材		m^3	0.324	0.358	0.527
	硝基腻子		kg	2.245	2.731	4.015
	油性清漆		kg	0.188	0.188	0.276

续前

编号			2-3-9	2-3-10	2-3-11
项目			双抽		
			单机容量(MW)		
			≤15	≤25	≤35
名称		单位	消耗量		
材料	手喷漆	kg	6.743	7.511	11.041
	金属清洗剂	kg	20.116	27.953	41.089
	溶剂汽油	kg	5.616	8.364	12.295
	汽轮机油	kg	12.717	19.340	28.430
	黄甘油	kg	2.074	3.474	5.106
	红丹粉	kg	4.046	6.111	8.983
	二硫化钼	kg	1.442	2.484	3.651
	磷酸三钠	kg	3.414	4.267	6.273
	硼砂	kg	0.060	0.060	0.088
	氧气	m^3	61.451	97.588	143.452
	乙炔气	kg	23.635	37.534	55.174
	密封胶	kg	35.846	51.209	75.277
	无石棉布(综合)烧失量 32%	kg	—	2.987	4.391
	凡尔砂	kg	0.094	0.128	0.188
	无缝钢管(综合)	kg	12.802	93.883	138.007
	保险丝 5A	轴	3.414	4.267	6.273
	酚醛层压板 10~20	m^2	0.282	0.469	0.690
	硬铜绞线 TJ-120mm^2	kg	—	1.280	1.882
	面粉	kg	6.154	7.477	10.990
	隔电纸	m^2	1.613	1.707	2.509
	油刷 65	把	3.414	4.267	6.273
	其他材料费	%	2.00	2.00	2.00
机械	汽车式起重机 8t	台班	0.930	1.309	1.925
	门式起重机 30t	台班	1.405	1.405	2.065
	桥式起重机 30t	台班	38.746	—	—
	桥式起重机 50t	台班	—	47.714	70.138
	载货汽车－普通货车 5t	台班	0.930	1.309	1.925
	载货汽车－普通货车 8t	台班	0.342	—	—
	载货汽车－平板拖车组 15t	台班	0.380	—	—
	载货汽车－平板拖车组 20t	台班	0.684	—	—
	载货汽车－平板拖车组 30t	台班	—	1.405	2.065
	中频加热处理机 100kW	台班	—	0.949	1.395
	弧焊机 32kV·A	台班	14.235	21.665	31.847
	电动空气压缩机 1m^3/min	台班	1.519	1.424	2.092
	电动空气压缩机 6m^3/min	台班	9.110	11.160	16.405
	电焊条烘干箱 60×50×75(cm^3)	台班	1.423	2.166	3.185
	台式砂轮机	台班	9.490	11.388	16.740

4. 燃气轮机安装

工作内容：基础检查，垫铁配制、安装，设备组合、安装，地脚螺栓安装，管路、支吊架配制、安装等。

计量单位：台

编　号				2-3-12	2-3-13	2-3-14	2-3-15
项　目				单轴			
				单机容量（MW）			
				≤6	≤15	≤25	≤35
名　称			单位	消　耗　量			
人工	合计工日		工日	234.909	307.642	447.928	567.736
	其中	普工	工日	58.727	76.911	111.982	154.759
		一般技工	工日	129.200	169.203	246.360	306.270
		高级技工	工日	46.982	61.528	89.586	106.707
材料	型钢（综合）		kg	248.798	297.730	491.840	679.723
	镀锌铁丝 ϕ0.1~0.5		kg	0.145	0.145	0.207	0.286
	镀锌铁丝 ϕ2.5~4.0		kg	17.492	19.711	29.497	40.766
	圆钢（综合）		kg	10.682	14.556	18.470	25.526
	方钢（综合）		kg	4.480	4.480	4.480	6.191
	钢板（综合）		kg	47.701	66.984	114.735	158.564
	斜垫铁（综合）		kg	59.058	82.932	142.053	196.317
	镀锌钢板（综合）		kg	1.420	1.778	4.342	6.001
	不锈钢板 δ0.05~0.50		kg	1.172	1.309	2.006	2.772
	弹簧钢		kg	14.197	10.682	10.889	15.049
	橡胶板 δ5~10		kg	1.309	1.723	2.619	3.620
	耐油无石棉橡胶板 δ0.8		kg	2.688	2.688	2.826	3.905
	橡胶棒 ϕ35		kg	0.482	0.345	0.758	1.048
	聚氯乙烯薄膜		m^2	1.378	2.068	2.757	3.810
	棉纱		kg	16.334	20.124	29.291	40.480
	白布		kg	7.024	7.092	10.197	14.093
	圆钉 50~75		kg	1.179	1.048	1.854	2.562
	尼龙砂轮片 ϕ100		片	9.649	9.649	10.338	14.287
	铁砂布 $0^{\#}$~$2^{\#}$		张	94.419	108.203	177.811	245.735
	低碳钢焊条（综合）		kg	24.811	27.568	44.212	61.100
	钢锯条		条	21.365	16.541	30.324	41.908
	钢丝刷子		把	2.068	2.757	3.446	4.762
	板枋材		m^3	0.179	0.186	0.289	0.400
	硝基腻子		kg	1.378	1.723	2.205	3.048
	油性清漆		kg	0.103	0.138	0.152	0.210

续前

编　　号			2-3-12	2-3-13	2-3-14	2-3-15
项　　目			单轴			
			单机容量（MW）			
			≤6	≤15	≤25	≤35
	名　　称	单位	消　耗　量			
材料	手喷漆	kg	3.446	5.169	6.065	8.382
	金属清洗剂	kg	13.509	15.664	22.572	31.193
	溶剂汽油	kg	5.272	4.135	6.754	9.334
	汽轮机油	kg	10.476	9.855	15.617	21.583
	黄甘油	kg	0.889	1.626	2.805	3.877
	磷酸三钠	kg	1.378	2.068	3.446	4.762
	脱化剂	kg	3.921	3.866	5.052	6.981
	氧气	m^3	44.660	47.968	78.802	108.904
	乙炔气	kg	17.177	18.449	30.308	41.886
	密封胶	kg	28.946	28.946	41.351	57.148
	无石棉布（综合）烧失量 32%	kg	—	—	2.412	3.334
	无缝钢管（综合）	kg	10.338	10.338	75.811	104.771
	酚醛层压板 10~20	m^2	0.276	0.207	0.379	0.524
	硬铜绞线 TJ–120mm^2	kg	—	—	1.034	1.429
	油刷 65	把	2.757	2.757	3.446	4.762
	其他材料费	%	2.00	2.00	2.00	2.00
机械	汽车式起重机 8t	台班	0.467	0.743	1.057	1.461
	汽车式起重机 20t	台班	0.307	—	—	—
	桥式起重机 20t	台班	25.532	—	—	—
	桥式起重机 30t	台班	—	32.039	—	—
	桥式起重机 50t	台班	—	—	39.288	54.765
	载货汽车－普通货车 5t	台班	0.467	0.743	1.057	1.461
	载货汽车－普通货车 8t	台班	—	0.276	—	—
	载货汽车－平板拖车组 15t	台班	0.307	0.307	—	—
	载货汽车－平板拖车组 20t	台班	—	0.552	—	—
	载货汽车－平板拖车组 30t	台班	—	—	1.134	1.567
	弧焊机 32kV·A	台班	10.345	11.188	17.494	24.177
	电动空气压缩机 1m^3/min	台班	0.766	1.150	1.150	1.588
	电动空气压缩机 6m^3/min	台班	7.663	7.011	9.011	12.453
	电焊条烘干箱 60×50×75（cm^3）	台班	1.035	1.119	1.749	2.418
	台式砂轮机	台班	4.214	5.364	9.196	12.708

注：安装基础为 0m 编制。当安装基础为地下室时，人工增加 10%，机械增加 8%。

二、汽轮机本体管道安装

1. 导汽管道、汽封疏水管道安装

工作内容：管子清扫、切割，坡口加工，对口焊接、安装，法兰焊接与连接，支吊架安装、调整和固定，压力试验等。

计量单位：台

编　号				2-3-16	2-3-17	2-3-18	2-3-19
项　目				单机容量（MW）			
				≤6		≤15	
				重量（t）			
				≤0.3	≤0.7	≤0.5	≤1.1
名　称			单位	消　耗　量			
人工	合计工日		工日	11.153	26.476	19.265	44.948
	其中	普工	工日	2.788	6.619	4.816	11.237
		一般技工	工日	6.134	14.562	10.596	24.721
		高级技工	工日	2.231	5.295	3.853	8.990
材料	型钢（综合）		kg	4.600	7.588	4.319	9.883
	镀锌铁丝 ϕ2.5~4.0		kg	0.973	13.613	2.120	23.300
	黑铅粉		kg	—	0.557	0.294	0.584
	无石棉橡胶板（高压）δ1~6		kg	0.939	3.713	0.707	1.890
	白布		kg	1.374	1.299	1.757	1.352
	尼龙砂轮片 ϕ100		片	1.110	3.094	1.767	5.121
	铁砂布 0#~2#		张	—	2.475	2.510	3.073
	低碳钢焊条（综合）		kg	5.121	8.391	6.292	8.923
	合金钢焊丝		kg	—	3.230	2.693	3.073
	钢锯条		条	1.707	39.602	2.945	39.431
	砂子（中砂）		t	—	0.322	—	0.809
	石英砂（综合）		m^3	0.064	—	0.086	—
	油浸无石棉盘根 编织 ϕ4~5（450℃）		kg	—	0.322	0.228	0.236
	金属清洗剂		kg	—	0.162	0.122	0.122
	机油		kg	—	0.693	0.523	0.691
	铅油（厚漆）		kg	—	0.050	0.010	0.020
	黄甘油		kg	—	0.334	1.850	0.138
	氧气		m^3	6.145	29.107	32.568	43.139
	乙炔气		kg	2.363	11.195	12.526	16.592
	无石棉布（综合）烧失量 32%		kg	0.111	—	0.246	—
	其他材料费		%	2.00	2.00	2.00	2.00
机械	汽车式起重机 8t		台班	0.114	0.010	0.174	0.063
	桥式起重机 20t		台班	0.029	0.035	—	—
	桥式起重机 30t		台班	—	—	0.077	0.034
	载货汽车－普通货车 5t		台班	0.038	0.010	0.077	0.063
	电动葫芦单速 5t		台班	—	0.608	—	0.684
	试压泵 60MPa		台班	—	0.237	—	0.768
	弧焊机 20kV·A		台班	2.087	3.853	2.237	9.736
	电动空气压缩机 6m^3/min		台班	0.864	0.933	1.179	0.348
	电焊条烘干箱 60×50×75（cm^3）		台班	0.209	0.385	0.224	0.974

计量单位：台

编号				2-3-20	2-3-21	2-3-22	2-3-23
项目				单机容量（MW）			
				≤25		≤35	
				重量（t）			
				≤1.5	≤3.1	≤3.0	≤4.5
名称			单位	消耗量			
人工	合计工日		工日	46.406	134.421	91.341	192.864
	其中	普工	工日	11.602	33.605	22.835	48.216
		一般技工	工日	25.523	73.932	50.238	106.075
		高级技工	工日	9.281	26.884	18.268	38.573
材料	型钢（综合）		kg	8.834	262.593	13.910	376.764
	镀锌铁丝 ϕ2.5~4.0		kg	7.745	61.835	12.195	88.720
	黑铅粉		kg	1.178	1.546	1.855	2.218
	无石棉橡胶板（高压）δ1~6		kg	5.889	5.389	9.273	7.732
	白布		kg	1.325	4.167	2.087	5.978
	尼龙砂轮片 ϕ100		片	7.067	17.667	11.128	25.349
	铁砂布 0#~2#		张	—	8.834	—	12.674
	低碳钢焊条（综合）		kg	47.996	58.493	75.578	83.925
	合金钢焊丝		kg	—	5.889	—	8.450
	钢锯条		条	8.834	83.919	13.910	120.406
	砂子（中砂）		t	—	0.957	—	1.373
	石英砂（综合）		m^3	0.148	—	0.232	—
	油浸无石棉盘根 编织 ϕ4~5（450℃）		kg	—	0.883	—	1.267
	金属清洗剂		kg	—	0.412	—	0.591
	机油		kg	1.208	1.826	1.901	2.619
	铅油（厚漆）		kg	0.089	0.059	0.139	0.084
	黄甘油		kg	—	0.398	—	0.570
	红丹粉		kg	—	0.207	—	0.296
	氧气		m^3	42.401	111.303	66.768	159.696
	乙炔气		kg	16.308	42.809	25.680	61.421
	无石棉布（综合）烧失量 32%		kg	0.883	—	1.391	—
	其他材料费		%	2.00	2.00	2.00	2.00
机械	汽车式起重机 8t		台班	0.425	0.196	0.671	0.282
	桥式起重机 50t		台班	0.458	0.033	0.721	0.047
	载货汽车－普通货车 5t		台班	0.295	0.196	0.464	0.282
	电动葫芦单速 5t		台班	—	1.424	—	2.044
	试压泵 60MPa		台班	—	3.667	—	5.261
	弧焊机 20kV·A		台班	12.997	32.902	20.467	47.208
	电动空气压缩机 $6m^3$/min		台班	2.161	0.703	3.403	1.010
	电焊条烘干箱 60×50×75（cm^3）		台班	1.300	3.290	2.047	4.721

2. 蒸汽管道、油管道安装

工作内容：管子清扫、切割，坡口加工，对口焊接、安装，法兰焊接与连接，支吊架安装、调整和固定，压力试验等。

计量单位：台

编号				2-3-24	2-3-25	2-3-26	2-3-27
项目				单机容量（MW）			
				≤6		≤15	
				重量（t）			
				≤0.2	≤0.8	≤0.3	≤1.1
	名称		单位	消耗量			
人工	合计工日		工日	13.463	59.449	19.684	75.785
	其中	普工	工日	3.366	14.862	4.921	18.946
		一般技工	工日	7.405	32.697	10.826	41.682
		高级技工	工日	2.692	11.890	3.937	15.157
材料	型钢（综合）		kg	28.805	68.364	42.606	57.354
	镀锌铁丝 φ0.7~0.9		kg	—	0.317	—	0.597
	镀锌铁丝 φ2.5~4.0		kg	4.788	—	5.626	—
	黑铅粉		kg	0.032	0.384	0.295	0.514
	无石棉橡胶板（高压）δ1~6		kg	0.442	—	0.754	—
	耐油无石棉橡胶板 δ0.8		kg	—	1.567	—	2.348
	聚氯乙烯薄膜		m^2	—	1.060	—	1.225
	白布		kg	0.519	4.998	0.776	6.213
	尼龙砂轮片 φ100		片	0.640	5.633	1.092	8.723
	铁砂布 0#~2#		张	—	1.024	—	2.390
	低碳钢焊条（综合）		kg	1.472	10.242	2.742	23.898
	钢锯条		条	19.203	11.266	25.127	11.351
	砂子（中砂）		t	0.122	—	0.186	—
	石英砂（综合）		m^3	—	0.272	—	0.527
	丝绸布		m	—	1.060	—	1.225
	酚醛调和漆		kg	—	2.601	—	3.638
	酚醛防锈漆		kg	—	4.097	—	5.735
	油浸无石棉盘根 编织 φ4~5（450℃）		kg	0.135	—	0.218	—
	油麻盘根 φ6~25		kg	—	0.410	—	0.335
	金属清洗剂		kg	0.074	0.155	0.113	0.154
	机油		kg	0.243	1.065	0.382	2.175
	汽轮机油		kg	—	0.737	—	0.866
	铅油（厚漆）		kg	—	—	—	0.030
	黄甘油		kg	0.090	—	0.131	—
	红丹粉		kg	0.090	0.671	0.066	1.512
	氧气		m^3	10.383	20.402	14.038	42.944
	乙炔气		kg	3.993	7.847	5.399	16.517
	凡尔砂		kg	0.090	0.077	0.131	0.090
	其他材料费		%	2.00	2.00	2.00	2.00
机械	汽车式起重机 8t		台班	—	0.170	0.106	0.199
	桥式起重机 20t		台班	—	0.006	—	—
	桥式起重机 30t		台班	—	—	0.012	0.013
	载货汽车－普通货车 5t		台班	—	0.023	0.022	0.033
	电动葫芦单速 5t		台班	0.399	0.285	0.631	0.232
	试压泵 60MPa		台班	0.149	2.448	0.242	1.462
	弧焊机 20kV·A		台班	0.940	10.499	1.798	15.013
	电动空气压缩机 $6m^3/min$		台班	0.071	2.591	0.097	2.890
	电焊条烘干箱 60×50×75（cm^3）		台班	0.094	1.050	0.180	1.501

计量单位：台

编号				2-3-28	2-3-29	2-3-30	2-3-31
项目				单机容量（MW）			
				≤25		≤35	
				重量（t）			
				≤0.5	≤2.2	≤1.0	≤4.0
名称			单位	消耗量			
人工	合计工日		工日	28.902	108.103	56.963	188.188
	其中	普工	工日	7.225	27.026	14.241	47.047
		一般技工	工日	15.896	59.457	31.330	103.503
		高级技工	工日	5.781	21.620	11.392	37.638
材料	型钢（综合）		kg	36.379	79.886	71.703	139.066
	镀锌铁丝 ϕ0.7~0.9		kg	—	0.645	—	1.124
	镀锌铁丝 ϕ2.5~4.0		kg	4.206	—	8.290	—
	黑铅粉		kg	0.737	0.640	1.453	1.114
	无石棉橡胶板（高压）δ1~6		kg	1.475	—	2.907	—
	耐油无石棉橡胶板 δ0.8		kg	—	3.610	—	6.284
	聚氯乙烯薄膜		m^2	—	2.197	—	3.824
	白布		kg	1.420	10.242	2.799	17.829
	尼龙砂轮片 ϕ100		片	2.731	8.859	5.383	15.422
	铁砂布 0#~2#		张	—	2.048	—	3.566
	低碳钢焊条（综合）		kg	7.784	28.984	15.342	50.456
	钢锯条		条	21.849	16.899	43.065	29.418
	石英砂（综合）		m^3	—	0.394	—	0.685
	丝绸布		m	—	2.197	—	3.824
	酚醛调和漆		kg	—	7.220	—	12.570
	酚醛防锈漆		kg	—	11.471	—	19.968
	油浸无石棉盘根 编织 ϕ4~5（450℃）		kg	0.574	—	1.131	—
	油麻盘根 ϕ6~25		kg	—	0.814	—	1.417
	金属清洗剂		kg	0.255	0.272	0.503	0.474
	铅油（厚漆）		kg	—	0.026	—	0.045
	黄甘油		kg	0.273	—	0.539	—
	红丹粉		kg	0.164	1.797	0.323	3.129
	氧气		m^3	13.110	30.725	25.839	53.487
	乙炔气		kg	5.042	11.817	9.938	20.572
	其他材料费		%	2.00	2.00	2.00	2.00
机械	汽车式起重机 8t		台班	0.091	0.381	0.179	0.664
	桥式起重机 50t		台班	0.061	0.051	0.120	0.090
	载货汽车－普通货车 5t		台班	0.091	0.097	0.179	0.169
	电动葫芦单速 5t		台班	1.305	0.558	2.573	0.971
	试压泵 60MPa		台班	0.881	4.544	1.736	7.909
	弧焊机 20kV·A		台班	4.615	16.853	9.098	29.338
	电动空气压缩机 6m^3/min		台班	—	5.102	—	8.880
	电焊条烘干箱 60×50×75（cm^3）		台班	0.462	1.685	0.910	2.934

3. 逆止阀控制水管道、抽汽管道安装

工作内容：管子清扫、切割，坡口加工，对口焊接、安装，法兰焊接与连接，支吊架安装、调整和固定，压力试验等。

计量单位：台

编　号				2-3-32	2-3-33	2-3-34	2-3-35
项　目				单机容量（MW）			
				≤6	≤15	≤25	≤35
名　称			单位	消　耗　量			
人工	合计工日		工日	15.942	43.681	46.104	53.232
	其中	普工	工日	3.985	10.920	11.526	13.308
		一般技工	工日	8.768	24.025	25.357	29.278
		高级技工	工日	3.189	8.736	9.221	10.646
材料	型钢（综合）		kg	15.363	42.094	149.872	173.047
	镀锌铁丝 ϕ2.5~4.0		kg	2.834	7.764	5.974	6.898
	黑铅粉		kg	0.179	0.491	0.486	0.562
	无石棉橡胶板（中压）δ0.8~6.0		kg	1.792	4.911	1.152	1.331
	白布		kg	0.853	2.339	0.999	1.153
	尼龙砂轮片 ϕ100		片	1.622	4.443	2.817	3.252
	铁砂布 0#~2#		张	1.707	4.677	1.707	1.971
	低碳钢焊条（综合）		kg	9.277	10.893	11.138	12.860
	钢锯条		条	3.414	9.354	56.330	65.041
	砂子（中砂）		t	0.458	0.682	0.982	1.133
	油浸无石棉盘根 编织 ϕ4~5（450℃）		kg	0.307	0.355	0.572	1.567
	金属清洗剂		kg	0.201	0.551	0.167	0.193
	铅油（厚漆）		kg	0.043	0.117	0.043	0.050
	红丹粉		kg	0.051	0.140	0.102	0.119
	氧气		m^3	8.296	22.731	51.721	59.719
	乙炔气		kg	3.191	8.743	19.893	22.969
	其他材料费		%	2.00	2.00	2.00	2.00
机械	汽车式起重机 8t		台班	0.095	0.260	0.273	0.357
	桥式起重机 20t		台班	0.133	0.364	—	—
	载货汽车－普通货车 5t		台班	0.095	0.260	0.450	0.550
	电动葫芦单速 5t		台班	0.370	1.014	1.570	1.832
	试压泵 60MPa		台班	0.845	2.314	0.228	0.263
	弧焊机 32kV·A		台班	2.979	5.165	5.191	5.993
	电动空气压缩机 6m^3/min		台班	—	—	0.636	0.734
	电焊条烘干箱 60×50×75（cm^3）		台班	0.298	0.517	0.519	0.599

4. 燃气轮机调压站设备、管道安装

工作内容：设备安装，管子清扫、切割，坡口加工，对口焊接、安装，法兰焊接与连接，支吊架安装、调整和固定，压力试验等。

计量单位：台

编号				2-3-36	2-3-37	2-3-38	2-3-39
项目				单机容量（MW）			
				≤6	≤15	≤25	≤35
名称			单位	消耗量			
人工	合计工日		工日	81.327	109.969	143.097	165.224
	其中	普工	工日	22.984	32.169	35.775	41.306
		一般技工	工日	40.483	55.991	78.703	90.874
		高级技工	工日	17.860	21.809	28.619	33.044
材料	型钢（综合）		kg	61.599	168.782	600.935	693.859
	镀锌铁丝 φ2.5~4.0		kg	11.362	31.131	23.954	27.659
	黑铅粉		kg	0.719	1.969	1.953	2.253
	无石棉橡胶板（中压）δ0.8~6.0		kg	7.187	19.691	4.623	5.337
	白布		kg	3.422	9.379	4.006	4.623
	尼龙砂轮片 φ100		片	6.502	17.815	11.295	13.039
	铁砂布 0#~2#		张	6.844	18.753	6.844	7.899
	低碳钢焊条（综合）		kg	37.199	43.260	44.660	51.564
	钢锯条		条	13.689	37.506	95.494	130.422
	橡胶无石棉盘根 编织 φ4~5（250℃）		kg	—	—	1.231	1.423
	油浸无石棉盘根 编织 φ4~5（450℃）		kg	2.293	6.283	7.626	11.536
	金属清洗剂		kg	0.808	2.209	0.670	0.774
	机油		kg	1.608	2.779	3.420	3.954
	铅油（厚漆）		kg	0.171	0.469	0.172	0.200
	氧气		m^3	33.264	91.143	207.383	239.457
	乙炔气		kg	12.794	35.055	79.763	92.099
	其他材料费		%	2.00	2.00	2.00	2.00
机械	汽车式起重机 8t		台班	0.368	1.011	1.224	2.148
	履带式起重机 25t		台班	0.515	1.413	1.918	4.584
	载货汽车－普通货车 5t		台班	0.368	1.011	1.399	2.480
	弧焊机 32kV·A		台班	11.577	31.726	20.172	23.289
	电动空气压缩机 $6m^3/min$		台班	1.435	1.669	2.470	2.853
	电焊条烘干箱 60×50×75（cm^3）		台班	1.158	3.173	2.017	2.329

三、发电机本体安装

工作内容：基础检查，垫铁安装，设备组合、安装，地脚螺栓安装，管路、支吊架配制、安装等。

计量单位：台

编号				2-3-40	2-3-41	2-3-42	2-3-43
项目				单机容量（MW）			
				≤6	≤15	≤25	≤35
名称			单位	消耗量			
人工	合计工日		工日	146.900	176.525	242.370	319.927
	其中	普工	工日	29.380	35.305	48.474	63.985
		一般技工	工日	88.140	105.915	145.422	191.957
		高级技工	工日	29.380	35.305	48.474	63.985
材料	型钢（综合）		kg	43.951	43.951	64.509	85.152
	镀锌铁丝 ϕ2.5~4.0		kg	10.633	10.633	12.760	16.843
	圆钢（综合）		kg	7.585	6.876	7.231	9.545
	钢板（综合）		kg	148.867	82.156	94.405	124.615
	斜垫铁（综合）		kg	90.473	101.717	86.981	154.302
	镀锌钢板（综合）		kg	2.126	3.544	4.537	5.989
	不锈钢板 δ0.05~0.50		kg	0.816	0.957	1.099	1.450
	橡胶板 δ5~10		kg	0.142	0.213	0.213	0.281
	无石棉橡胶板（中压）δ0.8~6.0		kg	14.355	14.355	20.735	27.370
	聚氯乙烯薄膜		m^2	1.418	1.418	2.126	2.807
	棉纱		kg	3.863	5.246	6.947	9.170
	白布		kg	1.944	2.224	2.277	3.006
	羊毛毡 1~5		m^2	1.418	1.560	2.198	2.901
	尼龙砂轮片 ϕ100		片	2.836	2.836	3.544	4.679
	铁砂布 $0^{\#}$~$2^{\#}$		张	36.862	44.660	44.661	58.951
	低碳钢焊条（综合）		kg	4.253	4.820	5.529	7.299
	紫铜电焊条 T107 ϕ3.2		kg	0.213	0.213	0.213	0.281
	钢丝刷子		把	1.418	2.127	2.126	2.807
	板枋材		m^3	0.036	0.035	0.050	0.065
	酚醛调和漆		kg	2.126	2.127	2.268	2.994
	硝基腻子		kg	1.241	1.276	1.630	2.152
	手喷漆		kg	3.544	3.856	4.679	6.176
	金属清洗剂		kg	2.150	2.481	3.225	4.258
	机油		kg	1.418	1.418	2.126	2.807
	汽轮机油		kg	2.056	2.056	3.261	4.304
	铅油（厚漆）		kg	0.708	0.709	0.708	0.936

续前

编号			2-3-40	2-3-41	2-3-42	2-3-43
项目			单机容量(MW)			
			≤6	≤15	≤25	≤35
名称		单位	消耗量			
材料	黄甘油	kg	0.708	0.709	1.063	1.404
	红丹粉	kg	0.248	0.248	0.283	0.374
	磷酸三钠	kg	1.418	1.418	2.126	2.807
	硼砂	kg	0.071	0.071	0.071	0.094
	脱化剂	kg	1.418	1.772	2.836	3.743
	氧气	m^3	21.267	23.819	28.923	38.178
	乙炔气	kg	8.180	9.161	11.124	14.684
	环氧树脂胶合剂	kg	0.071	0.142	0.142	0.187
	密封胶	kg	2.126	2.127	4.962	6.550
	无缝钢管(综合)	kg	14.178	14.178	21.267	28.072
	绝缘棒	kg	0.355	0.496	0.708	0.936
	面粉	kg	0.355	0.354	0.567	0.749
	油刷 65	把	2.126	2.836	2.836	3.743
	其他材料费	%	2.00	2.00	2.00	2.00
机械	履带式起重机 25t	台班	0.078	0.677	0.674	0.890
	履带式起重机 30t	台班	—	0.158	0.180	0.238
	履带式起重机 50t	台班	—	—	0.237	0.313
	桥式起重机 20t	台班	10.742	—	—	—
	桥式起重机 30t	台班	—	11.767	—	—
	桥式起重机 50t	台班	—	—	15.183	20.042
	载货汽车－普通货车 5t	台班	0.455	0.436	—	—
	载货汽车－普通货车 8t	台班	0.151	0.170	—	—
	载货汽车－普通货车 15t	台班	0.170	—	—	—
	载货汽车－平板拖车组 30t	台班	—	0.228	—	—
	载货汽车－平板拖车组 40t	台班	—	—	0.674	0.890
	载货汽车－平板拖车组 60t	台班	—	—	0.237	0.313
	试压泵 60MPa	台班	1.424	1.424	1.898	2.505
	弧焊机 32kV·A	台班	2.610	3.084	4.508	5.950
	电动空气压缩机 $1m^3/min$	台班	0.474	0.569	0.665	0.877
	电动空气压缩机 $6m^3/min$	台班	3.321	3.321	4.982	6.576
	电焊条烘干箱 $60\times50\times75(cm^3)$	台班	0.261	0.308	0.451	0.595
	台式砂轮机	台班	1.898	2.847	3.796	5.011

四、发电机组整套空负荷试运

1. 汽轮发电机组整套空负荷试运（抽汽式）

工作内容：各附属机械起动投入，暖管、暖机、升速、超速试验、调速系统动态调整，配合发电机调整，停机后安装问题处理。

计量单位：套

编　号				2-3-44	2-3-45	2-3-46	2-3-47
项　目				汽轮发电机组整套空负荷试运			
				单、双抽汽式			
				单机容量（MW）			
				≤6	≤15	≤25	≤35
名　称			单位	消　耗　量			
人工	合计工日		工日	193.872	202.261	211.582	243.320
	其中	普工	工日	38.774	40.452	42.316	48.664
		一般技工	工日	96.936	101.131	105.791	121.660
		高级技工	工日	58.162	60.678	63.475	72.996
材料	蒸汽		t	（300.000）	（630.000）	（1 100.000）	（1 265.000）
	除盐水		t	（120.000）	（200.000）	（300.000）	（345.000）
	水		t	（80.000）	（140.000）	（250.000）	（287.500）
	电		kW·h	（4 510.000）	（10 760.000）	（18 010.000）	（20 711.500）
	汽轮机油		kg	（237.000）	（437.000）	（767.000）	（882.050）
	型钢（综合）		kg	51.209	59.744	68.279	78.521
	角钢（综合）		kg	32.176	38.612	38.612	44.403
	镀锌薄钢板（综合）		kg	47.795	71.693	83.642	96.188
	黄铜棒 ϕ7~80		kg	7.681	8.535	8.535	9.815
	紫铜棒 ϕ16~80		kg	7.681	8.535	8.535	9.815
	耐油橡胶板 δ3~6		kg	12.802	17.070	17.070	19.630
	无石棉橡胶板（高压）δ1~6		kg	5.121	6.828	6.828	7.852
	聚氯乙烯薄膜		m^2	0.427	0.427	0.427	0.491
	棉纱		kg	5.121	5.121	6.401	7.361
	尼龙砂轮片 ϕ100		片	3.841	3.841	4.267	4.908

续前

编　　号			2-3-44	2-3-45	2-3-46	2-3-47
项　　目			汽轮发电机组整套空负荷试运			
			单、双抽汽式			
			单机容量（MW）			
			≤6	≤15	≤25	≤35
名　　称		单位	消　耗　量			
材料	铁砂布 0#~2#	张	17.070	21.337	25.605	29.445
	低碳钢焊条（综合）	kg	19.630	25.605	25.605	29.445
	铜丝布 16目	m	1.878	1.878	1.878	2.159
	钢丝 ϕ0.7	kg	17.070	21.337	21.337	24.538
	钢锯条	条	17.070	21.337	25.605	29.445
	密封胶	kg	13.656	13.656	13.656	15.704
	溶剂汽油	kg	17.070	34.139	34.139	39.260
	金属清洗剂	kg	11.380	18.966	18.966	21.812
	氧气	m^3	12.290	18.435	18.435	21.201
	乙炔气	kg	4.727	7.090	7.090	8.154
	无缝钢管 D（51~70）×（4.7~7.0）	kg	33.440	33.440	35.368	40.674
	耐油胶管（综合）	m	8.535	8.535	8.535	9.815
	冲压弯头 DN80	个	5.121	5.121	5.121	5.889
	平焊法兰 1.6MPa DN70	片	5.121	5.121	5.121	5.889
	面粉	kg	1.707	1.707	1.707	1.963
	滤油纸 300×300	张	512.092	597.440	699.858	804.837
	油浸无石棉铜丝盘根 编织 ϕ3（450℃）	kg	2.134	2.134	2.560	2.945
	白布	kg	12.294	18.818	23.085	26.548
	其他材料费	%	2.00	2.00	2.00	2.00
机械	载货汽车－普通货车 5t	台班	0.199	0.299	0.299	0.344
	桥式起重机 20t	台班	3.986	—	—	—
	桥式起重机 30t	台班	—	3.986	—	—
	桥式起重机 50t	台班	—	—	3.986	4.583
	滤油机 LX100型	台班	11.957	17.935	18.932	21.771
	电焊机（综合）	台班	18.433	18.433	18.932	21.771
	电动空气压缩机 6m³/min	台班	0.996	0.996	0.996	1.146

2. 汽轮发电机组整套空负荷试运（背压式）

工作内容：各附属机械起动投入，暖管、暖机、升速、超速试验、调速系统动态调整，配合发电机调整，停机后安装问题处理。

计量单位：套

编号				2-3-48	2-3-49	2-3-50	2-3-51
项目				汽轮发电机组整套空负荷试运			
				背压式			
				单机容量（MW）			
				≤6	≤15	≤25	≤35
名称			单位	消耗量			
人工	合计工日		工日	144.938	165.072	179.446	206.364
	其中	普工	工日	28.988	33.014	35.889	41.273
		一般技工	工日	72.469	82.536	89.723	103.182
		高级技工	工日	43.481	49.522	53.834	61.909
材料	蒸汽		t	（220.000）	（463.000）	（800.000）	（920.000）
	除盐水		t	（100.000）	（180.000）	（250.000）	（287.500）
	水		t	—	（260.000）	（470.000）	（540.500）
	电		kW·h	（2 010.000）	（4 010.000）	（5 010.000）	（5 761.500）
	汽轮机油		kg	（232.000）	（432.000）	（762.000）	（876.300）
	型钢（综合）		kg	59.744	59.744	59.744	68.706
	角钢（综合）		kg	26.595	38.612	38.612	44.403
	镀锌薄钢板（综合）		kg	47.795	71.693	83.642	96.188
	紫铜棒 ϕ16~80		kg	—	4.267	4.267	4.908
	无石棉橡胶板（中压）δ0.8~6.0		kg	3.414	6.828	6.828	7.852
	聚氯乙烯薄膜		m^2	0.427	0.427	0.427	0.491
	棉纱		kg	3.414	4.267	4.267	4.908
	尼龙砂轮片 ϕ100		片	3.841	3.841	4.267	4.908
	铁砂布 0#~2#		张	8.535	8.535	17.070	19.630
	低碳钢焊条（综合）		kg	17.070	19.630	21.337	24.538
	铜丝布 16目		m	0.939	1.878	1.878	2.159
	密封胶		kg	10.242	11.949	13.656	15.704
	氧气		m^3	12.290	18.435	18.435	21.201
	乙炔气		kg	4.727	7.090	7.090	8.154
	无缝钢管（综合）		kg	25.605	38.612	27.312	31.408
	冲压弯头 *DN*80		个	5.121	5.121	5.121	5.889
	平焊法兰 1.6MPa *DN*70		片	5.121	5.121	5.121	5.889
	面粉		kg	1.707	1.707	1.707	1.963
	滤油纸 300×300		张	469.417	554.766	597.440	687.056
	油浸无石棉铜丝盘根 编织 ϕ3（450℃）		kg	1.707	2.134	2.560	2.945
	白布		kg	3.008	3.760	4.512	5.188
	其他材料费		%	2.00	2.00	2.00	2.00
机械	载货汽车－普通货车 5t		台班	0.199	0.299	0.299	0.344
	桥式起重机 20t		台班	3.986	—	—	—
	桥式起重机 30t		台班	—	3.986	—	—
	桥式起重机 50t		台班	—	—	3.986	4.583
	滤油机 LX100型		台班	11.957	17.935	18.932	21.771
	电焊机（综合）		台班	18.433	18.932	18.932	21.771
	电动空气压缩机 6m³/min		台班	0.996	0.996	0.996	1.146

3. 燃气发电机组整套空负荷试运

工作内容：各附属机械起动投入；系统动态调整，配合发电机调整，停机后安装问题处理。

计量单位：套

编号				2-3-52	2-3-53	2-3-54	2-3-55
项目				发电机组整套空负荷试运			
				单机容量（MW）			
				≤6	≤15	≤25	≤35
名称			单位	消耗量			
人工	合计工日		工日	61.070	63.712	66.649	76.646
	其中	普工	工日	12.214	12.742	13.330	15.329
		一般技工	工日	30.535	31.856	33.324	38.323
		高级技工	工日	18.321	19.114	19.995	22.994
材料	型钢（综合）		kg	16.387	19.118	21.849	25.127
	角钢（综合）		kg	10.296	12.356	12.356	14.209
	镀锌薄钢板（综合）		kg	15.294	22.942	26.765	30.780
	黄铜棒 ϕ7~80		kg	2.458	2.731	2.731	3.141
	紫铜棒 ϕ16~80		kg	2.458	2.731	2.731	3.141
	耐油橡胶板 δ3~6		kg	4.097	5.462	5.462	6.282
	无石棉橡胶板（高压）δ1~6		kg	1.639	2.185	2.185	2.513
	聚氯乙烯薄膜		m^2	0.137	0.137	0.137	0.157
	棉纱		kg	1.639	1.639	2.048	2.356
	尼龙砂轮片 ϕ100		片	1.229	1.229	1.366	1.570
	铁砂布 $0^{\#}$~$2^{\#}$		张	5.462	6.828	8.193	9.422
	低碳钢焊条（综合）		kg	6.282	8.193	8.193	9.422
	铜丝布 16目		m	0.601	0.601	0.601	0.691
	钢丝 ϕ0.7		kg	5.462	6.828	6.828	7.852
	钢锯条		条	5.462	6.828	8.193	9.422
	密封胶		kg	4.370	4.370	4.370	5.025
	溶剂汽油		kg	5.462	10.925	10.925	12.563
	金属清洗剂		kg	3.642	6.069	6.069	6.980
	氧气		m^3	3.933	5.899	5.899	6.784
	乙炔气		kg	1.513	2.269	2.269	2.609
	无缝钢管 D(51~70)×(4.7~7.0)		kg	10.700	10.701	11.318	13.016
	耐油胶管（综合）		m	2.731	2.731	2.731	3.141
	冲压弯头 DN80		个	1.639	1.639	1.639	1.884
	平焊法兰 1.6MPa DN70		片	1.639	1.639	1.639	1.884
	面粉		kg	0.546	0.546	0.546	0.628
	白布		kg	3.934	6.022	7.387	8.495
	其他材料费		%	2.00	2.00	2.00	2.00
机械	载货汽车－普通货车 5t		台班	0.064	0.096	0.096	0.110
	桥式起重机 20t		台班	1.275	—	—	—
	桥式起重机 30t		台班	—	1.275	—	—
	桥式起重机 50t		台班	—	—	1.275	1.467
	电焊机（综合）		台班	5.899	5.899	6.058	6.967
	电动空气压缩机 $6m^3$/min		台班	0.319	0.319	0.319	0.367

第四章　汽轮发电机附属、辅助设备安装工程

说　　明

一、本章内容包括电动给水泵、凝结水泵、循环水泵、循环水入口设备、补给水入口设备、凝汽器、除氧器及水箱、热交换器、射水抽气器、油系统设备、胶球清洗装置、减温减压装置、柴油发电机组等安装工程。

二、有关说明：

1. 汽轮发电机附属与辅助设备安装项目包括基础框架、轴瓦冷却水管道、就地一次仪表及附件、设备水位表等安装以及配合灌浆、水位计保护罩制作和安装、对轮保护罩配制与安装。不包括下列工作内容：

（1）电动机检查、接线与空负荷试验；

（2）平台、梯子、栏杆、基础框架、地脚螺栓的配制；

（3）基础二次灌浆。

2. 轴承冷却水管、一次仪表、表管、阀门及表盘等部件费用按照设备成套供货考虑。

3. 水泵安装包括水泵及电动机安装。

4. 循环水、补给水入口设备安装包括旋转滤网、清污机、拦污栅、钢闸门安装。

（1）旋转滤网安装包括上部骨架、导轨、减速传动机构、拉紧调节装置、链条与滚轮、网板与链条、喷嘴与排水槽等组装、安装、调整、临时吊笼的制作和安装。

（2）清污机安装包括设备组装、安装。

（3）拦污栅安装包括轨道、拦污栅组装与安装。

（4）钢闸门安装包括钢闸门导槽、钢闸门、配套附件等安装。

5. 凝汽器安装是按照壳体整体供货组合安装考虑的。项目中包括凝汽器端盖拆装、管孔板的清扫、冷凝管穿管与胀管及切割翻边与焊接、凝汽器汽侧灌水试验、喉部临时封闭、弹簧座安装与调整、水位调整器安装及支架配制安装、水位计连通管配制安装、热水井安装、凝汽器本体上安全阀的检查与安装及调整等。不包括凝汽器水位调整器的汽、水侧连接管道安装，凝汽器水封管及放水管安装。凝汽器整体供货不需要现场穿管时，项目乘以系数 0.65。

6. 除氧器及水箱安装是按照大气式除氧器考虑的，当工程采用压力式除氧器时，执行相应的大气式除氧器项目乘以系数 1.05 计算其安装费。项目中包括除氧器水箱托架安装、水箱体组合与安装、人孔盖安装、除氧器本体组装、水位调节阀安装、消音管及水箱内梯子安装、蒸汽压力调节阀检查与安装及调整、水封装置或溢水装置安装。不包括蒸汽压力调整阀的自动调整装置安装。

7. 热交换器安装适用于不同介质热交换器安装工程。包括加热器本体安装、加热器水压试验、疏水器及危机泄水器安装、配套附件与支架安装等。不包括疏水器及危机泄水器支架制作、疏水器与加热器间汽与水侧连接管道安装、加热器空气门及空气管的配制与安装、加热器液压保护装置阀门及管道系统安装、加热器水侧出入口自动阀安装、电磁阀与快速电动闸阀电气系统接线及调整。

8. 射水抽气器安装包括抽气器本体组装与安装、水侧与混合侧水压试验、逆止阀安装与灌水试验等。不包括抽气器的空气管、射水管或蒸汽管安装。

9. 油箱安装是按照成品供货安装考虑的，不包括现场配制，工程实际发生时，应参照相应项目计算配制费。包括油箱本体安装、油箱支吊架安装、法兰及放油阀门安装、油箱内部及滤网清扫、注油器与过滤阀安装、油位计安装以及油箱支吊架制作与刷油漆。

10. 冷油器安装包括冷油器本体安装、放油与放空气阀门安装、冷油器水压试验等。不包括排烟风机及风管安装。

11. 滤油器、滤水器安装包括设备本体及支架组装与安装、水压试验等。不包括滤油器支架制作。

12. 胶球清洗装置安装项目包括装球室与收球网组合安装、液压系统安装、一二次滤网组合安装。项目不包括胶球清洗装置的胶球泵安装、胶球清洗装置与凝汽器连接的管道安装。

13. 减温减压装置安装项目包括由制造厂供应的减压阀、调节阀、安全阀、减温器、扩散管,配套管道、支吊架的组装和安装。

14. 柴油发电机组安装项目包括柴油发电机本体安装、油箱与管道及配件安装、冷却装置安装、基础槽钢框架的制作与安装。项目不包括与设备本体非同一底座的其他设备、启动装置、仪表盘等安装与调试。

工程量计算规则

一、电动给水泵、循环水泵、凝结水泵安装根据泵流量或所配电动机容量，按照设计工艺系统配置安装数量以“台”为计量单位。

二、旋转滤网安装根据网板宽度及安装高度，按照设计工艺系统配置安装数量以“台”为计量单位。

三、清污机安装根据网板清污宽度，按照设计工艺系统配置安装数量以“套”为计量单位。

四、拦污栅、钢闸门安装根据设计图示尺寸，按照成品重量以“t”为计量单位。计算组装、拼装连接螺栓的重量，不计算焊条重量，不计算下料及加工制作损耗量，不计算设备包装材料、临时加固铁构件重量。

1. 计算拦污栅安装重量的范围包括：轨道、拦污栅等。

2. 计算钢闸门安装重量的范围包括：钢闸门导槽、钢闸门、配套附件等。

五、凝汽器、除氧器及水箱、热交换器、射水抽气器、油箱、冷油器、滤油器、滤水器、减温减压器、柴油发电机的安装根据设备出力或规格，按照设计工艺系统配置安装数量以“台”为计量单位。

六、胶球清洗装置根据循环水入口管直径，按照设计工艺系统配置安装数量以“套”为计量单位，一个装球室与一个收球网为一套。

一、电动给水泵安装

工作内容：基础检查，垫铁安装，设备检查、测量、调整、组合安装等。　　计量单位：台

编号				2-4-1	2-4-2	2-4-3	2-4-4	2-4-5	2-4-6
项目				流量（t/h）					
				≤50	≤75	≤100	≤150	≤200	≤300
名称			单位	消耗量					
人工	合计工日		工日	27.295	31.556	35.966	46.324	59.343	76.427
	其中	普工	工日	6.824	7.889	8.992	11.581	14.836	19.107
		一般技工	工日	16.377	18.934	21.579	27.794	35.606	45.856
		高级技工	工日	4.094	4.733	5.395	6.949	8.901	11.464
材料	型钢（综合）		kg	3.292	3.292	3.840	4.946	6.337	8.161
	钢板（综合）		kg	16.360	22.071	22.202	28.788	36.879	47.496
	斜垫铁（综合）		kg	20.255	27.387	27.673	35.246	45.660	58.804
	镀锌钢板（综合）		kg	1.317	2.195	2.195	2.827	3.621	4.663
	不锈钢板 δ0.05~0.50		kg	0.439	0.439	0.439	0.565	0.724	0.933
	紫铜板（综合）		kg	0.110	0.110	0.110	0.142	0.181	0.233
	黑铅粉		kg	0.219	0.274	0.274	0.353	0.453	0.583
	聚氯乙烯薄膜		m^2	1.097	1.097	1.097	1.413	1.810	2.332
	棉纱		kg	1.262	1.426	1.591	2.049	2.625	3.381
	白布		kg	0.285	0.296	0.324	0.418	0.535	0.689
	铁砂布 0#~2#		张	4.938	4.938	6.035	7.773	9.958	12.824
	低碳钢焊条（综合）		kg	0.549	1.097	1.097	1.413	1.810	2.332
	钢锯条		条	2.743	3.292	3.292	4.240	5.431	6.995
	酚醛磁漆		kg	0.110	0.110	0.110	0.142	0.181	0.233
	硝基腻子		kg	0.176	0.219	0.329	0.424	0.543	0.699
	手喷漆		kg	0.538	0.658	0.988	1.272	1.629	2.098
	橡胶无石棉盘根 编织 ϕ6~25（250℃）		kg	1.646	2.359	2.359	3.038	3.892	5.013
	金属清洗剂		kg	0.256	0.256	0.320	0.412	0.528	0.680
	溶剂汽油		kg	1.097	1.646	1.646	2.120	2.716	3.497
	汽轮机油		kg	4.663	5.761	6.858	8.833	11.315	14.573
	铅油（厚漆）		kg	0.274	0.274	0.274	0.353	0.453	0.583
	红丹粉		kg	0.165	0.219	0.219	0.283	0.362	0.466
	氧气		m^3	3.292	3.292	3.292	4.240	5.431	6.995
	乙炔气		kg	1.266	1.266	1.266	1.631	2.089	2.690
	密封胶		kg	1.646	1.646	1.646	2.120	2.716	3.497
	青壳纸 δ0.1~1.0		kg	3.292	3.840	3.840	4.946	6.337	8.161
	其他材料费		%	2.00	2.00	2.00	2.00	2.00	2.00
机械	汽车式起重机 8t		台班	0.120	0.120	0.198	0.255	0.327	0.421
	桥式起重机 20t		台班	0.522	—	—	—	—	—
	桥式起重机 30t		台班	—	0.522	—	—	—	—
	桥式起重机 50t		台班	—	—	0.522	0.672	0.861	1.109
	载货汽车－普通货车 8t		台班	0.068	0.068	0.099	0.128	0.164	0.211
	弧焊机 32kV·A		台班	0.130	0.130	0.130	0.168	0.215	0.277
	电动空气压缩机 6m^3/min		台班	0.021	0.026	0.042	0.054	0.069	0.089
	电焊条烘干箱 60×50×75（cm^3）		台班	0.013	0.013	0.013	0.017	0.022	0.028

二、凝结水泵安装

工作内容：基础检查，垫铁安装，检查、测量、调整、组合安装等。　　　　**计量单位：**台

编号				2-4-7	2-4-8	2-4-9	2-4-10
项目				功率（kW）			
				≤10	≤15	≤25	≤50
名称			单位	消耗量			
人工	合计工日		工日	12.929	13.720	16.048	17.837
	其中	普工	工日	3.233	3.430	4.012	4.459
		一般技工	工日	7.757	8.232	9.629	10.702
		高级技工	工日	1.939	2.058	2.407	2.676
材料	钢板（综合）		kg	7.541	22.623	22.623	22.623
	斜垫铁（综合）		kg	9.306	28.010	28.010	31.623
	不锈钢板 δ0.05~0.50		kg	0.449	0.718	0.718	0.898
	紫铜板（综合）		kg	0.090	0.090	0.090	0.090
	黑铅粉		kg	0.090	0.090	0.090	0.090
	橡胶板 δ5~10		kg	2.694	2.693	5.387	5.387
	聚氯乙烯薄膜		m^2	0.449	0.449	0.449	0.449
	棉纱		kg	—	—	—	1.077
	白布		kg	0.167	0.167	0.176	0.176
	铁砂布 0#~2#		张	3.591	3.591	4.489	5.387
	低碳钢焊条（综合）		kg	0.449	0.449	0.449	0.449
	钢锯条		条	1.796	1.796	1.796	1.796
	硝基腻子		kg	0.036	0.045	0.054	0.072
	手喷漆		kg	0.108	0.144	0.180	0.215
	橡胶无石棉盘根 编织 φ6~25（250℃）		kg	0.628	0.718	0.718	0.808
	金属清洗剂		kg	0.419	0.314	0.419	0.628
	溶剂汽油		kg	1.796	1.347	1.796	2.693
	汽轮机油		kg	2.065	3.591	4.848	5.746
	铅油（厚漆）		kg	0.180	0.180	0.180	0.180
	红丹粉		kg	0.090	0.090	0.090	0.090
	氧气		m^3	2.694	2.693	2.693	2.693
	密封胶		kg	1.796	1.796	1.796	1.796
	青壳纸 δ0.1~1.0		kg	0.180	0.180	0.269	1.257
	面粉		kg	—	—	—	0.449
	乙炔气		kg	1.036	1.036	1.036	1.036
	其他材料费		%	2.00	2.00	2.00	2.00
机械	汽车式起重机 8t		台班	0.051	0.051	0.051	0.111
	桥式起重机 20t		台班	—	0.256	—	—
	桥式起重机 30t		台班	—	—	0.427	—
	桥式起重机 50t		台班	—	—	—	0.640
	载货汽车－普通货车 5t		台班	0.026	0.026	0.026	0.060
	弧焊机 32kV·A		台班	0.213	0.213	0.213	0.213
	电动空气压缩机 $6m^3/min$		台班	—	—	—	0.009
	电焊条烘干箱 60×50×75（cm^3）		台班	0.021	0.021	0.021	0.021

三、循环水泵安装

工作内容：基础检查，垫铁安装，检查、测量、调整、组合安装等。　　　　**计量单位：**台

编号				2-4-11	2-4-12	2-4-13	2-4-14	2-4-15
项目				流量（t/h）				
				≤500	≤1 000	≤2 000	≤3 500	≤5 000
名称			单位	消耗量				
人工	合计工日		工日	19.550	24.789	32.005	34.197	38.579
	其中	普工	工日	4.887	6.197	8.001	8.549	9.645
		一般技工	工日	11.731	14.874	19.203	20.519	23.148
		高级技工	工日	2.932	3.718	4.801	5.129	5.786
材料	型钢（综合）		kg	56.858	85.286	85.286	85.286	94.763
	镀锌铁丝 ϕ2.5~4.0		kg	0.948	0.948	0.948	0.948	0.948
	钢板（综合）		kg	15.920	23.880	27.851	31.840	31.840
	斜垫铁（综合）		kg	19.141	29.566	34.494	39.421	39.421
	镀锌钢板（综合）		kg	0.758	1.516	1.516	2.274	2.274
	不锈钢板 δ0.05~0.50		kg	0.095	0.190	0.190	0.379	0.663
	紫铜板（综合）		kg	0.095	0.142	0.142	0.142	0.142
	黑铅粉		kg	0.047	0.047	0.095	0.095	0.190
	橡胶板 δ5~10		kg	1.421	2.843	3.317	3.791	5.686
	聚氯乙烯薄膜		m^2	0.948	0.948	0.948	1.421	1.421
	棉纱		kg	0.853	1.421	1.516	1.611	1.895
	白布		kg	0.269	0.362	0.371	0.381	0.474
	铁砂布 0#~2#		张	3.791	5.686	5.686	6.633	7.581
	低碳钢焊条（综合）		kg	0.474	0.474	0.948	0.948	1.421
	钢锯条		条	1.895	2.843	3.791	3.791	4.738
	板枋材		m^3	—	—	—	0.047	0.047
	硝基腻子		kg	0.095	0.114	1.516	0.190	0.227
	手喷漆		kg	0.284	0.379	0.531	0.758	0.758

续前

编　号			2-4-11	2-4-12	2-4-13	2-4-14	2-4-15
项　目			流量（t/h）				
			≤500	≤1 000	≤2 000	≤3 500	≤5 000
名　称		单位	消　耗　量				
材料	橡胶无石棉盘根 编织 ϕ6~25（250℃）	kg	1.611	1.990	1.990	1.990	3.222
	金属清洗剂	kg	0.443	0.443	0.443	1.106	1.547
	溶剂汽油	kg	1.895	1.895	1.895	4.738	6.633
	汽轮机油	kg	2.369	2.653	2.653	3.791	3.791
	铅油（厚漆）	kg	0.474	0.569	0.853	0.853	1.516
	黄甘油	kg	0.948	0.948	0.948	1.895	2.843
	红丹粉	kg	0.095	0.095	0.095	0.095	0.095
	氧气	m^3	2.843	2.843	6.633	6.633	7.581
	乙炔气	kg	1.093	1.093	2.551	2.551	2.916
	密封胶	kg	1.895	1.895	1.895	1.895	1.895
	焊接钢管 *DN*20	m	3.506	4.738	7.107	7.581	8.529
	镀锌弯头 *DN*20	个	1.895	3.791	3.791	3.791	3.791
	螺纹截止阀 J11T-16 *DN*20	个	1.895	1.895	1.895	1.895	1.895
	青壳纸 δ0.1~1.0	kg	0.569	0.569	0.569	0.569	0.569
	面粉	kg	0.190	0.190	0.284	0.284	0.379
	其他材料费	%	2.00	2.00	2.00	2.00	2.00
机械	汽车式起重机 8t	台班	0.117	0.162	0.162	0.225	0.343
	桥式起重机 20t	台班	0.135	—	—	—	—
	桥式起重机 30t	台班	—	0.225	—	—	—
	桥式起重机 50t	台班	—	—	0.451	0.676	0.901
	载货汽车－普通货车 8t	台班	0.063	0.081	0.081	0.117	0.180
	弧焊机 32kV·A	台班	0.225	0.225	0.451	0.451	0.676
	电动空气压缩机 $6m^3$/min	台班	0.009	0.018	0.018	0.027	0.027
	电焊条烘干箱 60×50×75（cm^3）	台班	0.023	0.023	0.045	0.045	0.068
	台式砂轮机	台班	—	0.451	0.451	0.451	0.451

四、循环水、补给水入口设备安装

1. 旋转滤网安装

工作内容：骨架校正、安装；导轨安装；减速传动机构检查及安装，拉紧调节装置组装及调整；相关附件组合安装等。

计量单位：台

编号				2-4-16	2-4-17	2-4-18	2-4-19	2-4-20
项目				网板宽度（m）				
				2	2.5	3	3.5	4
				高度 10m				
名称			单位	消耗量				
人工	合计工日		工日	88.256	91.872	95.488	96.936	102.000
	其中	普工	工日	22.064	22.968	23.872	24.234	25.500
		一般技工	工日	52.953	55.123	57.293	58.162	61.200
		高级技工	工日	13.239	13.781	14.323	14.540	15.300
材料	型钢（综合）		kg	108.408	117.506	127.361	136.458	145.555
	不锈钢板 δ0.05~0.50		kg	0.284	0.284	—	0.284	0.284
	聚氯乙烯板 δ8		m^2	1.649	1.649	1.649	1.649	1.649
	棉纱		kg	5.307	5.307	5.401	6.065	6.065
	羊毛毡 6~8		m^2	0.019	0.019	0.019	0.019	0.019
	铁砂布 $0^{\#}$~$2^{\#}$		张	6.422	5.793	6.060	17.057	17.057
	低碳钢焊条（综合）		kg	12.082	12.082	12.082	12.082	12.082
	不锈钢焊条 A102 φ3.2		kg	2.672	2.748	2.824	2.843	2.843
	酚醛调和漆		kg	2.843	3.601	4.359	5.117	5.686
	酚醛防锈漆		kg	2.843	3.601	4.359	5.117	5.686
	金属清洗剂		kg	2.343	2.343	2.343	2.476	2.565
	油漆溶剂油		kg	0.474	0.569	0.663	0.758	0.853
	机油		kg	4.738	4.738	4.738	4.738	4.738
	黄甘油		kg	2.843	2.843	2.843	2.843	2.843
	聚酰胺树脂		kg	0.701	0.701	0.701	0.701	0.701
	氧气		m^3	13.646	13.646	14.404	14.404	15.162
	乙炔气		kg	5.248	5.248	5.540	5.540	5.832
	密封胶		kg	0.758	0.758	0.758	0.758	0.758
	其他材料费		%	2.00	2.00	2.00	2.00	2.00
机械	汽车式起重机 8t		台班	0.919	0.919	0.919	0.919	1.061
	载货汽车 - 普通货车 5t		台班	0.455	0.455	0.455	0.455	0.526
	电动单筒慢速卷扬机 50kN		台班	11.864	12.042	12.221	12.399	12.578
	弧焊机 32kV·A		台班	8.893	9.152	9.152	9.660	9.999
	电焊条烘干箱 60×50×75（cm^3）		台班	0.889	0.915	0.915	0.966	1.000

2. 清污机安装

工作内容：清污机及其附件检查、检修、安装等。 **计量单位：**套

编号				2-4-21	2-4-22
项目				清污宽度（m）	
				≤2.5	≤4
名称			单位	消耗量	
人工	合计工日		工日	109.335	156.908
	其中	普工	工日	27.334	39.227
		一般技工	工日	65.601	94.145
		高级技工	工日	16.400	23.536
材料	镀锌铁丝（综合）		kg	0.713	0.891
	型钢（综合）		kg	46.883	51.571
	热轧薄钢板 δ1.0~1.5		kg	4.454	4.454
	中厚钢板 δ15 以外		kg	17.815	24.379
	棉纱头		kg	3.563	4.454
	白布		m	0.802	1.203
	普低钢焊条 J507 ϕ3.2		kg	22.710	22.710
	枕木 2 500×200×160		根	1.069	1.158
	黄油钙基脂		kg	1.782	1.782
	清洗剂 500mL		瓶	3.474	4.008
	氧气		m^3	45.607	63.868
	乙炔气		kg	17.541	24.565
	其他材料费		%	2.00	2.00
机械	汽车式起重机 20t		台班	7.136	7.582
	载货汽车－普通货车 15t		台班	2.453	2.944
	弧焊机 32kV·A		台班	4.696	4.696
	电焊条烘干箱 60×50×75（cm^3）		台班	0.470	0.470

3. 拦污栅、钢闸门安装

工作内容：清理、吊装、就位，配套附件安装等。 **计量单位：**t

编号				2-4-23	2-4-24
项目				拦污栅	钢闸门
名称			单位	消耗量	
人工	合计工日		工日	2.087	1.252
	其中	普工	工日	0.522	0.313
		一般技工	工日	1.252	0.751
		高级技工	工日	0.313	0.188
材料	型钢（综合）		kg	2.512	2.512
	中厚钢板 δ15 以内		kg	3.349	3.349
	普低钢焊条 J507 ϕ3.2		kg	0.220	0.220
	枕木 2 500 × 200 × 160		根	0.009	0.009
	氧气		m^3	0.251	0.084
	乙炔气		kg	0.097	0.032
	其他材料费		%	2.00	2.00
机械	汽车式起重机 20t		台班	0.042	0.042
	载货汽车 – 普通货车 10t		台班	0.084	0.084
	弧焊机 32kV·A		台班	0.038	0.038
	电焊条烘干箱 60 × 50 × 75（cm^3）		台班	0.004	0.004

五、凝汽器安装

1. 铜管凝汽器安装

工作内容：基础检查，设备就位，找正，与汽缸连接，相关配套附件安装等。 **计量单位：**台

编号			2-4-25	2-4-26	2-4-27	2-4-28	2-4-29
项目			冷凝面积（m^2）				
			≤600	≤1 000	≤1 200	≤2 000	≤2 500
名称		单位	消耗量				
人工	合计工日	工日	37.402	145.785	164.008	177.526	213.031
人工	其中 普工	工日	9.351	36.446	41.002	44.382	53.258
人工	其中 一般技工	工日	22.441	87.471	98.405	106.515	127.818
人工	其中 高级技工	工日	5.610	21.868	24.601	26.629	31.955
材料	型钢（综合）	kg	4.612	7.176	8.074	10.765	12.918
材料	镀锌铁丝 ϕ2.5~4.0	kg	5.165	5.598	6.298	6.387	7.664
材料	钢板（综合）	kg	30.992	55.761	62.731	94.341	113.209
材料	斜垫铁（综合）	kg	38.371	69.037	77.667	116.803	140.164
材料	黑铅粉	kg	1.061	1.041	1.171	0.539	0.646
材料	无石棉橡胶板（低压）δ0.8~6.0	kg	8.301	20.812	23.413	13.887	16.664
材料	棉纱	kg	2.121	7.679	8.639	9.258	11.109
材料	白布	kg	0.425	0.471	0.529	0.522	0.626
材料	铁砂布 0#~2#	张	73.790	91.140	102.533	101.187	121.425
材料	低碳钢焊条（综合）	kg	8.025	10.549	11.868	49.517	59.421
材料	钢丝刷子	把	—	12.918	14.533	14.353	17.223
材料	木板	m^3	—	0.086	0.097	0.122	0.146
材料	酚醛调和漆	kg	4.612	5.023	5.652	7.356	8.827
材料	金属清洗剂	kg	2.368	2.060	2.318	2.227	2.672
材料	汽轮机油	kg	0.139	1.435	1.615	1.651	1.981

续前

编号			2-4-25	2-4-26	2-4-27	2-4-28	2-4-29
项目			冷凝面积（m^2）				
			≤600	≤1 000	≤1 200	≤2 000	≤2 500
名称		单位	消耗量				
材料	铅油（厚漆）	kg	1.845	2.655	2.987	3.086	3.703
	黄甘油	kg	—	12.918	14.533	14.353	17.223
	红丹粉	kg	0.600	0.610	0.686	0.036	0.043
	氧气	m^3	13.836	11.123	12.514	23.682	28.419
	乙炔气	kg	5.321	4.278	4.813	9.109	10.930
	无石棉扭绳 ϕ6~10 烧失量 24%	kg	1.015	1.148	1.292	1.507	1.808
	镀锌钢管 *DN*50	m	0.572	1.400	1.575	1.400	1.679
	水	m^3	73.790	100.470	113.029	179.410	215.292
	其他材料费	%	2.00	2.00	2.00	2.00	2.00
机械	履带式起重机 25t	台班	—	—	—	0.311	0.373
	汽车式起重机 8t	台班	0.448	1.137	1.279	1.289	1.546
	汽车式起重机 20t	台班	—	0.402	0.452	—	—
	桥式起重机 20t	台班	1.462	—	—	—	—
	桥式起重机 30t	台班	—	1.592	1.791	—	—
	桥式起重机 50t	台班	—	—	—	2.085	2.502
	载货汽车－普通货车 5t	台班	—	0.379	0.426	—	—
	载货汽车－普通货车 15t	台班	0.224	—	—	—	—
	载货汽车－平板拖车组 20t	台班	—	0.205	0.230	—	—
	载货汽车－平板拖车组 40t	台班	—	—	—	0.576	0.691
	电动单级离心清水泵 50mm	台班	—	1.365	1.535	1.516	1.820
	弧焊机 32kV·A	台班	1.462	2.275	2.559	8.720	10.463
	电动空气压缩机 $6m^3/min$	台班	0.649	1.061	1.194	1.061	1.274
	电焊条烘干箱 60×50×75（cm^3）	台班	0.146	0.228	0.256	0.872	1.046
	台式砂轮机	台班	0.974	1.516	1.706	1.516	1.820

2. 不锈钢管凝汽器安装

工作内容: 基础检查,设备就位,找正,与汽缸连接,相关配套附件安装等。　　**计量单位:** 台

编号				2-4-30	2-4-31	2-4-32	2-4-33	2-4-34
项目				冷凝面积(m^2)				
				≤600	≤1 000	≤1 200	≤2 000	≤2 500
名称			单位	消耗量				
人工	合计工日		工日	37.573	174.850	197.637	213.860	256.466
	其中	普工	工日	9.394	43.712	49.409	53.465	64.116
		一般技工	工日	22.543	104.910	118.583	128.316	153.880
		高级技工	工日	5.636	26.228	29.645	32.079	38.470
材料	型钢(综合)		kg	4.221	8.443	9.524	12.664	15.197
	镀锌铁丝 ϕ2.5~4.0		kg	4.728	6.585	7.428	7.514	9.017
	钢板(综合)		kg	32.623	55.761	62.731	94.341	113.209
	斜垫铁(综合)		kg	40.390	69.037	77.667	116.803	140.164
	黑铅粉		kg	0.971	1.224	1.381	0.633	0.760
	无石棉橡胶板(低压)δ0.8~6.0		kg	7.599	24.484	27.618	16.337	19.604
	棉纱		kg	1.942	9.034	10.191	10.891	13.070
	白布		kg	0.389	0.554	0.625	0.614	0.736
	铁砂布 0#~2#		张	6.754	107.224	120.949	119.044	142.853
	低碳钢焊条(综合)		kg	7.345	12.411	14.000	58.256	69.907
	不锈钢焊丝		kg	0.507	0.675	0.844	1.013	1.182
	钢丝刷子		把	—	15.197	17.142	16.886	20.263
	木板		m^3	—	0.101	0.114	0.144	0.172
	酚醛调和漆		kg	4.221	5.910	6.666	8.654	10.385
	金属清洗剂		kg	2.167	2.423	2.733	2.620	3.144
	汽轮机油		kg	0.127	1.689	1.905	1.942	2.330
	铅油(厚漆)		kg	1.689	3.124	3.524	3.630	4.357
	黄甘油		kg	—	15.197	17.142	16.886	20.263

续前

编号			2-4-30	2-4-31	2-4-32	2-4-33	2-4-34
项目			冷凝面积(m^2)				
			≤600	≤1 000	≤1 200	≤2 000	≤2 500
名称		单位	消耗量				
材料	红丹粉	kg	0.549	0.718	0.810	0.042	0.051
	氧气	m^3	12.664	13.086	14.761	27.861	33.434
	乙炔气	kg	4.871	5.033	5.677	10.716	12.859
	无石棉扭绳 ϕ6~10 烧失量 24%	kg	0.929	1.351	1.524	1.773	2.128
	镀锌钢管 *DN*50	m	0.523	1.646	1.857	1.646	1.976
	水	m^3	67.543	118.200	133.329	211.071	253.285
	其他材料费	%	2.00	2.00	2.00	2.00	2.00
机械	履带式起重机 25t	台班	—	—	—	0.365	0.439
	汽车式起重机 8t	台班	—	1.338	1.509	1.516	1.820
	汽车式起重机 16t	台班	0.410	—	—	—	—
	汽车式起重机 20t	台班	—	0.473	0.533	—	—
	桥式起重机 20t	台班	1.338	—	—	—	—
	桥式起重机 30t	台班	—	1.873	2.113	—	—
	桥式起重机 50t	台班	—	—	—	2.453	2.944
	载货汽车－普通货车 5t	台班	—	0.446	0.503	—	—
	载货汽车－普通货车 15t	台班	0.205	—	—	—	—
	载货汽车－平板拖车组 20t	台班	—	0.241	0.272	—	—
	载货汽车－平板拖车组 40t	台班	—	—	—	0.678	0.814
	电动单级离心清水泵 50mm	台班	—	1.605	1.811	1.784	2.141
	弧焊机 32kV·A	台班	1.338	2.676	3.019	10.258	12.310
	氩弧焊机 500A	台班	1.793	2.283	2.346	2.578	2.899
	电动空气压缩机 6m^3/min	台班	0.268	1.249	1.409	1.249	1.499
	电焊条烘干箱 60×50×75(cm^3)	台班	0.134	0.268	0.302	1.026	1.231
	台式砂轮机	台班	0.892	1.784	2.013	1.784	2.141

六、除氧器及水箱安装

工作内容：基础检查，设备组合、起吊、拖运、就位、固定、附件安装等。　　**计量单位：**台

编　号			2-4-35	2-4-36	2-4-37	2-4-38	2-4-39
项　目			大气式				
			水箱容积（m^3）				
			≤25	≤40	≤55	≤75	≤110
名　称		单位	消　耗　量				
人工	合计工日	工日	55.941	65.795	78.954	84.666	101.600
人工	其中 普工	工日	13.985	16.449	19.739	21.166	25.400
人工	其中 一般技工	工日	33.565	39.477	47.372	50.800	60.960
人工	其中 高级技工	工日	8.391	9.869	11.843	12.700	15.240
材料	型钢（综合）	kg	8.908	10.783	12.940	11.721	14.065
材料	镀锌铁丝 ϕ2.5~4.0	kg	14.065	15.940	19.128	18.753	22.504
材料	钢板（综合）	kg	56.259	65.636	78.763	75.012	90.014
材料	黑铅粉	kg	0.188	0.234	0.281	0.281	0.338
材料	无石棉橡胶板（低压）δ0.8~6.0	kg	3.376	4.219	5.063	5.063	6.076
材料	棉纱	kg	2.719	3.000	3.601	4.688	5.626
材料	白布	kg	0.309	0.375	0.450	0.694	0.833
材料	低碳钢焊条（综合）	kg	16.409	18.753	22.504	23.441	28.130
材料	汽包漆	kg	14.065	17.628	21.153	36.381	43.657
材料	金属清洗剂	kg	0.832	1.006	1.208	1.751	2.100
材料	溶剂汽油	kg	0.281	0.356	0.428	0.638	0.765
材料	汽轮机油	kg	0.047	0.047	0.056	0.938	1.125
材料	铅油（厚漆）	kg	0.141	0.141	0.169	0.188	0.225
材料	红丹粉	kg	0.047	0.047	0.056	0.047	0.056
材料	氧气	m^3	16.878	19.691	23.629	30.942	37.131
材料	乙炔气	kg	6.491	7.573	9.088	11.901	14.281
材料	无石棉扭绳 ϕ6~10 烧失量 24%	kg	0.281	0.281	0.338	0.375	0.450
材料	凡尔砂	kg	0.028	0.028	0.034	0.028	0.034
材料	镀锌钢管 *DN*15	m	11.533	11.533	13.840	10.595	12.715
材料	无缝钢管 *D*25×4	m	1.163	1.519	1.823	1.782	2.138
材料	其他材料费	%	2.00	2.00	2.00	2.00	2.00
机械	履带式起重机 25t	台班	0.428	0.521	0.625	0.529	0.636
机械	汽车式起重机 20t	台班	0.221	0.441	0.529	—	—
机械	自升式塔式起重机 400kN·m	台班	—	—	—	0.441	0.529
机械	载货汽车－普通货车 8t	台班	0.441	—	—	—	—
机械	载货汽车－平板拖车组 30t	台班	—	0.256	0.307	0.265	0.318
机械	电动单筒慢速卷扬机 50kN	台班	2.427	2.427	2.912	2.647	3.177
机械	弧焊机 20kV·A	台班	3.089	3.531	4.236	4.413	5.295
机械	电动空气压缩机 $6m^3$/min	台班	0.221	0.221	0.265	0.221	0.265
机械	电焊条烘干箱 60×50×75（cm^3）	台班	0.309	0.353	0.424	0.441	0.529
机械	台式砂轮机	台班	0.882	0.882	1.059	1.324	1.588

七、热交换器安装

1. 高压热交换器安装

工作内容：基础检查，设备检查、拖运、起吊就位、安装，水压试验等。 **计量单位：**台

编号				2-4-40	2-4-41	2-4-42	2-4-43
项目				热交换面积（m^2）			
				≤65	≤100	≤200	≤260
名称			单位	消耗量			
人工	合计工日		工日	18.246	22.728	33.226	39.304
	其中	普工	工日	5.474	6.818	9.968	11.791
		一般技工	工日	10.035	12.501	18.274	21.617
		高级技工	工日	2.737	3.409	4.984	5.896
材料	镀锌铁丝 ϕ2.5~4.0		kg	0.928	1.392	1.855	1.855
	钢板（综合）		kg	24.120	33.396	44.528	45.456
	紫铜棒 ϕ16~80		kg	0.186	0.186	0.186	0.186
	黑铅粉		kg	0.557	0.557	1.067	1.067
	无石棉橡胶板（低压）δ0.8~6.0		kg	12.153	12.153	13.173	17.069
	棉纱		kg	0.928	0.928	1.855	1.855
	低碳钢焊条（综合）		kg	2.412	2.412	2.412	2.412
	油浸无石棉盘根（扭制）ϕ11~25		kg	0.232	0.232	0.464	0.464
	金属清洗剂		kg	0.130	0.130	0.260	0.260
	汽轮机油		kg	0.232	0.232	0.464	0.464
	红丹粉		kg	0.093	0.093	0.139	0.139
	氧气		m^3	6.958	6.958	6.958	6.958
	乙炔气		kg	2.676	2.676	2.676	2.676
	凡尔砂		kg	0.009	0.009	0.009	0.009
	其他材料费		%	2.00	2.00	2.00	2.00
机械	履带式起重机 10t		台班	0.203	0.212	—	—
	履带式起重机 20t		台班	—	—	0.318	0.361
	桥式起重机 30t		台班	0.777	—	—	—
	桥式起重机 50t		台班	—	0.777	1.438	1.438
	载货汽车－普通货车 5t		台班	0.176	—	—	—
	载货汽车－平板拖车组 20t		台班	—	0.106	—	—
	载货汽车－平板拖车组 30t		台班	—	—	0.158	—
	试压泵 60MPa		台班	0.441	0.441	0.883	0.882
	弧焊机 32kV·A		台班	0.662	0.662	0.661	0.662
	电动空气压缩机 6m^3/min		台班	0.221	0.221	0.441	0.441
	电焊条烘干箱 60×50×75（cm^3）		台班	0.066	0.066	0.066	0.066

2. 低压热交换器安装

工作内容：基础检查，设备检查、拖运、起吊就位、安装，水压试验等。 **计量单位：**台

编号			2-4-44	2-4-45	2-4-46	2-4-47
项目			热交换面积（m^2）			
			≤40	≤60	≤90	≤130
名称		单位	消耗量			
人工	合计工日	工日	14.322	15.425	16.006	20.574
	其中 普工	工日	4.297	4.627	4.802	6.172
	其中 一般技工	工日	7.877	8.484	8.803	11.316
	其中 高级技工	工日	2.148	2.314	2.401	3.086
材料	镀锌铁丝 ϕ2.5~4.0	kg	1.855	2.783	2.783	3.711
	钢板（综合）	kg	55.661	60.299	69.576	72.359
	紫铜板（综合）	kg	0.464	0.464	0.464	0.835
	黑铅粉	kg	0.371	0.371	0.371	0.464
	无石棉橡胶板（低压）δ0.8~6.0	kg	7.514	8.349	8.349	8.813
	棉纱	kg	0.974	0.974	1.067	1.299
	低碳钢焊条（综合）	kg	1.392	1.392	1.392	1.392
	金属清洗剂	kg	0.260	0.325	0.346	0.390
	汽轮机油	kg	0.139	0.186	0.186	0.186
	铅油（厚漆）	kg	0.046	0.093	0.093	0.093
	红丹粉	kg	0.046	0.046	0.046	0.046
	硼砂	kg	0.186	0.186	0.186	0.186
	氧气	m^3	7.421	7.421	8.349	8.349
	乙炔气	kg	2.854	2.854	3.211	3.211
	无石棉扭绳 ϕ4~5 烧失量 24%	kg	0.046	0.464	0.046	0.046
	凡尔砂	kg	0.028	0.028	0.028	0.028
	镀锌钢管 *DN*32	m	0.668	0.668	0.668	1.113
	其他材料费	%	2.00	2.00	2.00	2.00
机械	履带式起重机 10t	台班	0.150	0.203	0.150	0.212
	桥式起重机 30t	台班	0.882	0.882	—	—
	桥式起重机 50t	台班	—	—	0.882	0.882
	载货汽车－普通货车 5t	台班	0.133	0.176	—	—
	载货汽车－平板拖车组 20t	台班	—	—	0.080	0.106
	弧焊机 32kV·A	台班	0.662	0.662	0.662	0.662
	电动空气压缩机 6m^3/min	台班	0.221	0.221	0.221	0.221
	电焊条烘干箱 60×50×75（cm^3）	台班	0.066	0.066	0.066	0.066

3. 其他热交换器安装

工作内容：基础检查，设备检查、拖运、起吊就位、安装，水压试验等。 **计量单位：**台

编号				2-4-48	2-4-49	2-4-50	2-4-51
项目				热交换面积（m^2）			
				≤20	≤50	≤80	≤120
名称			单位	消耗量			
人工	合计工日		工日	9.966	10.225	12.949	14.502
	其中	普工	工日	2.990	3.067	3.885	4.351
		一般技工	工日	5.481	5.624	7.122	7.976
		高级技工	工日	1.495	1.534	1.942	2.175
材料	镀锌铁丝 ϕ2.5~4.0		kg	1.855	1.855	1.855	2.078
	钢板（综合）		kg	37.107	41.745	41.745	46.755
	紫铜板（综合）		kg	0.464	0.835	0.464	0.519
	黑铅粉		kg	0.278	0.371	0.417	0.468
	橡胶板 δ5~10		kg	3.117	3.117	3.117	3.491
	无石棉橡胶板（低压）δ0.8~6.0		kg	1.466	1.883	1.883	2.110
	棉纱		kg	0.974	1.345	1.345	1.507
	低碳钢焊条（综合）		kg	1.392	1.392	1.392	1.558
	橡胶无石棉盘根 编织 ϕ4~5（250℃）		kg	0.186	0.186	0.186	0.208
	金属清洗剂		kg	0.216	0.238	0.303	0.340
	汽轮机油		kg	0.186	0.186	0.186	0.208
	铅油（厚漆）		kg	0.139	0.139	0.139	0.156
	红丹粉		kg	0.046	0.093	0.093	0.104
	氧气		m^3	4.175	4.175	4.175	4.675
	乙炔气		kg	1.606	1.606	1.606	1.798
	镀锌钢管 *DN*32		m	0.668	0.668	0.668	0.748
	其他材料费		%	2.00	2.00	2.00	2.00
机械	履带式起重机 10t		台班	0.150	0.203	0.283	0.316
	桥式起重机 50t		台班	0.441	0.441	0.441	0.494
	载货汽车－普通货车 8t		台班	—	0.106	0.176	0.197
	弧焊机 32kV·A		台班	0.662	0.662	0.662	0.741
	电动空气压缩机 6m^3/min		台班	0.115	0.221	0.221	0.247
	电焊条烘干箱 60×50×75（cm^3）		台班	0.066	0.066	0.066	0.074

计量单位：台

编　号				2-4-52	2-4-53	2-4-54	2-4-55
项　目				热交换面积（m^2）			
				≤180	≤240	≤350	≤500
名　称			单位	消　耗　量			
人工	合计工日		工日	16.677	18.128	19.579	21.754
	其中	普工	工日	5.003	5.439	5.874	6.526
		一般技工	工日	9.172	9.970	10.768	11.965
		高级技工	工日	2.502	2.719	2.937	3.263
材料	镀锌铁丝 ϕ2.5~4.0		kg	2.390	2.597	2.805	3.117
	钢板（综合）		kg	53.768	58.444	63.119	70.132
	紫铜板（综合）		kg	0.597	0.649	0.701	0.779
	黑铅粉		kg	0.538	0.584	0.631	0.701
	橡胶板 δ5~10		kg	4.015	4.364	4.713	5.237
	无石棉橡胶板（低压）δ0.8~6.0		kg	2.426	2.636	2.847	3.163
	棉纱		kg	1.733	1.883	2.033	2.260
	低碳钢焊条（综合）		kg	1.792	1.948	2.104	2.338
	橡胶无石棉盘根 编织 ϕ4~5（250℃）		kg	0.239	0.260	0.280	0.312
	金属清洗剂		kg	0.391	0.424	0.458	0.509
	汽轮机油		kg	0.239	0.260	0.280	0.312
	铅油（厚漆）		kg	0.179	0.195	0.211	0.234
	红丹粉		kg	0.120	0.130	0.140	0.156
	氧气		m^3	5.377	5.844	6.312	7.013
	乙炔气		kg	2.068	2.248	2.428	2.697
	镀锌钢管 *DN*32		m	0.860	0.935	1.010	1.122
	其他材料费		%	2.00	2.00	2.00	2.00
机械	履带式起重机 10t		台班	0.364	0.396	0.427	0.474
	桥式起重机 50t		台班	0.568	0.618	0.667	0.741
	载货汽车－普通货车 8t		台班	0.227	0.247	0.267	0.297
	弧焊机 32kV·A		台班	0.853	0.927	1.001	1.112
	电动空气压缩机 6m^3/min		台班	0.284	0.309	0.334	0.371
	电焊条烘干箱 60×50×75（cm^3）		台班	0.085	0.093	0.100	0.111

八、射水抽气器安装

工作内容：设备检查、组装、起吊就位，水压试验等。　　计量单位：台

编号				2-4-56	2-4-57
项目				抽气量(kg)	
				≤8.5	≤12.5
名称			单位	消耗量	
人工	合计工日		工日	9.420	10.938
	其中	普工	工日	2.826	3.281
		一般技工	工日	5.181	6.016
		高级技工	工日	1.413	1.641
材料	钢板(综合)		kg	44.888	64.838
	黑铅粉		kg	0.399	0.599
	无石棉橡胶板(低压) δ0.8~6.0		kg	5.387	9.875
	棉纱		kg	0.499	0.798
	低碳钢焊条(综合)		kg	1.995	1.995
	酚醛调和漆		kg	—	1.995
	金属清洗剂		kg	0.232	0.232
	铅油(厚漆)		kg	0.249	0.200
	红丹粉		kg	0.399	0.499
	氧气		m^3	4.988	4.988
	乙炔气		kg	1.918	1.918
	其他材料费		%	2.00	2.00
机械	履带式起重机 25t		台班	0.029	0.029
	桥式起重机 20t		台班	0.237	—
	桥式起重机 30t		台班	—	0.474
	载货汽车－普通货车 5t		台班	0.029	0.029
	弧焊机 32kV·A		台班	0.474	0.474
	电动空气压缩机 $6m^3/min$		台班	0.124	0.124
	电焊条烘干箱 60×50×75(cm^3)		台班	0.047	0.047

九、油系统设备安装

1. 油 箱 安 装

工作内容： 基础检查，设备检查、拖运、就位、安装，配套附件安装，内部清扫等。　　**计量单位：** 台

编号				2-4-58	2-4-59	2-4-60	2-4-61
项目				油箱容积（m^3）			
				≤2	≤5	≤10	≤15
名称			单位	消耗量			
人工	合计工日		工日	11.667	17.696	24.313	29.827
	其中	普工	工日	3.500	5.309	7.294	8.948
		一般技工	工日	6.417	9.733	13.372	16.405
		高级技工	工日	1.750	2.654	3.647	4.474
材料	镀锌铁丝 ϕ2.5~4.0		kg	1.995	2.993	3.990	4.988
	钢板（综合）		kg	13.406	19.691	19.691	33.516
	斜垫铁（综合）		kg	16.598	24.379	24.379	41.496
	橡胶板 δ5~10		kg	1.915	2.873	3.471	3.990
	棉纱		kg	1.496	2.494	3.491	3.990
	白布		kg	1.278	2.117	3.104	3.544
	羊毛毡 1~5		m^2	0.399	0.599	0.798	0.998
	低碳钢焊条（综合）		kg	1.995	1.995	1.995	1.995
	酚醛调和漆		kg	0.628	1.895	3.392	4.489
	金属清洗剂		kg	0.698	1.164	1.862	2.095
	汽轮机油		kg	1.995	2.494	3.491	3.491
	红丹粉		kg	0.100	0.200	0.200	0.200
	脱化剂		kg	0.599	0.998	1.496	1.995
	氧气		m^3	2.993	2.993	4.489	5.985
	乙炔气		kg	1.151	1.151	1.726	2.302
	密封胶		kg	1.995	2.993	3.990	4.988
	青壳纸 δ0.1~1.0		kg	0.150	0.200	0.200	0.299
	其他材料费		%	2.00	2.00	2.00	2.00
机械	履带式起重机 10t		台班	0.095	0.124	0.170	0.189
	桥式起重机 20t		台班	0.237	—	—	—
	桥式起重机 30t		台班	—	0.474	—	—
	桥式起重机 50t		台班	—	—	0.711	0.711
	载货汽车－普通货车 5t		台班	0.048	0.057	—	—
	载货汽车－平板拖车组 20t		台班	—	—	0.095	0.133
	弧焊机 32kV·A		台班	0.474	0.474	0.474	0.474
	电动空气压缩机 6m^3/min		台班	0.237	0.237	0.237	0.237
	电焊条烘干箱 60×50×75（cm^3）		台班	0.047	0.047	0.047	0.047

2. 冷油器安装

工作内容：基础检查，设备检查、就位、安装，水压试验等。　　　　计量单位：台

编　号				2-4-62	2-4-63	2-4-64	2-4-65
项　目				冷却面积（m^2）			
				≤12.5	≤20	≤40	≤50
名　称			单位	消　耗　量			
人工	合计工日		工日	12.132	13.642	17.058	18.359
	其中	普工	工日	3.639	4.093	5.117	5.508
		一般技工	工日	6.673	7.503	9.382	10.097
		高级技工	工日	1.820	2.046	2.559	2.754
材料	钢板（综合）		kg	10.474	12.569	14.663	16.758
	斜垫铁（综合）		kg	12.968	15.561	18.155	20.748
	无石棉橡胶板（低压）δ0.8~6.0		kg	4.489	5.387	6.783	6.783
	棉纱		kg	0.998	1.496	1.995	1.995
	白布		kg	0.827	0.915	1.178	1.178
	低碳钢焊条（综合）		kg	0.998	0.998	0.998	0.998
	酚醛调和漆		kg	0.599	0.998	1.596	1.796
	金属清洗剂		kg	0.931	1.047	1.164	1.164
	汽轮机油		kg	1.197	1.496	1.995	1.995
	铅油（厚漆）		kg	0.399	0.499	0.599	0.599
	红丹粉		kg	0.030	0.030	0.050	0.050
	氧气		m^3	1.995	1.995	2.993	3.990
	乙炔气		kg	0.767	0.767	1.151	1.535
	密封胶		kg	1.995	1.995	2.993	2.993
	青壳纸 δ0.1~1.0		kg	0.998	1.197	1.496	1.496
	其他材料费		%	2.00	2.00	2.00	2.00
机械	履带式起重机 25t		台班	0.038	0.038	0.029	0.029
	桥式起重机 20t		台班	0.949	—	—	—
	桥式起重机 30t		台班	—	0.949	—	—
	桥式起重机 50t		台班	—	—	0.949	0.949
	载货汽车－普通货车 5t		台班	0.038	0.038	0.057	0.057
	弧焊机 32kV·A		台班	0.237	0.237	0.237	0.237
	电动空气压缩机 $6m^3/min$		台班	0.237	0.237	0.237	0.237
	电焊条烘干箱 60×50×75（cm^3）		台班	0.024	0.024	0.024	0.024

3. 滤油器、滤水器安装

工作内容: 基础检查,检查,水压试验,就位安装等。 **计量单位:** 台

编号			2-4-66	2-4-67	2-4-68	2-4-69
项目			滤油器	滤水器		
				L-100	L-150	L-200
名称		单位	消耗量			
人工	合计工日	工日	4.382	2.539	2.772	3.373
人工	其中 普工	工日	1.315	0.762	0.832	1.012
人工	其中 一般技工	工日	2.410	1.396	1.525	1.855
人工	其中 高级技工	工日	0.657	0.381	0.415	0.506
材料	钢板(综合)	kg	—	4.988	4.988	9.975
材料	镀锌薄钢板 δ0.75	m^2	0.100	—	—	—
材料	橡胶板 δ5~10	kg	—	0.958	0.958	1.915
材料	耐油无石棉橡胶板 δ0.8	kg	0.229	—	—	—
材料	棉纱	kg	0.499	0.100	0.100	0.200
材料	白布	kg	0.889	0.100	0.100	0.100
材料	低碳钢焊条(综合)	kg	0.299	0.499	0.499	0.499
材料	酚醛调和漆	kg	0.399	0.499	0.499	0.628
材料	金属清洗剂	kg	0.466	0.070	0.070	0.117
材料	汽轮机油	kg	0.599	—	—	—
材料	红丹粉	kg	0.100	—	—	—
材料	氧气	m^3	—	0.998	0.998	0.998
材料	乙炔气	kg	—	0.384	0.384	0.384
材料	密封胶	kg	1.995	—	—	—
材料	凡尔砂	kg	0.020	—	—	—
材料	其他材料费	%	2.00	2.00	2.00	2.00
机械	桥式起重机 50t	台班	—	—	0.124	0.124
机械	载货汽车 - 普通货车 5t	台班	—	—	0.048	0.048
机械	弧焊机 32kV·A	台班	0.237	0.124	0.124	0.124
机械	电动空气压缩机 $6m^3/min$	台班	0.189	—	—	—
机械	电焊条烘干箱 60×50×75(cm^3)	台班	0.024	0.012	0.012	0.012

十、胶球清洗装置安装

工作内容：装球室、收球网检查，组合安装，液压系统安装等。 **计量单位：**套

编号				2-4-70	2-4-71
项目				循环水入口管直径（mm）	
				≤400	≤600
名称			单位	消耗量	
人工	合计工日		工日	2.504	3.338
	其中	普工	工日	0.751	1.001
		一般技工	工日	1.377	1.836
		高级技工	工日	0.376	0.501
材料	橡胶板 δ3		kg	2.071	4.861
	普低钢焊条 J507 φ3.2		kg	0.378	0.378
	清洗剂 500mL		瓶	0.054	0.041
	氧气		m^3	0.576	0.576
	乙炔气		kg	0.222	0.222
	其他材料费		%	2.00	2.00
机械	汽车式起重机 25t		台班	0.180	0.180
	桥式起重机 15t		台班	—	0.225
	载货汽车－普通货车 5t		台班	0.451	0.451
	弧焊机 21kV·A		台班	0.103	0.103
	电焊条烘干箱 60×50×75（cm^3）		台班	0.010	0.010

十一、减温减压装置安装

工作内容：设备检查，就位安装，配套管道、支吊架配制、安装等。　　**计量单位：**台

编　号				2-4-72	2-4-73	2-4-74
项　目				出口流量（t/h）		
				≤10	≤20	≤40
名　称			单位	消　耗　量		
人工	合计工日		工日	19.196	21.116	23.035
	其中	普工	工日	4.799	5.279	5.759
		一般技工	工日	11.518	12.669	13.821
		高级技工	工日	2.879	3.168	3.455
材料	镀锌铁丝（综合）		kg	1.108	1.219	1.330
	型钢（综合）		kg	34.115	37.526	40.937
	钨棒		kg	0.027	0.030	0.033
	无石棉橡胶板（低中压）δ0.8~6.0		kg	3.241	3.565	3.889
	普低钢焊条 J507 ϕ3.2		kg	18.318	20.149	21.981
	合金钢焊丝		kg	0.559	0.615	0.671
	油浸无石棉盘根 编织 ϕ4~5（450℃）		kg	0.252	0.278	0.302
	清洗剂 500mL		瓶	0.540	0.594	0.648
	氧气		m^3	5.869	6.455	7.043
	乙炔气		kg	2.257	2.483	2.709
	其他材料费		%	2.00	2.00	2.00
机械	汽车式起重机 8t		台班	0.149	0.164	0.179
	桥式起重机 15t		台班	0.069	0.077	0.083
	载货汽车－普通货车 5t		台班	0.149	0.164	0.179
	电动葫芦单速 5t		台班	0.942	1.037	1.130
	弧焊机 32kV·A		台班	3.788	4.167	4.546
	电动空气压缩机 $6m^3$/min		台班	1.448	1.592	1.737
	电焊条烘干箱 60×50×75（cm^3）		台班	0.379	0.417	0.455

十二、柴油发电机组安装

工作内容：基础检查，设备检查、就位、安装等。 **计量单位：**台

				2-4-75	2-4-76	2-4-77
编号				2-4-75	2-4-76	2-4-77
项目				单台容量(kW)		
				≤75	≤120	≤200
名称			单位	消耗量		
人工	合计工日		工日	45.567	53.983	60.996
	其中	普工	工日	11.392	13.496	15.249
		一般技工	工日	27.340	32.390	36.598
		高级技工	工日	6.835	8.097	9.149
材料	型钢(综合)		kg	46.085	50.693	55.301
	斜垫铁(综合)		kg	5.664	6.230	6.797
	棉纱头		kg	0.796	0.875	0.955
	中厚钢板 δ15 以外		kg	4.575	5.032	5.490
	普低钢焊条 J507 ϕ3.2		kg	2.983	3.281	3.580
	清洗剂 500mL		瓶	0.360	0.396	0.432
	氧气		m^3	3.058	3.364	3.670
	乙炔气		kg	1.176	1.294	1.412
	其他材料费		%	2.00	2.00	2.00
机械	汽车式起重机 20t		台班	0.365	0.403	0.439
	载货汽车－普通货车 5t		台班	0.223	0.245	0.268
	电动单筒慢速卷扬机 50kN		台班	0.892	0.982	1.071
	弧焊机 32kV·A		台班	0.908	0.998	1.088
	电动空气压缩机 $3m^3/min$		台班	0.892	0.982	1.071
	电焊条烘干箱 60×50×75(cm^3)		台班	0.091	0.100	0.109

第五章　燃料供应设备安装工程

说　明

一、本章内容包括抓斗上煤机、煤场机械设备、碎煤机械设备、煤计量设备、胶带机、输煤附属设备、生物质锅炉燃料输送设备、卸油装置、油罐、油过滤器、油水分离装置等安装工程。

二、有关说明：

1. 设备安装中包括电动机安装、随设备供货的金属构件（如支吊架、构架、附件、管道基础框架、地脚螺栓）安装、设备安装后补漆、配合灌浆、分部试运、对轮保护罩配制与安装、就地一次仪表安装。就地一次仪表的表计、表管、玻璃管、阀门等均按照设备成套供货考虑。不包括下列工作内容，工程实际发生时，执行相应的项目。

（1）电动机的检查、接线及空载试转；

（2）油箱、支架、平台、扶梯、栏杆、基础框架及地脚螺栓等金属结构配制、安装与油漆及主材费；

（3）设备轨道安装；

（4）设备保温、油漆、衬里、灌浆。

2. 卸煤机安装包括桥式抓斗、桁架式龙门抓斗、箱式龙门抓斗安装。

（1）桥式抓斗机安装包括大车及小车的车轮、减速机、抓斗卷筒安装，车梁、行走机构、小车、小车轨道、抓斗、司机室、平台扶梯及附件安装。项目中桥式抓斗是按照起重量10t、跨距31.5m、双箱型大车梁，双轨小车结构考虑的，其他结构桥式抓斗执行本项目时不做调整。

（2）龙门式抓斗机安装包括大车及小车的车轮、减速机、抓斗卷筒、大车构架、柱梁、行走机构、小车、小车轨道、抓斗、司机室、平台扶梯及附件安装。项目中桁架式龙门抓斗是按照两端悬臂、桁架构架、双轨小车结构考虑，箱式龙门抓斗按照两端悬臂、单箱型梁及支柱、单轨小车结构考虑，其他结构龙门抓斗执行本项目时不做调整。

3. 斗轮堆取料机安装包括下列工作内容：

（1）门座架、回转盘、门柱架、悬臂架、尾部配重架及进料皮带机的组合；

（2）行走机构、门座架、悬臂架、配重块、斗轮（液压马达、活动挡板、煤位批示器）及回转盘安装；

（3）悬臂皮带机的金属构架、电动滚筒转动与导向滚筒、各种托辊、缓冲器、俯仰缸、落煤管、清扫器安装及传输皮带安装及搭接；

（4）包进料皮带机的构架、电动滚筒、转动与导向滚筒、各种托辊、平稳装置、行走机构及尾部落煤管安装及传输皮带安装及搭接；

（1）油箱、油泵、油管的清理和安装；

（2）各种阀门及液压件安装；

（3）安装用组装平台搭拆。

4. 碎煤机安装适用于反击式碎煤机、锤击式碎煤机、环锤式碎煤机安装。包括转子轴承、皮带轮支承座、反击板、锤击镶块、锤头的清扫与安装以及上机体、下机体、进料斗、转子、皮带轮、锤击部件、格板及链条、皮带及电动机安装。

5. 共振筛安装包括底座架、筛框、轴、板弹簧、弹簧座、轴承座、橡胶缓冲器及电动机安装。

6. 生物质锅炉破碎机进料系统设备安装包括生物质槽式链板输送进料设备本体（机头、机尾、机架、漏斗）、转动装置、附属平台梯子栏杆等的组对安装。

7. 生物质锅炉综合破碎机安装包括综合破碎机设备本体（底座、刀辊、刀具）、外壳、电机、附属平台梯子栏杆等的组对安装。

8. 生物质锅炉出料系统设备安装包括出料胶带机设备本体（机头、机尾、机架、漏斗）、金属构架、拉紧装置构架、滑槽、滚筒、小车、固定滑轮、重锤、钢丝绳、弹簧、保护栅等安装及皮带敷设及胶接、导料槽安装。

9. 汽车衡安装包括汽车衡配件组装、安装。不包括防雨罩安装。

10. 皮带秤安装包括机械式皮带秤、电子式皮带秤安装。

（1）机械式皮带秤安装包括机体检查与安装、杠杆装置检查与安装、记录装置安装、配合校验。

（2）电子皮带秤安装包括活动架、底座、秤量托辊、十字弹簧片、传感器、标准砝码秤框、平衡重块安装及配合校验。项目中不包括电子设备及其他电气装置的安装调试。

11. 胶带机安装包括下列工作内容：

（1）头部及尾部导向滚筒、减速机、电动机、制动器、清扫器、防尘帘及其支架安装；

（2）中部标准金属构架、槽型托辊、调整托辊、平型托辊安装；

（3）拉紧装置构架、滑槽、滚筒、小车、固定滑轮、重锤、钢丝绳、弹簧、保护栅安装；

（4）皮带敷设及胶接、导料槽安装。

1）项目中胶带机整台安装是按照10m长度考虑的；实际安装长度不同时，可按照胶带机中间构架进行调整。

2）项目综合考虑了胶带机的安装弧度及斜度因素，执行时不做调整。

3）胶带机非标准中间构架均按照设备成套供货考虑，当设计要求现场配制时，应另行计算其材料、制作费用。

12. 胶带机中间构架安装包括下列工作内容：

（1）中部非标准金属构架、槽形托辊、平行托辊安装与调整；

（2）拉紧装置构架、滑槽、滚筒、小车、固定滑轮、重锤、钢丝绳、弹簧、保护栅安装；

（3）皮带敷设及胶接、导煤槽安装；

（4）压轮装置安装与调整。

13. 胶带机伸缩装置安装适用于不同宽度的二工位、三工位伸缩装置安装。包括电动机、减速机、联轴器安装，包括地锚及锚锭、移动机架、传动轨道、行车轮、传动滚筒固定支架、移动托辊架、落煤斗、受料斗安装以及煤流挡板、调节机构安装与调整。

14. 电动卸料车安装包括卸料车、滚筒、减速机、电动机、三通落煤管及导煤槽安装。项目中卸料车是按照轻型卸料车考虑，当工程采用重型卸料车时，项目乘以系数1.50。

15. 犁式卸煤器安装包括犁煤器及犁煤器落煤斗安装。

16. 落煤装置（煤导流装置）安装适用于输煤转运站落煤管设备，不适用于煤斗与煤管、煤管与煤管、煤管与磨煤机间安装的煤导流装置安装。包括落煤管、挡板安装，但不包括配制。

17. 机械采样装置安装包括构架、链子、链轮、链斗、外壳、链轮制动装置、拉紧装置、减速机及电动机安装。

18. 电磁除铁器安装包括悬挂式、传动式、带式电磁除铁器安装。包括不同除铁方式的设备及附件安装。如单轨吊车、分离器本体、电动滚筒、导向滚筒、上托辊、下托辊、电磁铁、电动机、减速机、主（从）动滚筒、冷却风机、弃铁皮带、支撑托辊等安装。

19. 除木器安装包括传动装置、除木轴、拨煤轴、减速器、振打器等安装与调整。

20. 储气罐空气炮安装包括贮气罐、油雾器、分水滤气器的清扫与安装及调整以及支架、附件安装。不包括空气炮的压缩空气气源管道安装。

21. 生物质锅炉燃料输送设备安装包括生物质散装给料机及炉前给料机壳体、螺旋体传动装置等的安装及设备本体范围内的料斗组合安装。

22. 鹤式卸油装置安装包括鹤式卸油支架组装、滑轮组及手动绞车安装、卸油胶皮管连接、卸油泵安装、电动机安装、泵本体附件与管道及润滑冷却装置等清洗与安装。

23. 油罐安装是按照成品供货安装考虑的，不包括现场配制，工程实际发生时，应参照相应项目计算配制费。包括油罐本体、支吊架、法兰及阀门、油位计等安装。不包括油箱支吊架制作及油漆、自动液位信号装置的安装。

24. 油过滤器、油水分离装置安装包括设备清理、组装、安装及表面补油漆。不包括设备制作和保温。

工程量计算规则

一、抓斗上煤机、斗轮堆取料机、碎煤机、筛煤设备、汽车衡、生物质锅炉破碎机、生物质锅炉燃料输送设备安装根据工艺系统设计流程及设备出力，按照设计安装数量以“台”为计量单位。

二、皮带秤安装根据工艺系统设计流程及设备性能，按照设计安装数量以“台”为计量单位。

三、胶带机安装根据工艺系统设计流程及带宽，按照设计安装数量以“套”为计量单位。一套安装长度为10m，长度大于10m计算胶带机中间构架工程量。胶带机中间构架根据胶带机安装长度，以“节”为计量单位。长度大于10m的胶带机，每增加12m为一节，增加长度小于12m时计算1节。

四、胶带机伸缩装置、电动卸料车、犁式卸煤器、机械采样装置、电磁除铁器、除木器、储气罐空气炮安装根据工艺系统设计流程及布置，按照设计安装数量以“台”为计量单位。

五、落煤装置（煤导流装置）安装根据工艺系统设计流程及布置，按照设计图示尺寸的成品重量以“t”为计量单位。不计算下料及加工制作损耗量。计算重量时，包括落煤管及挡板等重量。

六、卸油装置、油罐安装根据工艺系统设计流程及布置，按照设计安装数量以“台”为计量单位。

七、油过滤器、油水分离装置安装根据工艺系统设计流程及设备出力，按照设计安装数量以“台”为计量单位。

一、抓斗上煤机安装

工作内容：基础检查、设备检查、安装，平台扶梯及其他附件安装等。　　　　**计量单位：**台

编号				2-5-1	2-5-2	2-5-3	2-5-4	2-5-5
项目				桥式抓斗	桁架式龙门抓斗		箱式龙门抓斗	
				卸煤量10t/h	卸煤量5t/h			
					跨距（m）			
					20	40	20	40
名称			单位	消耗量				
人工	合计工日		工日	121.816	181.241	250.482	137.753	215.683
	其中	普工	工日	30.454	45.310	62.620	34.438	53.921
		一般技工	工日	73.090	108.745	150.289	82.652	129.410
		高级技工	工日	18.272	27.186	37.573	20.663	32.352
材料	型钢（综合）		kg	20.000	30.000	50.000	30.000	40.000
	镀锌铁丝 ϕ2.5~4.0		kg	13.000	14.000	17.000	14.000	16.000
	钢板（综合）		kg	30.000	40.000	60.000	40.000	50.000
	镀锌钢板（综合）		kg	1.000	0.800	0.800	0.800	0.800
	紫铜板（综合）		kg	0.500	0.400	0.400	0.400	0.400
	耐油无石棉橡胶板 δ0.8		kg	2.000	2.000	2.000	2.000	2.000
	聚氯乙烯薄膜		m^2	2.000	0.300	0.300	0.300	0.300
	棉纱		kg	12.000	12.000	15.000	12.000	15.000
	白布		kg	4.000	4.000	5.000	4.000	5.000
	羊毛毡 6~8		m^2	0.100	0.100	0.100	0.100	0.100
	低碳钢焊条（综合）		kg	12.000	18.000	22.000	14.000	18.000
	枕木 2 500×250×200		根	3.000	5.000	7.000	5.000	7.000
	酚醛磁漆		kg	0.500	0.500	0.500	0.500	0.500
	酚醛调和漆		kg	119.000	188.600	269.700	131.700	312.200

续前

编　　号			2-5-1	2-5-2	2-5-3	2-5-4	2-5-5
项　　目			桥式抓斗	桁架式龙门抓斗		箱式龙门抓斗	
			卸煤量 10t/h	卸煤量 5t/h			
				跨距（m）			
				20	40	20	40
名　　称		单位	消　耗　量				
材料	手喷漆	kg	0.840	0.380	0.680	0.320	0.380
	松节油	kg	13.500	29.600	42.340	20.680	49.020
	金属清洗剂	kg	7.934	6.534	7.001	6.534	7.001
	溶剂汽油	kg	52.000	42.000	62.000	42.000	62.000
	机油	kg	250.000	240.000	260.000	240.000	260.000
	黄甘油	kg	8.000	7.000	10.000	7.000	10.000
	红丹粉	kg	0.500	0.500	0.500	0.500	0.500
	氧气	m^3	39.000	48.000	66.000	36.000	48.000
	乙炔气	kg	15.000	18.462	25.385	13.846	18.462
	密封胶	kg	10.000	10.000	10.000	10.000	10.000
	青壳纸 δ0.1~1.0	kg	2.000	2.000	2.000	2.000	2.000
	描图纸	m^2	2.000	2.000	2.000	2.000	2.000
	其他材料费	%	2.00	2.00	2.00	2.00	2.00
机械	履带式起重机 25t	台班	2.285	3.904	4.953	4.286	5.239
	载货汽车－平板拖车组 20t	台班	—	1.905	1.905	1.905	1.905
	载货汽车－平板拖车组 30t	台班	1.333	—	0.952	—	0.952
	弧焊机 32kV·A	台班	6.667	9.524	10.476	7.619	9.524
	电动空气压缩机 $6m^3/min$	台班	0.038	0.019	0.029	0.095	0.019
	电焊条烘干箱 60×50×75（cm^3）	台班	0.667	0.952	1.048	0.762	0.952

二、煤场机械设备安装

工作内容：设备开箱、清点、检查，基础检查，设备及附件组合、就位、安装等。　　**计量单位：**台

编　号			2-5-6	2-5-7
项　目			斗轮堆取料机	
			≤ DQ2010	≤ DQ3025
名　称		单位	消　耗　量	
人工	合计工日	工日	730.095	914.110
	其中 普工	工日	182.524	228.528
	其中 一般技工	工日	438.057	548.466
	其中 高级技工	工日	109.514	137.116
材料	型钢（综合）	kg	120.000	140.000
	钢板（综合）	kg	200.000	270.000
	镀锌钢板（综合）	kg	2.400	2.600
	紫铜板（综合）	kg	1.200	1.300
	紫铜棒 ϕ16~80	kg	3.000	4.000
	黑铅粉	kg	0.500	0.600
	橡胶板 δ5~10	kg	0.238	0.238
	耐油无石棉橡胶板 δ1	kg	2.000	2.500
	聚氯乙烯薄膜	kg	0.800	1.000
	棉纱	kg	54.000	65.000
	羊毛毡 6~8	m^2	0.400	0.400
	低碳钢焊条（综合）	kg	176.600	270.900
	铜丝布 16 目	m	0.220	0.220
	斜垫铁（综合）	kg	72.500	90.800
	枕木 2 500 × 200 × 160	根	4.000	4.000
	酚醛调和漆	kg	320.000	500.000
	防锈漆 C53−1	kg	0.500	0.500
	手喷漆	kg	0.920	1.200

续前

编　号			2-5-6	2-5-7
项　目			斗轮堆取料机	
			≤ DQ2010	≤ DQ3025
名　称		单位	消　耗　量	
材料	油浸无石棉盘根 编织 ϕ11~25（250℃）	kg	3.000	4.000
	金属清洗剂	kg	23.335	26.369
	油漆溶剂油	kg	85.000	119.000
	机油	kg	280.000	460.000
	黄甘油	kg	29.000	33.000
	红丹粉	kg	0.400	0.400
	稀释剂	kg	0.760	1.000
	研磨膏	盒	0.800	0.800
	氧气	m^3	180.000	240.000
	乙炔气	kg	69.231	92.308
	密封胶	kg	2.000	2.000
	塑料胶布带 20mm × 50m	卷	10.200	13.200
	无石棉绳 ϕ6	kg	1.000	1.500
	保险丝 5A	轴	3.000	3.000
	青壳纸 δ0.1~1.0	kg	3.000	4.000
	面粉	kg	10.000	10.500
	描图纸	m^2	5.000	5.000
	其他材料费	%	2.00	2.00
机械	汽车式起重机 25t	台班	20.952	22.762
	汽车式起重机 90t	台班	3.619	4.571
	载货汽车－平板拖车组 40t	台班	2.286	3.048
	弧焊机 32kV·A	台班	39.800	50.700
	电动空气压缩机 0.6m^3/min	台班	0.038	0.048
	电动空气压缩机 9m^3/min	台班	0.952	1.905
	电焊条烘干箱 60 × 50 × 75（cm^3）	台班	3.980	5.070

三、碎煤机械设备安装

1. 碎煤机安装

工作内容：基础检查，设备开箱、检查，设备清扫、检查、安装等。　　**计量单位：**台

编　　号				2-5-8	2-5-9
项　　目				出力(t/h)	
				≤ 50	≤ 100
名　　称			单位	消　耗　量	
人工	合计工日		工日	39.515	47.240
	其中	普工	工日	9.879	11.810
		一般技工	工日	23.709	28.344
		高级技工	工日	5.927	7.086
材料	型钢(综合)		kg	20.000	25.000
	镀锌铁丝 ϕ2.5~4.0		kg	5.000	5.000
	钢板(综合)		kg	30.000	50.000
	镀锌钢板(综合)		kg	0.200	0.220
	紫铜板(综合)		kg	0.200	0.200
	橡胶板 δ5~10		kg	1.200	1.500
	无石棉橡胶板(低压) δ0.8~6.0		kg	1.500	1.500
	聚氯乙烯薄膜		m^2	0.500	0.500
	棉纱		kg	2.000	2.000
	白布		kg	3.000	3.000
	羊毛毡 6~8		m^2	0.100	0.100
	铁砂布 0#~2#		张	10.000	12.000
	低碳钢焊条(综合)		kg	8.000	10.000
	钢锯条		条	5.000	7.000
	斜垫铁(综合)		kg	42.300	48.500
	木板		m^3	0.060	0.080
	酚醛磁漆		kg	0.500	0.500
	酚醛调和漆		kg	3.500	5.500

续前

编　号			2-5-8	2-5-9
项　目			出力(t/h)	
			≤50	≤100
名　称		单位	消　耗　量	
材料	手喷漆	kg	4.000	1.000
	酚醛防锈漆	kg	—	1.500
	松节油	kg	0.700	0.900
	金属清洗剂	kg	0.933	1.167
	溶剂汽油	kg	8.000	9.000
	机油	kg	4.000	4.500
	铅油(厚漆)	kg	2.500	2.500
	黄甘油	kg	4.000	6.000
	红丹粉	kg	0.050	0.050
	天那水	kg	0.500	0.800
	氧气	m^3	24.000	30.000
	乙炔气	kg	9.231	11.538
	密封胶	kg	4.000	4.000
	无石棉扭绳 ϕ4~5 烧失量 24%	kg	4.000	4.500
	保险丝 10A	轴	0.100	0.100
	青壳纸 δ0.1~1.0	kg	0.500	0.500
	面粉	kg	0.500	1.000
	描图纸	m^2	1.000	1.000
	其他材料费	%	2.00	2.00
机械	履带式起重机 25t	台班	0.381	0.476
	汽车式起重机 25t	台班	0.450	0.500
	载货汽车－普通货车 8t	台班	0.667	0.762
	弧焊机 32kV·A	台班	2.857	3.810
	电动空气压缩机 $6m^3/min$	台班	0.476	0.476
	电焊条烘干箱 $60\times50\times75(cm^3)$	台班	0.286	0.381

2. 筛煤设备安装

工作内容：基础检查，设备开箱、检查，设备清扫、检查、安装等。　　　　**计量单位：**台

编　号				2-5-10	2-5-11
项　目				最大出力（t/h）	
				≤50	≤100
名　称			单位	消　耗　量	
人工	合计工日		工日	34.832	40.383
	其中	普工	工日	8.708	10.096
		一般技工	工日	20.899	24.230
		高级技工	工日	5.225	6.057
材料	型钢（综合）		kg	10.000	12.000
	镀锌铁丝 ϕ2.5~4.0		kg	1.000	4.000
	钢板（综合）		kg	25.000	30.000
	镀锌钢板（综合）		kg	0.800	1.000
	紫铜板（综合）		kg	0.200	0.200
	白布		kg	4.000	5.000
	铁砂布 $0^{\#}$~$2^{\#}$		张	8.000	10.000
	低碳钢焊条（综合）		kg	3.000	4.000
	斜垫铁（综合）		kg	42.500	42.500
	酚醛调和漆		kg	3.000	3.500
	松节油		kg	0.500	0.600
	溶剂汽油		kg	7.000	8.000
	黄甘油		kg	5.000	6.000
	氧气		m^3	9.000	12.000
	乙炔气		kg	3.462	4.615
	无石棉扭绳 ϕ4~5 烧失量 24%		kg	1.500	2.000
	保险丝 5A		轴	0.200	0.250
	青壳纸 δ0.1~1.0		kg	0.400	0.400
	其他材料费		%	2.00	2.00
机械	履带式起重机 25t		台班	0.381	0.429
	汽车式起重机 25t		台班	0.630	0.750
	载货汽车－普通货车 8t		台班	0.952	1.048
	弧焊机 32kV·A		台班	1.429	1.905
	电焊条烘干箱 60×50×75（cm^3）		台班	0.143	0.191

3. 生物质锅炉破碎机安装

工作内容： 基础检查，设备开箱、检查，设备清扫、检查、安装等。 **计量单位：** 台

编号			2-5-12	2-5-13	2-5-14
项目			进料系统设备	综合破碎机	出料系统设备
			槽式链板输送机	15~20t	支架式皮带输送机
			带宽 1 400mm，输送长度 7 500mm		带宽 1 200mm，输送长度 11 800mm
名称		单位	消耗量		
人工	普工	工日	10.298	14.013	12.358
	一般技工	工日	30.894	33.630	37.073
	高级技工	工日	10.298	8.408	12.358
	合计工日	工日	51.490	56.051	61.789
材料	斜垫铁（综合）	kg	18.881	44.800	30.816
	型钢（综合）	kg	—	20.000	—
	钢板（综合）	kg	—	30.000	—
	镀锌钢板（综合）	kg	—	0.200	—
	钢丝（综合）	kg	—	0.050	—
	镀锌铁丝（综合）	kg	—	5.000	—
	紫铜板 δ0.05~0.30	kg	—	0.200	—
	低碳钢焊条 J427 ϕ3.2	kg	—	8.000	—
	氧气	m^3	1.020	24.000	8.078
	乙炔气	kg	0.392	9.231	3.107
	黄油钙基脂	kg	2.921	4.000	14.202
	煤油	kg	10.595	4.000	12.123
	汽油 70#~90#	kg	—	8.000	—
	机油 5#~7#	kg	—	4.000	—
	喷漆	kg	—	4.000	—
	红丹漆	kg	—	0.050	—
	松香	kg	—	0.700	—
	酚醛磁漆（各种颜色）	kg	—	0.500	—
	酚醛调和漆（各种颜色）	kg	—	3.500	—
	酚醛防锈漆（各种颜色）	kg	—	1.000	—
	醇酸漆稀释剂	kg	—	0.500	—
	铅油（厚漆）	kg	—	2.500	—

续前

编　号			2-5-12	2-5-13	2-5-14
项　目			进料系统设备	综合破碎机	出料系统设备
			槽式链板输送机	15~20t	支架式皮带输送机
			带宽 1 400mm，输送长度 7 500mm		带宽 1 200mm，输送长度 11 800mm
名　称		单位	消　耗　量		
材料	密封胶	支	—	4.000	—
	塑料布	kg	—	0.500	—
	橡胶板 δ4~15	kg	—	1.200	—
	无石棉扭绳 φ4~5 烧失量 24%	kg	—	4.000	—
	无石棉橡胶板（低压）δ0.8~6.0	kg	—	1.500	—
	木板	m^3	0.120	0.060	0.019
	棉纱头	kg	—	2.000	—
	羊毛毡 6~8	m^2	—	0.100	—
	青壳纸 δ0.1~1.0	张	—	0.500	—
	面粉	kg	—	0.500	—
	钢锯条	条	—	5.000	—
	保险丝 10A	轴	—	0.100	—
	热轧薄钢板 δ0.50~0.65	kg	1.650	—	4.400
	机油	kg	4.157	—	3.762
	低碳钢焊条 J427（综合）	kg	9.450	—	7.392
	平垫铁（综合）	kg	16.960	—	29.376
	道木	m^3	—	—	0.010
	熟胶	kg	—	—	4.120
	橡胶溶剂 120#	kg	—	—	17.360
	生胶	kg	—	—	2.840
	其他材料费	%	5.00	2.00	5.00
机械	载货汽车－普通货车 8t	台班	—	0.534	0.200
	履带式起重机 25t	台班	—	0.305	—
	汽车式起重机 25t	台班	0.550	0.500	0.320
	弧焊机 32kV·A	台班	—	2.286	—
	电焊条烘干箱 60×50×75（cm^3）	台班	0.250	0.229	0.208
	电动空气压缩机 $6m^3/min$	台班	—	0.381	—
	弧焊机 21kV·A	台班	2.500	—	2.080
	叉式起重机 5t	台班	—	—	1.040

四、煤计量设备安装

1. 汽车衡安装

工作内容：基础检查，设备就位、固定，配合校验等。 **计量单位：**台

编号				2-5-15	2-5-16	2-5-17
项目				汽车衡(t)		
				≤30	≤50	≤100
名称			单位	消耗量		
人工	合计工日		工日	11.609	14.289	18.756
	其中	普工	工日	2.902	3.572	4.689
		一般技工	工日	6.966	8.574	11.254
		高级技工	工日	1.741	2.143	2.813
材料	型钢(综合)		kg	8.500	9.000	15.000
	中厚钢板 δ15 以外		kg	15.000	15.000	22.000
	低碳钢焊条 J427(综合)		kg	3.200	3.500	5.000
	清洗剂 500mL		瓶	3.500	3.500	5.000
	氧气		m^3	2.400	2.400	3.600
	乙炔气		kg	0.923	0.923	1.385
	其他材料费		%	2.00	2.00	2.00
机械	汽车式起重机 25t		台班	0.952	0.952	—
	汽车式起重机 50t		台班	—	—	1.143
	载货汽车－平板拖车组 20t		台班	0.476	0.476	0.476
	弧焊机 21kV·A		台班	0.802	0.877	1.253
	电焊条烘干箱 60×50×75(cm^3)		台班	0.080	0.088	0.125

2. 皮带秤安装

工作内容：设备开箱、检查，设备清扫、检查、固定、安装等。　　**计量单位：**台

编　号				2-5-18	2-5-19	2-5-20
项　目				机械式	电子式	动态链码校验装置
名　称			单位	消　耗　量		
人工	合计工日		工日	20.333	15.062	8.932
	其中	普工	工日	5.083	3.766	2.233
		一般技工	工日	12.200	9.037	5.359
		高级技工	工日	3.050	2.259	1.340
材料	型钢(综合)		kg	—	—	3.000
	钢板(综合)		kg	3.000	2.000	—
	紫铜板(综合)		kg	—	—	1.000
	棉纱		kg	1.500	—	—
	白布		kg	2.000	1.500	1.000
	羊毛毡 6~8		m^2	0.050	—	—
	低碳钢焊条 J427(综合)		kg	—	—	4.780
	铁砂布 $0^{\#}$~$2^{\#}$		张	1.000	2.000	—
	低碳钢焊条(综合)		kg	2.000	1.000	—
	酚醛调和漆		kg	1.340	2.170	—
	酚醛防锈漆		kg	1.100	—	—
	松节油		kg	0.130	0.380	—
	溶剂汽油		kg	4.000	2.000	—
	黄甘油		kg	0.600	1.000	—
	黄油		kg	0.500	—	—
	氧气		m^3	6.000	3.000	8.690
	乙炔气		kg	2.308	1.154	3.342
	面粉		kg	1.000	—	—
	其他材料费		%	2.00	2.00	2.00
机械	汽车式起重机 25t		台班	0.220	0.200	0.140
	载货汽车－普通货车 5t		台班	0.095	0.095	—
	载货汽车－普通货车 10t		台班	—	—	0.143
	弧焊机 21kV·A		台班	—	—	1.198
	弧焊机 32kV·A		台班	0.952	0.476	—
	电焊条烘干箱 60×50×75(cm^3)		台班	0.095	0.048	0.120

五、胶带机安装

工作内容：设备开箱、检查，拆装、清扫、组合、安装等。 **计量单位：**套/10m

编号				2-5-21	2-5-22	2-5-23	2-5-24	2-5-25	2-5-26	2-5-27	2-5-28
项目				上料胶带机	配仓胶带机	上料胶带机	配仓胶带机	上料胶带机	配仓胶带机	上料胶带机	配仓胶带机
				带宽（mm）							
				≤650		≤800		≤1 200		≤1 400	
名称			单位	消耗量							
人工	合计工日		工日	42.472	39.959	63.425	44.754	83.878	64.445	96.459	77.335
	其中	普工	工日	10.618	9.990	15.856	11.188	20.967	16.111	24.111	19.333
		一般技工	工日	25.483	23.975	38.055	26.853	50.328	38.668	57.878	46.402
		高级技工	工日	6.371	5.994	9.514	6.713	12.583	9.666	14.470	11.600
材料	镀锌铁丝 ϕ2.5~4.0		kg	9.750	—	14.560	—	19.256	—	22.144	—
	钢板（综合）		kg	37.500	40.000	56.000	44.800	74.060	64.512	85.169	77.414
	镀锌钢板（综合）		kg	0.750	0.200	1.120	0.224	1.481	0.323	1.703	0.388
	紫铜板（综合）		kg	0.150	0.100	0.224	0.112	0.296	0.161	0.340	0.193
	耐油无石棉橡胶板 δ0.8		kg	0.225	0.200	0.336	0.224	0.444	0.323	0.511	0.388
	聚氯乙烯薄膜		m^2	0.750	—	1.120	—	1.481	—	1.703	—
	棉纱		kg	3.000	3.000	4.480	3.360	5.925	4.838	6.814	5.806
	白布		kg	1.764	1.176	2.634	1.317	3.483	1.896	4.005	2.275
	羊毛毡 6~8		m^2	0.098	0.020	0.146	0.022	0.193	0.032	0.222	0.038
	铁砂布 0#~2#		张	32.250	—	48.160	—	63.692	—	73.246	—
	低碳钢焊条（综合）		kg	15.750	4.500	23.520	5.040	31.105	7.258	35.771	8.710
	斜垫铁（综合）		kg	35.550	—	40.200	—	52.800	—	62.203	—
	酚醛磁漆		kg	0.375	0.500	0.560	0.560	0.741	0.806	0.852	0.967
	酚醛调和漆		kg	39.000	47.480	58.240	53.178	77.022	76.576	88.575	91.891

续前

编号			2-5-21	2-5-22	2-5-23	2-5-24	2-5-25	2-5-26	2-5-27	2-5-28
项目			上料胶带机	配仓胶带机	上料胶带机	配仓胶带机	上料胶带机	配仓胶带机	上料胶带机	配仓胶带机
			带宽(mm)							
			≤650		≤800		≤1 200		≤1 400	
名称		单位	消耗量							
材料	手喷漆	kg	0.240	—	0.358	—	0.473	—	0.544	—
	松节油	kg	6.375	8.140	9.520	9.117	12.590	13.128	14.479	15.754
	金属清洗剂	kg	0.875	0.700	1.307	0.784	1.729	1.129	1.988	1.355
	溶剂汽油	kg	11.250	6.000	16.800	6.720	22.218	9.677	25.551	11.612
	机油	kg	36.000	6.400	53.760	7.168	71.098	10.322	81.763	12.386
	黄甘油	kg	4.125	2.000	6.160	2.240	8.147	3.226	9.369	3.871
	生胶	kg	1.125	1.500	1.680	1.680	2.222	2.419	2.555	2.903
	天那水	kg	0.203	—	0.302	—	0.399	—	0.459	—
	氧气	m^3	26.250	5.000	39.200	5.600	51.842	8.064	59.618	9.677
	乙炔气	kg	10.096	1.923	15.077	2.154	19.939	3.102	22.930	3.722
	密封胶	kg	2.250	3.000	3.360	3.360	4.444	4.838	5.111	5.806
	无石棉扭绳 ϕ6~10 烧失量 24%	kg	0.750	—	1.120	—	1.481	—	1.703	—
	青壳纸 δ0.1~1.0	kg	0.375	0.500	0.560	0.560	0.741	0.806	0.852	0.967
	电炉丝 220V 2 000W	条	—	2.000	—	2.240	—	3.226	—	3.871
	面粉	kg	0.750	—	1.120	—	1.481	—	1.703	—
	描图纸	m^2	0.375	—	0.560	—	0.741	—	0.852	—
	其他材料费	%	2.00	2.00	2.00	2.00	2.00	2.00	2.00	2.00
机械	履带式起重机 25t	台班	0.427	0.427	0.650	0.480	0.847	0.691	0.975	0.825
	载货汽车－普通货车 8t	台班	0.215	0.286	0.320	0.320	0.423	0.461	0.486	0.553
	电动单筒慢速卷扬机 30kN	台班	1.136	1.238	1.696	1.387	2.243	1.997	2.579	2.396
	弧焊机 32kV·A	台班	4.500	1.429	6.720	1.600	8.887	2.304	10.220	2.765
	电动空气压缩机 $6m^3/min$	台班	—	0.010	—	0.011	—	0.016	—	0.019
	电焊条烘干箱 60×50×75(cm^3)	台班	0.450	0.143	0.672	0.160	0.889	0.230	1.022	0.277

计量单位：节 /12m

编号				2-5-29	2-5-30	2-5-31	2-5-32
项目				胶带机中间构架			
				带宽（mm）			
				≤650	≤800	≤1 200	≤1 400
名称			单位	消耗量			
人工	合计工日		工日	7.932	9.013	11.897	13.700
	其中	普工	工日	1.983	2.253	2.974	3.425
		一般技工	工日	4.760	5.408	7.139	8.220
		高级技工	工日	1.189	1.352	1.784	2.055
材料	钢板（综合）		kg	7.333	8.333	11.000	12.666
	棉纱		kg	0.733	0.833	1.100	1.266
	低碳钢焊条（综合）		kg	1.467	1.667	2.200	2.534
	酚醛磁漆		kg	0.147	0.167	0.220	0.254
	酚醛调和漆		kg	8.507	9.667	12.760	14.694
	松节油		kg	1.467	1.667	2.200	2.534
	金属清洗剂		kg	0.172	0.195	0.257	0.296
	溶剂汽油		kg	1.833	2.083	2.750	3.166
	黄甘油		kg	1.100	1.250	1.650	1.900
	生胶		kg	0.293	0.333	0.440	0.506
	氧气		m^3	2.200	2.500	3.300	3.800
	乙炔气		kg	0.846	0.962	1.269	1.462
	其他材料费		%	2.00	2.00	2.00	2.00
机械	汽车式起重机 8t		台班	0.161	0.183	0.242	0.278
	载货汽车－普通货车 8t		台班	0.091	0.103	0.136	0.157
	电动单筒慢速卷扬机 30kN		台班	0.126	0.143	0.189	0.217
	弧焊机 32kV·A		台班	0.698	0.793	1.047	1.205
	电焊条烘干箱 60×50×75（cm^3）		台班	0.070	0.079	0.105	0.121

计量单位：台

编　　号				2-5-33	2-5-34	2-5-35	2-5-36
项　　目				胶带机伸缩装置			
				带宽（mm）			
				≤ 650	≤ 800	≤ 1 200	≤ 1 400
名　　称			单位	消　耗　量			
人工	合计工日		工日	27.509	31.260	41.263	47.516
	其中	普工	工日	6.877	7.815	10.315	11.879
		一般技工	工日	16.505	18.756	24.758	28.509
		高级技工	工日	4.127	4.689	6.190	7.128
材料	型钢（综合）		kg	7.480	8.500	11.220	12.920
	棉纱头		kg	3.960	4.500	5.940	6.840
	低碳钢焊条 J427（综合）		kg	2.605	2.960	3.907	4.499
	密封胶		L	0.308	0.350	0.462	0.532
	黄油钙基脂		kg	2.420	2.750	3.630	4.180
	清洗剂 500mL		瓶	3.080	3.500	4.620	5.320
	氧气		m^3	3.388	3.850	5.082	5.852
	乙炔气		kg	1.303	1.481	1.955	2.251
	其他材料费		%	2.00	2.00	2.00	2.00
机械	汽车式起重机 25t		台班	0.335	0.381	0.503	0.579
	载货汽车 - 普通货车 10t		台班	0.268	0.305	0.403	0.464
	电动单筒慢速卷扬机 30kN		台班	0.838	0.952	1.257	1.447
	弧焊机 21kV·A		台班	0.653	0.742	0.979	1.128
	电焊条烘干箱 60×50×75（cm^3）		台班	0.065	0.074	0.098	0.113

计量单位：台

编号				2-5-37	2-5-38	2-5-39	2-5-40
项目				电动卸料车			
				带宽（mm）			
				≤650	≤800	≤1 200	≤1 400
名称			单位	消耗量			
人工	合计工日		工日	20.767	23.600	31.150	35.871
	其中	普工	工日	5.192	5.900	7.787	8.967
		一般技工	工日	12.460	14.160	18.691	21.523
		高级技工	工日	3.115	3.540	4.672	5.381
材料	钢板（综合）		kg	5.280	6.000	7.920	9.120
	镀锌钢板（综合）		kg	0.616	0.700	0.924	1.064
	紫铜板（综合）		kg	0.088	0.100	0.132	0.152
	聚氯乙烯薄膜		m^2	0.132	0.150	0.198	0.228
	棉纱		kg	1.760	2.000	2.640	3.040
	白布		kg	0.880	1.000	1.320	1.520
	羊毛毡 6~8		m^2	0.088	0.100	0.132	0.152
	低碳钢焊条（综合）		kg	0.880	1.000	1.320	1.520
	酚醛调和漆		kg	5.060	5.750	7.590	8.740
	手喷漆		kg	0.088	0.100	0.132	0.152
	松节油		kg	0.475	0.540	0.713	0.821
	溶剂汽油		kg	8.800	10.000	13.200	15.200
	机油		kg	9.680	11.000	14.520	16.720
	黄甘油		kg	2.640	3.000	3.960	4.560
	氧气		m^3	2.640	3.000	3.960	4.560
	乙炔气		kg	1.015	1.154	1.523	1.754
	密封胶		kg	1.760	2.000	2.640	3.040
	无石棉编绳 ϕ6~10 烧失量 24%		kg	0.704	0.800	1.056	1.216
	保险丝 5A		轴	0.264	0.300	0.396	0.456
	青壳纸 δ0.1~1.0		kg	0.440	0.500	0.660	0.760
	面粉		kg	0.880	1.000	1.320	1.520
	其他材料费		%	2.00	2.00	2.00	2.00
机械	履带式起重机 25t		台班	0.335	0.381	0.503	0.579
	汽车式起重机 8t		台班	0.042	0.048	0.063	0.073
	载货汽车－普通货车 8t		台班	0.838	0.952	1.257	1.447
	电动单筒慢速卷扬机 30kN		台班	1.089	1.238	1.634	1.882
	弧焊机 32kV·A		台班	0.419	0.476	0.628	0.724
	电焊条烘干箱 60×50×75（cm^3）		台班	0.042	0.048	0.063	0.072

编号				2-5-41	2-5-42	2-5-43	2-5-44	2-5-45
项目				犁式卸煤器				落煤装置（煤导流装置）
				带宽（mm）				
				≤650	≤800	≤1 200	≤1 400	
				台				t
名称			单位	消耗量				
人工	合计工日		工日	2.927	3.325	4.388	5.054	12.127
	其中	普工	工日	0.732	0.831	1.097	1.264	3.031
		一般技工	工日	1.756	1.995	2.633	3.032	7.277
		高级技工	工日	0.439	0.499	0.658	0.758	1.819
材料	型钢（综合）		kg	3.520	4.000	5.280	6.080	—
	镀锌铁丝 ϕ2.5~4.0		kg	—	—	—	—	3.000
	钢板（综合）		kg	—	—	—	—	30.000
	棉纱		kg	0.440	0.500	0.660	0.760	—
	白布		kg	1.056	1.200	1.584	1.824	—
	铁砂布 $0^{\#}$~$2^{\#}$		张	1.760	2.000	2.640	3.040	—
	低碳钢焊条（综合）		kg	1.760	2.000	2.640	3.040	5.000
	酚醛调和漆		kg	0.387	0.440	0.581	0.669	4.400
	松节油		kg	—	—	—	—	0.750
	金属清洗剂		kg	0.205	0.233	0.308	0.354	—
	黄甘油		kg	0.440	0.500	0.660	0.760	—
	氧气		m^3	5.280	6.000	7.920	9.120	12.000
	乙炔气		kg	2.031	2.308	3.046	3.508	4.615
	其他材料费		%	2.00	2.00	2.00	2.00	2.00
机械	汽车式起重机 8t		台班	—	—	—	—	0.171
	载货汽车－普通货车 5t		台班	—	—	—	—	0.095
	电动单筒慢速卷扬机 30kN		台班	0.167	0.190	0.251	0.289	—
	弧焊机 32kV·A		台班	0.838	0.952	1.257	1.447	2.381
	电焊条烘干箱 60×50×75（cm^3）		台班	0.084	0.095	0.126	0.145	0.238

六、输煤附属设备安装

工作内容：设备检查，就位、调整、安装等。 **计量单位：**台

			编 号		2-5-46	2-5-47	2-5-48	2-5-49
			项 目		机械采样装置	电磁除铁器	除木器	储气罐空气炮
			名 称	单位	消 耗 量			
人工	合计工日			工日	19.134	10.730	20.162	1.787
	其中	普工		工日	4.783	2.683	5.041	0.447
		一般技工		工日	11.481	6.438	12.097	1.072
		高级技工		工日	2.870	1.609	3.024	0.268
材料	型钢（综合）			kg	8.640	3.000	4.640	—
	镀锌铁丝 ϕ2.5~4.0			kg	—	2.000	—	—
	钢板（综合）			kg	21.000	—	15.000	—
	紫铜板（综合）			kg	—	—	0.100	—
	无石棉橡胶板（低压）δ0.8~6.0			kg	—	—	—	0.330
	棉纱			kg	2.000	—	2.430	—
	棉纱头			kg	—	—	—	0.022
	白布			kg	—	1.200	—	—
	低碳钢焊条 J427（综合）			kg	—	—	—	0.187
	铁砂布 0#~2#			张	10.000	3.000	4.000	—
	低碳钢焊条（综合）			kg	6.880	2.000	1.700	—
	斜垫铁（综合）			kg	—	—	16.600	—
	酚醛调和漆			kg	4.000	0.610	1.700	—
	松节油			kg	—	0.460	—	—
	金属清洗剂			kg	0.840	—	0.905	—
	溶剂汽油			kg	—	2.000	—	—
	油漆溶剂油			kg	0.300	—	0.290	—
	黄甘油			kg	1.260	0.300	2.910	—
	氧气			m^3	19.840	6.000	4.640	0.176
	乙炔气			kg	7.631	2.308	1.785	0.068
	无石棉绳 ϕ6			kg	—	—	0.900	—
	其他材料费			%	2.00	2.00	2.00	2.00
机械	汽车式起重机 25t			台班	0.076	0.476	0.381	0.095
	载货汽车－普通货车 5t			台班	—	0.476	—	—
	载货汽车－普通货车 8t			台班	0.038	—	0.476	—
	弧焊机 21kV·A			台班	—	—	—	0.051
	弧焊机 32kV·A			台班	4.067	0.952	0.905	—
	电焊条烘干箱 60×50×75（cm^3）			台班	0.407	0.095	0.091	0.005

七、生物质锅炉燃料输送设备安装

工作内容: 基础检查,设备开箱、检查,设备清扫、检查、安装等。　　**计量单位:** 台

编号			2-5-50	2-5-51	2-5-52	2-5-53
项目			生物质散料给料机		双螺旋炉前给料机	
			多轴螺旋输送(输送量 m^3/h)		输送量(t/h)	
			280	500	27	50
名称		单位	消耗量			
人工	合计工日	工日	43.890	52.668	63.573	82.644
人工	其中 普工	工日	16.898	20.277	15.893	20.660
人工	其中 一般技工	工日	26.334	31.601	38.144	49.587
人工	其中 高级技工	工日	0.658	0.790	9.536	12.397
材料	斜垫铁(综合)	kg	24.400	28.200	7.394	9.612
材料	型钢(综合)	kg	28.000	33.600	18.486	24.032
材料	钢板(综合)	kg	22.000	26.400	—	—
材料	镀锌钢板(综合)	kg	0.750	0.900	—	—
材料	紫铜板 δ0.05~0.30	kg	0.220	0.264	—	—
材料	低碳钢焊条 J427 ϕ3.2	kg	6.000	7.200	—	—
材料	氧气	m^3	7.000	8.400	7.394	9.612
材料	乙炔气	kg	2.692	3.231	2.844	3.697
材料	黄油钙基脂	kg	0.800	0.960	6.471	8.412
材料	煤油	kg	5.000	6.000	—	—
材料	汽油 70#~90#	kg	10.000	12.000	—	—
材料	机油 5#~7#	kg	31.200	37.440	—	—
材料	喷漆	kg	0.100	0.120	—	—
材料	酚醛磁漆(各种颜色)	kg	0.500	0.600	—	—
材料	酚醛调和漆(各种颜色)	kg	2.600	3.120	—	—
材料	铅油(厚漆)	kg	0.500	0.600	—	—
材料	密封胶	支	6.000	7.200	—	—
材料	塑料布	kg	1.000	1.200	—	—
材料	绝缘垫 δ2	m^2	0.200	0.240	—	—
材料	无石棉扭绳 ϕ4~5 烧失量 24%	kg	0.500	0.600	—	—
材料	羊毛毡 6~8	m^2	0.100	0.120	—	—
材料	碎布	kg	2.000	2.400	—	—
材料	铁砂布 0#~2#	张	6.000	7.200	—	—
材料	中厚钢板 δ15 以外	kg	—	—	7.394	9.612
材料	钢丝绳 ϕ14.1~15	kg	—	—	11.092	14.420
材料	普低钢焊条 J507 ϕ3.2	kg	—	—	12.017	15.622
材料	清洗剂 500mL	瓶	—	—	5.546	7.210
材料	纱布	张	—	—	14.789	19.226
材料	棉纱头	kg	—	—	1.849	2.404
材料	其他材料费	%	2.00	2.00	2.00	2.00
机械	汽车式起重机 25t	台班	2.000	2.400	—	—
机械	弧焊机 32kV·A	台班	2.000	2.400	1.565	2.035
机械	电焊条烘干箱 60×50×75(cm^3)	台班	0.200	0.240	0.157	0.204
机械	电动空气压缩机 $6m^3/min$	台班	0.100	0.120	—	—
机械	履带式起重机 50t	台班	—	—	0.782	1.017
机械	载货汽车 - 普通货车 10t	台班	—	—	0.782	1.017

八、卸油装置及油罐安装

工作内容：基础检查，设备检查、安装等。 **计量单位：**台

编号				2-5-54	2-5-55
项目				鹤式卸油装置	油罐容积≤ 40m³
名称			单位	消耗量	
人工	合计工日		工日	10.610	21.062
	其中	普工	工日	3.183	6.318
		一般技工	工日	5.836	11.584
		高级技工	工日	1.591	3.160
材料	热轧薄钢板 δ1.0~1.5		kg	4.400	—
	低碳钢焊条 J427（综合）		kg	3.278	—
	耐油无石棉橡胶板 δ1		kg	0.550	—
	黄油钙基脂		kg	0.550	—
	清洗剂 500mL		瓶	0.099	—
	氧气		m³	2.860	18.000
	乙炔气		kg	1.100	6.923
	脚手架钢管		kg	7.480	—
	木脚手板		m³	0.110	—
	棉纱头		kg	0.330	—
	其他材料费		%	2.00	2.00
	钢板（综合）		kg	—	15.000
	无石棉橡胶板（低压） δ0.8~6.0		kg	—	5.000
	铁砂布 0#~2#		张	—	9.000
	低碳钢焊条（综合）		kg	—	10.000
	镀锌铁丝 ϕ2.5~4.0		kg	—	10.000
	钢锯条		条	—	3.000
	四氟带		kg	—	0.010
	酚醛调和漆		kg	—	20.600
	松节油		kg	—	1.650
	白布		kg	—	0.120
	水		m³	—	90.000
机械	汽车式起重机 25t		台班	0.180	0.800
	弧焊机 21kV·A		台班	0.822	—
	载货汽车 – 平板拖车组 10t		台班	—	0.286
	弧焊机 32kV·A		台班	—	2.857
	电焊条烘干箱 60×50×75（cm³）		台班	0.082	0.286

九、油过滤器安装

工作内容：设备检查、组装、就位、安装等。 **计量单位：**台

编号				2-5-56	2-5-57
项目				出力（t/h）	
				≤5	≤10
名称			单位	消耗量	
人工	合计工日		工日	3.975	5.431
	其中	普工	工日	1.192	1.629
		一般技工	工日	2.186	2.987
		高级技工	工日	0.597	0.815
材料	型钢（综合）		kg	1.000	1.000
	镀锌铁丝 ϕ2.5~4.0		kg	0.500	0.700
	钢板（综合）		kg	0.500	0.500
	黑铅粉		kg	0.050	0.070
	耐酸橡胶板 δ2		kg	0.100	0.150
	白布		kg	0.100	0.100
	铁砂布 0#~2#		张	1.000	1.000
	低碳钢焊条（综合）		kg	0.400	0.600
	斜垫铁（综合）		kg	6.400	6.400
	酚醛调和漆		kg	0.200	0.300
	机油		kg	0.150	0.200
	氧气		m^3	0.300	0.450
	乙炔气		kg	0.115	0.173
	其他材料费		%	2.00	2.00
机械	弧焊机 32kV·A		台班	0.381	0.476
	电焊条烘干箱 60×50×75（cm^3）		台班	0.038	0.048

十、油水分离装置安装

工作内容：基础检查，设备检查、安装等。 **计量单位：**台

编号				2-5-58	2-5-59	2-5-60	2-5-61
项目				出力（m^3/h）			
				≤2	≤3	≤5	≤8
名称			单位	消耗量			
人工	合计工日		工日	14.909	17.395	22.365	26.093
	其中	普工	工日	4.473	5.218	6.710	7.828
		一般技工	工日	8.200	9.567	12.301	14.351
		高级技工	工日	2.236	2.610	3.354	3.914
材料	型钢（综合）		kg	2.500	2.700	3.000	3.500
	中厚钢板 δ15 以内		kg	3.100	3.900	4.700	6.300
	棉纱头		kg	2.200	2.500	3.000	3.200
	低碳钢焊条 J427（综合）		kg	1.500	1.800	2.000	2.800
	氧气		m^3	0.600	0.900	1.200	1.800
	乙炔气		kg	0.231	0.346	0.462	0.692
	其他材料费		%	2.00	2.00	2.00	2.00
机械	叉式起重机 3t		台班	0.500	0.600	0.600	0.800
	弧焊机 21kV·A		台班	0.583	0.612	0.641	0.670
	电焊条烘干箱 60×50×75（cm^3）		台班	0.058	0.061	0.064	0.067

第六章　除渣、除灰设备安装工程

说　　明

一、本章内容包括机械除渣设备、气力除灰设备等安装工程。

二、有关说明：

1. 设备安装中包括电动机安装、随设备供货的金属构件（如支吊架、平台、梯子、栏杆、基础框架、地脚螺栓等）安装、设备安装后补漆、配合灌浆、就地一次仪表安装、设备水位计（表）及护罩安装。就地一次仪表的表计、表管、玻璃管、阀门等均按照设备成套供货考虑。

不包括下列工作内容，工程实际发生时，执行相应项目。

（1）电动机的检查、接线及空载试转；

（2）支吊架、平台、扶梯、栏杆、基础框架及地脚螺栓、电动机吸风筒等金属结构配制、组合、安装与油漆及主材费；

（3）设备保温、油漆、衬里；

（4）灌浆。

2. 机械除渣设备安装包括除渣机、冷渣机、带式排渣机、碎渣机、斗式提升机、渣仓、渣井等安装。

（1）除渣机及冷渣机安装包括设备本体、冷渣器、减速机、电动机、内置式碎渣机及其附件安装。

（2）带式排渣机安装包括机体、冷渣器、减速机、内置式碎渣机、电动机及附件安装。

（3）碎渣机安装包括设备本体、减速机、电动机、水灰箱、金属分离器及其附件安装。

（4）斗式提升机安装包括壳体、牵引件（输送链）、料斗、驱动轮（头轮）、改向轮（尾轮）、拉紧装置、导向装置、加料口（入料口）和卸料口（出料口）及附件安装。项目综合考虑了环链、板链和皮带三种结构安装方式，执行时不因提升重量和结构形式而调整。

（5）刮板捞渣机、带式排渣机安装根据出力按照基准长度进行编制，工程实际安装长度（斜长）大于项目所列标准时，长度每增加 10m 计算一个增加段，长度增加小于 10m 时亦计算一个增加段。

（6）渣仓、渣井安装包括本体及附件安装。不包括渣仓、渣井配制。

3. 气力除灰设备安装包括负压风机、灰斗气化风机、布袋收尘器、袋式排气过滤器、加热器、仓泵、灰斗、加湿搅拌器、干灰散装机、空气斜槽、电动灰斗门、锁气器等安装。

（1）负压风机、灰斗气化风机安装包括本体及附件、管道、润滑装置、空气干燥器等清洗、安装，防护罩安装以及配套电动机安装。

（2）布袋收尘器、排气过滤器安装包括设备清理、布袋套装、空气联箱及附属阀门的安装，本体组合及安装。

（3）加热器安装包括本体清扫、整体安装。

（4）仓泵安装包括本体清扫、气密试验、本体阀门与自动料位指示器安装、饲料机清理与安装。

（5）灰斗安装包括灰斗清理、安装、密封试验。

（6）加湿搅拌机安装包括减速机、钢轨及齿条、传动架、槽、中心筒、大耙、小耙、副耙等的清理与安装。

（7）干灰散装机安装包括手动棒阀、电动扇形阀、卷扬装置、伸缩卸料装置、收尘软管等安装。

（8）空气斜槽安装包括槽体、弯槽、端盖板、出料溜槽、进料溜槽、通槽及载气阀安装及调整。不包括鼓风机安装。

（9）电动灰斗门安装包括各类门清扫与安装、电动机安装。

（10）电动锁气器安装包括本体清扫、气密试验、安装及电动机安装。

工程量计算规则

一、马丁式除渣机、螺旋输渣机、刮板捞渣机、带式排渣机、碎渣机、冷渣机安装根据工艺系统设计流程及设备出力,按照设计安装数量以“台”为计量单位。

二、斗式提升机安装根据工艺系统设计流程及提升高度,按照设计安装数量以“台”为计量单位。

三、渣仓安装根据设计布置及图示尺寸,按照成品重量以“t”为计量单位。不计算下料及加工制作损耗量。

四、渣井安装根据设计布置,按照设计安装数量以“座”为计量单位。

五、负压风机、灰斗气化风机安装根据工艺系统设计流程及配套电动机功率,按照设计安装数量以“台”为计量单位。

六、布袋收尘器、排气过滤器、加热器、仓泵、加湿搅拌器、干灰散装机、电动锁气器安装根据工艺系统设计流程及设备出力,按照设计安装数量以“台”为计量单位。

七、气化板、灰斗、空气斜槽、闸板门、电动三通门安装根据工艺系统设计流程及设备规格,按照设计安装数量以“台、件、个、支”为计量单位。

一、机械除渣设备安装

1. 除渣机安装

工作内容：基础检查、铲平，垫铁配制及安装，开箱、搬运、检查、安装等。　　**计量单位：**台

编号				2-6-1	2-6-2	2-6-3	2-6-4	2-6-5
项目				马丁式除渣机		螺旋输渣机		
				出力（t/h）				
				≤6	≤10	≤6	≤10	≤20
名称			单位	消耗量				
人工	合计工日		工日	23.019	31.970	17.611	27.094	33.850
	其中	普工	工日	5.755	7.992	4.402	6.774	8.463
		一般技工	工日	13.811	19.182	10.567	16.256	20.309
		高级技工	工日	3.453	4.796	2.642	4.064	5.078
材料	型钢（综合）		kg	21.070	29.264	16.120	24.800	29.600
	热轧薄钢板（综合）		kg	27.187	37.760	20.800	32.000	40.000
	镀锌钢板（综合）		kg	1.020	1.416	0.780	1.200	1.500
	紫铜板（综合）		kg	0.255	0.354	0.195	0.300	0.400
	聚氯乙烯薄膜		kg	2.039	2.832	1.560	2.400	3.000
	棉纱		kg	5.098	7.080	3.900	6.000	7.400
	羊毛毡 6~8		m^2	0.059	0.083	0.046	0.070	0.100
	铁砂布 $0^{\#}$~$2^{\#}$		张	5.098	7.080	3.900	6.000	7.000
	低碳钢焊条（综合）		kg	1.079	1.499	0.826	1.270	1.700
	酚醛调和漆		kg	3.908	5.428	2.990	4.600	5.850
	防锈漆 C53-1		kg	0.680	0.944	0.520	0.800	1.000
	手喷漆		kg	0.034	0.047	0.026	0.040	0.060
	金属清洗剂		kg	2.478	3.442	1.896	2.917	3.500
	油漆溶剂油		kg	0.297	0.413	0.228	0.350	0.470
	机油		kg	43.330	60.180	33.150	51.000	60.000
	铅油（厚漆）		kg	1.869	2.596	1.430	2.200	3.000
	黄甘油		kg	2.719	3.776	2.080	3.200	4.000
	红丹粉		kg	0.170	0.236	0.130	0.200	0.300
	稀释剂		kg	0.034	0.047	0.026	0.040	0.050
	氧气		m^3	6.797	9.440	5.200	8.000	9.600
	乙炔气		kg	2.614	3.631	2.000	3.077	3.692
	密封胶		kg	1.274	1.770	0.975	1.500	2.000
	无石棉纸		kg	5.437	7.552	4.160	6.400	8.000
	青壳纸 δ0.1~1.0		kg	0.255	0.354	0.195	0.300	0.400
	水		m^3	5.098	7.080	3.900	6.000	7.200
	其他材料费		%	2.00	2.00	2.00	2.00	2.00
机械	汽车式起重机 16t		台班	0.202	0.281	0.155	0.238	0.286
	载货汽车－普通货车 10t		台班	0.202	0.281	0.155	0.238	0.286
	电动单筒慢速卷扬机 30kN		台班	0.712	0.989	0.545	0.838	0.952
	弧焊机 32kV·A		台班	0.655	0.910	0.501	0.771	0.905
	电动空气压缩机 0.6m^3/min		台班	0.073	0.101	0.056	0.086	0.095
	电焊条烘干箱 60×50×75（cm^3）		台班	0.066	0.091	0.050	0.077	0.091

2. 冷渣机安装

工作内容：基础检查验收、铲平、垫铁配制及安装，开箱、搬运、检查、安装。 **计量单位：**台

编号				2-6-6	2-6-7	2-6-8	2-6-9	2-6-10
项目				冷渣机安装				
				出力(t/h)				
				≤5	≤7	≤10	≤15	≤20
名称			单位	消耗量				
人工	合计工日		工日	24.453	34.833	44.888	52.608	68.495
	其中	普工	工日	6.114	8.708	11.222	13.152	17.124
		一般技工	工日	14.671	20.900	26.933	31.565	41.097
		高级技工	工日	3.668	5.225	6.733	7.891	10.274
材料	钢板(综合)		kg	1.426	1.945	2.500	2.728	2.976
	垫铁		kg	42.656	58.194	74.800	81.607	89.033
	枕木 2 500×250×200		根	0.456	0.622	0.800	0.873	0.952
	黄干油		kg	1.141	1.556	2.000	2.182	2.381
	机油		kg	2.281	3.112	4.000	4.364	4.761
	煤油		kg	11.405	15.560	20.000	21.820	23.806
	氧气		m^3	1.711	2.334	3.000	3.273	3.571
	乙炔气		kg	0.658	0.898	1.154	1.259	1.373
	耐油无石棉橡胶板(中压)		kg	1.426	1.945	2.500	2.728	2.976
	镀锌铁丝(综合)		kg	2.851	3.890	5.000	5.455	5.951
	低碳钢焊条 J427(综合)		kg	2.281	3.112	4.000	4.364	4.761
	其他材料费		%	2.00	2.00	2.00	2.00	2.00
机械	叉式起重机 5t		台班	0.500	—	—	—	—
	弧焊机 20kV·A		台班	0.500	0.750	1.000	1.250	1.500
	汽车式起重机 25t		台班	—	0.500	0.750	1.000	1.000
	载货汽车－普通货车 10t		台班	—	0.500	0.750	1.000	1.250
	载货汽车－平板拖车组 20t		台班	—	—	—	0.500	0.500
	电焊条烘干箱 60×50×75(cm^3)		台班	0.050	0.075	0.100	0.125	0.150
	电焊条烘干箱 80×80×100(cm^3)		台班	—	—	0.160	—	—

3. 刮板捞渣机

工作内容：基础检查、铲平，垫铁配制及安装；开箱、搬运、检查、安装。

编号				2-6-11	2-6-12	2-6-13	2-6-14
项目				刮板捞渣机			
				出力（t/h）			每增加 10m
				≤6	≤10	≤20	
				≤15m	≤20m	≤30m	
				台			段
名称			单位	消耗量			
人工	合计工日		工日	21.133	32.512	40.619	9.379
	其中	普工	工日	5.283	8.128	10.155	2.345
		一般技工	工日	12.680	19.507	24.371	5.627
		高级技工	工日	3.170	4.877	6.093	1.407
材料	型钢（综合）		kg	19.344	29.760	35.520	6.140
	钢丝绳 ϕ14.1~15.0		kg	—	—	—	0.927
	热轧薄钢板（综合）		kg	24.960	38.400	48.000	—
	热轧薄钢板 δ2.0~3.0		kg	—	—	—	0.802
	镀锌钢板（综合）		kg	0.936	1.440	1.800	—
	紫铜板（综合）		kg	0.234	0.360	0.480	0.040
	聚氯乙烯薄膜		kg	1.872	2.880	3.600	—
	棉纱		kg	4.680	7.200	8.880	0.802
	羊毛毡 6~8		m^2	0.055	0.084	0.120	—
	低碳钢焊条 J427（综合）		kg	—	—	—	1.654
	铁砂布 $0^{\#}$~$2^{\#}$		张	4.680	7.200	8.400	—
	低碳钢焊条（综合）		kg	0.991	1.524	2.040	—
	酚醛调和漆		kg	3.588	5.520	7.020	—
	防锈漆 C53-1		kg	0.624	0.960	1.200	—
	手喷漆		kg	0.031	0.048	0.072	—
	密封胶		L	—	—	—	0.094
	金属清洗剂		kg	2.275	3.500	4.200	—
	油漆溶剂油		kg	0.273	0.420	0.564	—
	机油		kg	39.780	61.200	72.000	—
	铅油（厚漆）		kg	1.716	2.640	3.600	—
	黄甘油		kg	2.496	3.840	4.800	—
	黄油钙基脂		kg	—	—	—	0.242
	红丹粉		kg	0.156	0.240	0.360	—
	清洗剂 500mL		瓶	—	—	—	0.276
	稀释剂		kg	0.031	0.048	0.060	—
	氧气		m^3	6.240	9.600	11.520	0.573
	乙炔气		kg	2.400	3.692	4.431	0.220
	密封胶		kg	1.170	1.800	2.400	—
	无石棉纸		kg	4.992	7.680	9.600	—
	青壳纸 δ0.1~1.0		kg	0.234	0.360	0.480	—
	水		m^3	4.680	7.200	8.640	—
	其他材料费		%	2.00	2.00	2.00	2.00
机械	汽车式起重机 16t		台班	0.186	0.286	0.343	0.019
	汽车式起重机 25t		台班	—	—	—	0.164
	载货汽车－普通货车 10t		台班	0.186	0.286	0.343	0.153
	电动单筒慢速卷扬机 30kN		台班	0.654	1.006	1.143	0.104
	弧焊机 21kV·A		台班	—	—	—	0.221
	弧焊机 32kV·A		台班	0.602	0.926	1.086	—
	电动空气压缩机 0.3m^3/min		台班	—	—	—	0.008
	电动空气压缩机 0.6m^3/min		台班	0.067	0.103	0.114	—
	电焊条烘干箱 60×50×75（cm^3）		台班	0.060	0.093	0.109	0.022

4. 带式排渣机安装

工作内容：基础检查、铲平，垫铁配制及安装；开箱、搬运、检查、安装等。

编号				2-6-15	2-6-16	2-6-17	2-6-18
项目				出力（t/h）			每增加 10m
				4~8	6~10	8~20	
				≤ 15m	≤ 20m	≤ 30m	
				台			段
名称			单位	消耗量			
人工	合计工日		工日	20.841	24.517	37.722	10.420
	其中	普工	工日	5.210	6.129	9.431	2.605
		一般技工	工日	12.505	14.711	22.633	6.252
		高级技工	工日	3.126	3.677	5.658	1.563
材料	钢丝绳 ϕ14.1~15.0		kg	2.061	2.424	3.730	1.030
	型钢（综合）		kg	13.645	16.052	24.696	6.822
	热轧薄钢板 δ2.0~3.0		kg	1.782	2.097	3.226	0.891
	紫铜板（综合）		kg	0.089	0.105	0.161	0.045
	棉纱		kg	1.782	2.097	3.226	0.891
	低碳钢焊条 J427（综合）		kg	3.676	4.324	6.653	1.838
	密封胶		L	0.209	0.246	0.378	0.104
	黄油钙基脂		kg	0.537	0.632	0.973	0.269
	清洗剂 500mL		瓶	0.613	0.721	1.109	0.306
	氧气		m^3	1.273	1.498	2.304	0.637
	乙炔气		kg	0.490	0.576	0.886	0.245
	其他材料费		%	2.00	2.00	2.00	2.00
机械	汽车式起重机 16t		台班	0.041	0.048	0.074	0.021
	汽车式起重机 25t		台班	0.329	0.387	0.595	0.164
	载货汽车 – 普通货车 10t		台班	0.339	0.399	0.614	0.170
	电动单筒慢速卷扬机 30kN		台班	0.231	0.271	0.418	0.115
	弧焊机 21kV·A		台班	0.491	0.577	0.888	0.245
	电动空气压缩机 0.3m^3/min		台班	0.015	0.018	0.027	0.008
	电焊条烘干箱 60×50×75（cm^3）		台班	0.049	0.058	0.089	0.025

5. 碎渣机安装

工作内容：基础检查、铲平，垫铁配制及安装；开箱、搬运、检查、安装等。　　**计量单位：**台

编号				2-6-19	2-6-20	2-6-21
项目				出力（t/h）		
				≤6	≤10	≤20
名称			单位	消耗量		
人工	合计工日		工日	14.553	19.844	26.460
	其中	普工	工日	3.639	4.961	6.615
		一般技工	工日	8.731	11.907	15.876
		高级技工	工日	2.183	2.976	3.969
材料	型钢（综合）		kg	3.388	4.620	6.160
	热轧薄钢板（综合）		kg	25.850	35.250	47.000
	镀锌薄钢板 δ0.75		m^2	0.374	0.510	0.680
	紫铜板（综合）		kg	0.072	0.098	0.130
	无石棉橡胶板（低中压）δ0.8~6.0		kg	1.265	1.725	2.300
	聚氯乙烯薄膜		kg	0.743	1.013	1.350
	棉纱		kg	1.485	2.025	2.700
	羊毛毡 6~8		m^2	0.011	0.015	0.020
	铁砂布 0#~2#		张	2.475	3.375	4.500
	低碳钢焊条（综合）		kg	0.633	0.863	1.150
	斜垫铁（综合）		kg	29.700	40.500	48.550
	酚醛调和漆		kg	8.800	12.000	16.000
	防锈漆 C53-1		kg	0.165	0.225	0.300
	手喷漆		kg	0.072	0.098	0.130
	酚醛防锈漆		kg	5.500	7.500	10.000
	金属清洗剂		kg	0.404	0.551	0.735
	油漆溶剂油		kg	2.475	3.375	4.500
	机油		kg	4.950	6.750	9.000
	铅油（厚漆）		kg	0.369	0.503	0.670
	黄甘油		kg	1.100	1.500	2.000
	红丹粉		kg	0.077	0.105	0.140
	氧气		m^3	3.344	4.560	6.080
	乙炔气		kg	1.286	1.754	2.338
	密封胶		kg	0.347	0.473	0.630
	水		m^3	5.225	7.125	9.500
	其他材料费		%	2.00	2.00	2.00
机械	汽车式起重机 16t		台班	0.105	0.143	0.190
	载货汽车－普通货车 10t		台班	0.105	0.143	0.190
	电动单筒慢速卷扬机 30kN		台班	0.178	0.243	0.324
	弧焊机 32kV·A		台班	0.299	0.407	0.543
	电动空气压缩机 0.6m^3/min		台班	0.037	0.050	0.067
	电焊条烘干箱 60×50×75（cm^3）		台班	0.030	0.041	0.054

6. 斗式提升机安装

工作内容： 基础检查、铲平，垫铁配制及安装；开箱、搬运、检查、安装等。 **计量单位：** 台

编号				2-6-22	2-6-23	2-6-24
项目				提升高度(m)		
				≤15	≤24	>24
名称			单位	消耗量		
人工	合计工日		工日	24.738	39.960	44.729
	其中	普工	工日	6.185	9.990	11.182
		一般技工	工日	14.842	23.976	26.838
		高级技工	工日	3.711	5.994	6.709
材料	钢丝绳 φ14.1~15.0		kg	14.040	22.680	27.950
	型钢(综合)		kg	10.140	16.380	18.200
	中厚钢板 δ15 以外		kg	19.890	32.130	37.050
	紫铜板(综合)		kg	0.207	0.334	0.377
	紫铜棒 φ16~80		kg	0.386	0.624	0.709
	耐油无石棉橡胶板 δ1		kg	0.772	1.247	1.417
	低碳钢焊条 J427(综合)		kg	16.770	27.090	30.550
	枕木 2 500 × 200 × 160		根	0.772	1.247	1.417
	黄油钙基脂		kg	2.059	3.326	3.777
	氧气		m^3	22.659	36.603	41.535
	乙炔气		kg	8.715	14.078	15.975
	其他材料费		%	2.00	2.00	2.00
机械	汽车式起重机 25t		台班	1.438	2.322	2.637
	载货汽车 - 普通货车 10t		台班	0.892	1.440	1.641
	电动单筒慢速卷扬机 30kN		台班	0.810	1.308	1.486
	弧焊机 21kV·A		台班	3.472	5.609	6.325
	电焊条烘干箱 60 × 50 × 75(cm^3)		台班	0.347	0.561	0.632

7. 渣仓、渣井安装

工作内容: 基础检查、铲平,垫铁配制及安装;开箱、搬运、检查、安装等。

编号				2-6-25	2-6-26
项目				渣仓	渣井
				t	座
名称			单位	消耗量	
人工	合计工日		工日	8.797	10.690
	其中	普工	工日	2.199	2.672
		一般技工	工日	5.278	6.414
		高级技工	工日	1.320	1.604
材料	型钢(综合)		kg	9.240	10.200
	棉纱头		kg	1.360	1.240
	低碳钢焊条 J427(综合)		kg	12.546	13.800
	氧气		m^3	7.400	11.000
	乙炔气		kg	2.846	4.231
	其他材料费		%	2.00	2.00
机械	履带式起重机 50t		台班	0.029	—
	汽车式起重机 25t		台班	0.200	0.430
	载货汽车－普通货车 10t		台班	0.200	0.057
	弧焊机 21kV·A		台班	2.598	2.857
	电焊条烘干箱 60×50×75(cm^3)		台班	0.260	0.286

二、气力除灰设备安装

1. 负压风机安装

工作内容：基础检查、铲平，垫铁配制及安装；开箱、搬运、检查、安装等。 **计量单位：**台

编号				2-6-27	2-6-28	2-6-29
项目				负压风机		
				功率（kW）		
				≤15	≤30	≤50
名称			单位	消耗量		
人工	合计工日		工日	6.251	12.503	17.862
	其中	普工	工日	1.563	3.126	4.466
		一般技工	工日	3.438	6.877	9.824
		高级技工	工日	1.250	2.500	3.572
材料	热轧薄钢板 δ2.0~2.5		kg	0.400	0.550	0.880
	紫铜板（综合）		kg	0.055	0.055	0.110
	无石棉橡胶板（低压）δ0.8~6.0		kg	0.550	0.770	1.100
	棉纱头		kg	1.650	2.200	3.500
	低碳钢焊条 J427（综合）		kg	0.385	0.517	0.625
	平垫铁（综合）		kg	2.300	2.800	3.400
	枕木 2 500×200×160		根	0.220	0.220	0.250
	密封胶		L	0.220	0.380	0.550
	黄油钙基脂		kg	1.000	1.500	2.000
	清洗剂 500mL		瓶	0.500	1.200	1.500
	氧气		m^3	0.880	0.880	0.880
	乙炔气		kg	0.338	0.338	0.338
	无石棉编绳（综合）		kg	0.660	0.880	0.880
	其他材料费		%	2.00	2.00	2.00
机械	叉式起重机 5t		台班	0.105	—	—
	汽车式起重机 25t		台班	—	0.060	0.100
	弧焊机 21kV·A		台班	0.067	0.090	0.099
	电焊条烘干箱 60×50×75（cm^3）		台班	0.007	0.009	0.010

2. 灰斗气化风机安装

工作内容：基础检查、铲平，垫铁配制及安装；开箱、搬运、检查、安装等。

编　号				2-6-30	2-6-31	2-6-32	2-6-33
项　目				灰斗气化风机			气化板
				功率（kW）			规格（mm）
				$\le$10	$\le$20	$\le$30	150×300
				台			件
名　称			单位	消　耗　量			
人工	合计工日		工日	4.465	8.037	10.717	0.893
	其中	普工	工日	1.116	2.009	2.679	0.223
		一般技工	工日	2.456	4.421	5.895	0.491
		高级技工	工日	0.893	1.607	2.143	0.179
材料	热轧薄钢板 δ2.0~2.5		kg	0.330	0.700	0.900	—
	紫铜板（综合）		kg	0.022	0.033	0.055	—
	无石棉橡胶板（低压）δ0.8~6.0		kg	0.440	0.550	0.660	0.300
	棉纱头		kg	0.900	1.300	2.200	0.100
	低碳钢焊条 J427（综合）		kg	0.190	0.370	0.450	0.150
	平垫铁（综合）		kg	1.680	2.500	2.500	—
	枕木 2 500×200×160		根	0.110	0.110	0.220	—
	密封胶		L	0.220	0.500	0.700	—
	黄油钙基脂		kg	0.330	0.650	1.000	—
	清洗剂 500mL		瓶	1.000	1.000	1.000	0.060
	氧气		m^3	0.880	0.970	1.140	0.180
	乙炔气		kg	0.338	0.373	0.438	0.069
	无石棉编绳（综合）		kg	0.330	0.600	0.800	—
	其他材料费		%	2.00	2.00	2.00	2.00
机械	汽车式起重机 25t		台班	0.064	0.064	0.100	—
	弧焊机 21kV·A		台班	0.039	0.052	0.082	0.026
	电焊条烘干箱 60×50×75（cm^3）		台班	0.004	0.005	0.008	0.003

3. 布袋收尘器、排气过滤器安装

工作内容：开箱、搬运、检查、安装等。 **计量单位：**台

编号				2-6-34	2-6-35	2-6-36	2-6-37	2-6-38
项目				布袋收尘器（m^2）			袋式排气过滤器（m^2）	
				≤30	≤50	≤100	≤10	≤20
名称			单位	消耗量				
人工	合计工日		工日	9.811	15.093	23.222	4.645	7.145
	其中	普工	工日	2.453	3.773	5.805	1.161	1.786
		一般技工	工日	5.396	8.301	12.772	2.555	3.930
		高级技工	工日	1.962	3.019	4.645	0.929	1.429
材料	型钢（综合）		kg	1.952	3.003	4.620	2.275	3.500
	中厚钢板 δ15 以内		kg	12.675	19.500	30.000	11.700	18.000
	耐油无石棉橡胶板 δ1		kg	0.418	0.644	0.990	0.325	0.500
	棉纱头		kg	0.930	1.430	2.200	0.715	1.100
	低碳钢焊条 J427（综合）		kg	2.370	3.647	5.610	1.216	1.870
	枕木 2 500×200×160		根	0.093	0.143	0.220	0.065	0.100
	密封胶		L	0.558	0.858	1.320	0.358	0.550
	黄油钙基脂		kg	0.465	0.715	1.100	0.130	0.200
	氧气		m^3	2.370	3.647	5.610	2.074	3.190
	乙炔气		kg	0.912	1.403	2.158	0.798	1.227
	无石棉扭绳（综合）		kg	2.324	3.575	5.500	1.430	2.200
	其他材料费		%	2.00	2.00	2.00	2.00	2.00
机械	汽车式起重机 25t		台班	0.241	0.371	0.571	0.248	0.381
	载货汽车－普通货车 10t		台班	0.141	0.217	0.333	0.217	0.333
	弧焊机 21kV·A		台班	0.594	0.914	1.406	0.305	0.469
	电动空气压缩机 6m^3/min		台班	0.161	0.248	0.381	0.186	0.286
	电焊条烘干箱 60×50×75（cm^3）		台班	0.059	0.091	0.141	0.031	0.047

4. 灰电加热器安装

工作内容： 开箱、搬运、检查、安装等。　　　　**计量单位：** 台

编号				2-6-39	2-6-40	2-6-41
项目				灰电加热器（m^3/min）		
				≤3	≤5	≤10
名称			单位	消耗量		
人工	合计工日		工日	4.064	6.251	8.037
	其中	普工	工日	1.016	1.563	2.009
		一般技工	工日	2.235	3.438	4.421
		高级技工	工日	0.813	1.250	1.607
材料	中厚钢板 δ15 以外		kg	6.175	9.500	12.500
	耐油无石棉橡胶板 δ1		kg	1.144	1.760	2.090
	棉纱头		kg	1.073	1.650	2.200
	低碳钢焊条 J427（综合）		kg	0.729	1.122	1.397
	枕木 2 500×200×160		根	0.143	0.220	0.330
	清洗剂 500mL		瓶	0.130	0.200	0.300
	氧气		m^3	1.859	2.860	3.520
	乙炔气		kg	0.715	1.100	1.354
	其他材料费		%	2.00	2.00	2.00
机械	汽车式起重机 25t		台班	0.057	0.060	0.125
	弧焊机 21kV·A		台班	0.198	0.305	0.380
	电焊条烘干箱 60×50×75（cm^3）		台班	0.020	0.031	0.038

5. 仓泵、灰斗安装

工作内容：开箱、搬运、检查、安装等。

计量单位：台

编号				2-6-42	2-6-43	2-6-44
项目				仓泵（m^3/h）		
				≤0.5	≤1	≤1.5
名称			单位	消耗量		
人工	合计工日		工日	17.380	18.871	22.413
人工	其中	普工	工日	4.345	4.718	5.603
人工	其中	一般技工	工日	9.559	10.379	12.327
人工	其中	高级技工	工日	3.476	3.774	4.483
材料	型钢（综合）		kg	5.000	5.000	6.000
材料	钢筋 ϕ10 以内		kg	2.000	2.000	3.000
材料	镀锌铁丝 ϕ2.5~4.0		kg	4.500	5.500	6.500
材料	钢板（综合）		kg	5.000	5.000	6.000
材料	镀锌钢板（综合）		kg	4.800	5.200	6.000
材料	低碳钢焊条（综合）		kg	14.000	16.000	20.000
材料	铅油（厚漆）		kg	1.000	1.100	1.500
材料	氧气		m^3	10.000	11.000	13.000
材料	乙炔气		kg	3.846	4.231	5.000
材料	无石棉扭绳 ϕ3 烧失量 24%		kg	3.000	3.200	4.000
材料	其他材料费		%	2.00	2.00	2.00
机械	履带式起重机 25t		台班	0.360	0.360	0.450
机械	载货汽车－普通货车 5t		台班	0.190	0.190	0.533
机械	弧焊机 32kV·A		台班	2.857	3.143	3.810
机械	电焊条烘干箱 60×50×75（cm^3）		台班	0.286	0.314	0.381

计量单位：个

编　号			2-6-45
项　目			灰斗
名　称		单位	消　耗　量
人工	合计工日	工日	18.936
	其中 普工	工日	4.734
	其中 一般技工	工日	10.415
	其中 高级技工	工日	3.787
材料	镀锌铁丝 ϕ2.5~4.0	kg	3.000
	平垫铁（综合）	kg	12.700
	橡胶板 δ5~10	kg	2.880
	棉纱	kg	2.500
	白布	kg	2.122
	羊毛毡 1~5	m^2	0.600
	低碳钢焊条（综合）	kg	2.000
	酚醛调和漆	kg	1.900
	松节油	kg	0.150
	金属清洗剂	kg	1.167
	汽轮机油	kg	2.500
	红丹粉	kg	0.200
	脱化剂	kg	1.000
	氧气	m^3	3.000
	乙炔气	kg	1.154
	密封胶	kg	3.000
	青壳纸 δ0.1~1.0	kg	0.200
	其他材料费	%	2.00
机械	履带式起重机 10t	台班	0.124
	桥式起重机 30t	台班	0.476
	载货汽车－普通货车 5t	台班	0.057
	弧焊机 32kV·A	台班	0.476
	电动空气压缩机 6m^3/min	台班	0.238
	电焊条烘干箱 60×50×75（cm^3）	台班	0.048

6. 加湿搅拌机安装

工作内容：基础检查，开箱、搬运、检查、安装等。 计量单位：台

编号				2-6-46	2-6-47	2-6-48
项目				出力（m^3/h）		
				≤10	≤20	≤50
名称			单位	消耗量		
人工	合计工日		工日	10.943	16.836	25.900
	其中	普工	工日	2.736	4.209	6.475
		一般技工	工日	6.018	9.260	14.245
		高级技工	工日	2.189	3.367	5.180
材料	型钢（综合）		kg	3.591	5.525	8.500
	钢板（综合）		kg	1.437	2.210	3.400
	橡胶板 $\delta 3$		kg	1.056	1.625	2.500
	白布		m	1.437	2.210	3.400
	低碳钢焊条 J427（综合）		kg	1.099	1.690	2.600
	平垫铁（综合）		kg	1.014	1.560	2.400
	斜垫铁（综合）		kg	1.352	2.080	3.200
	金属清洗剂		kg	0.552	0.849	1.307
	氧气		m^3	0.507	0.780	1.200
	乙炔气		kg	0.195	0.300	0.462
	其他材料费		%	2.00	2.00	2.00
机械	汽车式起重机 16t		台班	0.161	0.248	0.381
	汽车式起重机 25t		台班	0.048	0.074	0.114
	载货汽车－普通货车 10t		台班	0.161	0.248	0.381
	电动单筒慢速卷扬机 30kN		台班	0.483	0.743	1.143
	弧焊机 21kV·A		台班	0.249	0.383	0.590
	电焊条烘干箱 60×50×75（cm^3）		台班	0.025	0.038	0.059

7. 干灰散装机安装

工作内容：开箱、搬运、检查、安装等。　　　　**计量单位：**台

编号				2-6-49	2-6-50	2-6-51
项目				出力（m^3/h）		
				≤10	≤20	≤50
名称			单位	消耗量		
人工	合计工日		工日	7.548	11.610	17.862
	其中	普工	工日	1.887	2.902	4.466
		一般技工	工日	4.151	6.386	9.824
		高级技工	工日	1.510	2.322	3.572
材料	型钢（综合）		kg	14.788	22.750	35.000
	钢板（综合）		kg	0.845	1.300	2.000
	橡胶板 δ3		kg	1.859	2.860	4.400
	白布		m	1.056	1.625	2.500
	低碳钢焊条 J427（综合）		kg	2.366	3.640	5.600
	金属清洗剂		kg	0.395	0.607	0.933
	氧气		m^3	1.479	2.275	3.500
	乙炔气		kg	0.569	0.875	1.346
	其他材料费		%	2.00	2.00	2.00
机械	汽车式起重机 16t		台班	0.080	0.124	0.190
	汽车式起重机 25t		台班	0.032	0.050	0.076
	载货汽车－普通货车 10t		台班	0.080	0.124	0.190
	电动单筒慢速卷扬机 30kN		台班	1.207	1.857	2.857
	弧焊机 21kV·A		台班	0.490	0.754	1.159
	电焊条烘干箱 60×50×75（cm^3）		台班	0.049	0.075	0.116

8. 空气斜槽安装

工作内容：开箱、搬运、检查、安装、调整。　　　　**计量单位：**台

编号				2-6-52	2-6-53
项目				斜槽规格	
				B=250mm，L=18.5m	B=400mm，L=26.5m
名称			单位	消耗量	
人工	合计工日		工日	8.937	16.538
	其中	普工	工日	2.234	4.134
		一般技工	工日	4.915	9.096
		高级技工	工日	1.788	3.308
材料	钢板（综合）		kg	1.110	1.570
	无石棉橡胶板（中压）δ0.8~6.0		kg	1.210	1.960
	棉纱		kg	2.000	5.000
	砂轮片 ϕ200		片	0.400	0.850
	尼龙砂轮片 ϕ100		片	5.730	10.130
	低碳钢焊条（综合）		kg	29.660	66.720
	氧气		m^3	8.660	15.790
	乙炔气		kg	3.331	6.073
	X 射线胶片 80×300		张	2.000	4.000
	水		m^3	3.830	5.480
	其他材料费		%	2.00	2.00
机械	汽车式起重机 8t		台班	0.095	0.095
	载货汽车－普通货车 8t		台班	0.095	0.219
	试压泵 60MPa		台班	0.048	0.067
	弧焊机 32kV·A		台班	4.581	8.124
	电焊条烘干箱 60×50×75（cm^3）		台班	0.458	0.812
仪表	X 射线探伤机		台班	0.095	0.143

9. 电动灰斗门安装

工作内容：检查、安装、调整。 **计量单位：**只

编号				2-6-54	2-6-55	2-6-56
项目				闸板门（规格 mm）		
				300 × 300	400 × 400	500 × 500
名称			单位	消耗量		
人工	合计工日		工日	2.111	2.322	2.816
	其中	普工	工日	0.528	0.580	0.704
		一般技工	工日	1.161	1.277	1.549
		高级技工	工日	0.422	0.465	0.563
材料	无石棉橡胶板（中压）δ0.8~6.0		kg	0.500	0.850	1.320
	低碳钢焊条（综合）		kg	0.210	0.300	0.420
	酚醛调和漆		kg	0.200	0.330	0.500
	黄甘油		kg	0.300	0.400	0.500
	其他材料费		%	2.00	2.00	2.00
机械	叉式起重机 3t		台班	0.010	0.010	0.019
	弧焊机 32kV·A		台班	0.057	0.076	0.105
	电焊条烘干箱 60 × 50 × 75（cm^3）		台班	0.006	0.008	0.011

计量单位：只

编号				2-6-57	2-6-58	2-6-59
项目				电动三通门（规格 mm）		
				300 × 300	400 × 400	500 × 500
名称			单位	消耗量		
人工	合计工日		工日	3.307	4.223	5.137
	其中	普工	工日	0.827	1.055	1.284
		一般技工	工日	1.819	2.323	2.825
		高级技工	工日	0.661	0.845	1.028
材料	无石棉橡胶板（中压）δ0.8~6.0		kg	0.700	1.200	1.900
	低碳钢焊条（综合）		kg	0.280	0.380	0.550
	酚醛调和漆		kg	0.350	0.650	1.000
	黄甘油		kg	0.400	0.500	0.620
	其他材料费		%	2.00	2.00	2.00
机械	叉式起重机 3t		台班	0.019	0.019	0.029
	弧焊机 32kV·A		台班	0.076	0.095	0.133
	电焊条烘干箱 60 × 50 × 75（cm^3）		台班	0.008	0.010	0.013

10. 电动锁气器安装

工作内容：开箱、搬运、检查、安装、调整。　　　　**计量单位：**台

编　号				2-6-60	2-6-61	2-6-62	2-6-63
项　目				电动锁气器（m^3/h）			
				≤6	≤15	≤20	≤25
名　称			单位	消　耗　量			
人工	合计工日		工日	2.379	3.659	4.081	4.350
	其中	普工	工日	0.595	0.915	1.020	1.088
		一般技工	工日	1.308	2.012	2.245	2.392
		高级技工	工日	0.476	0.732	0.816	0.870
材料	型钢（综合）		kg	0.572	0.880	0.980	1.070
	热轧薄钢板（综合）		kg	0.949	1.460	1.630	1.800
	低碳钢焊条（综合）		kg	1.658	2.550	2.770	3.030
	酚醛调和漆		kg	0.195	0.300	0.500	0.800
	铅油（厚漆）		kg	0.241	0.370	0.410	0.450
	黄甘油		kg	0.195	0.300	0.350	0.400
	氧气		m^3	1.716	2.640	2.930	3.220
	乙炔气		kg	0.660	1.015	1.127	1.238
	无石棉绳　$\phi 6$		kg	0.358	0.550	0.610	0.670
	其他材料费		%	2.00	2.00	2.00	2.00
机械	叉式起重机　5t		台班	0.019	0.029	0.029	0.038
	电动单筒慢速卷扬机　50kN		台班	0.186	0.286	0.314	0.343
	弧焊机　32kV·A		台班	0.477	0.733	0.810	0.895
	电焊条烘干箱　60×50×75（cm^3）		台班	0.048	0.073	0.081	0.090

第七章　发电厂水处理专用设备安装工程

说 明

一、本章内容包括钢筋混凝土池内设备、水处理设备、水处理辅助设备、汽水取样设备、炉内水处理装置、铜管凝汽器镀膜装置、油处理设备等安装工程。

二、有关说明:

1. 设备安装中包括本体安装、填料装填、电动机安装、随设备供货的金属构件(如平台、梯子、栏杆)安装、设备与管道安装后补漆、配合灌浆、配合防腐施工、就地一次仪表安装、设备水位计(表)及护罩安装。就地一次仪表的表计、表管、玻璃管、阀门以及各种填料(石英砂、磺化煤、无烟煤、活性炭、焦炭、树脂、瓷环、塑料环等)均按照设备成套供货考虑。

不包括下列工作内容,工程实际发生时,执行相应的项目。

(1)电动机的检查、接线及空载试转;

(2)支吊架、平台、扶梯、栏杆等金属结构配制、组装、安装与油漆及主材费;

(3)设备保温及油漆、基础灌浆,设备接口法兰以外管道安装及管道支吊架配制与安装;

(4)各种填料的化学稳定性试验、箱罐填料材料费。

2. 钢筋混凝土池内设备安装包括随设备供货安装在池体范围内的平台、梯子、栏杆、反应室、导流窗、集水槽、取样槽等及各种管道、管件、阀门的安装。不包括混凝土预制构件安装,池与池或池体外部平台、梯子、栏杆的安装,池体范围各部件及池壁的防腐和油漆。

(1)加速澄清池安装包括转动机械、刮泥机的安装与调整。

(2)水力循环澄清池、虹吸式滤池、重力无阀滤池安装包括喷嘴安装与调整。

3. 水处理设备安装包括澄清设备、过滤设备、电渗析器、软化器、衬胶离子交换器、除二氧化碳器、反渗透装置等安装,设备及随设备供应的管道、管件、阀门等安装及设备本体范围内平台、梯子、栏杆安装,滤板与滤帽(水嘴)的精选与安装、填料运搬与筛分及装填、衬里设备防腐层的检验、设备试运前灌水或水压试验。

(1)澄清设备安装包括澄清器本体组装焊接、空气分离器安装。不包括澄清器顶部小室的搭设。

(2)机械过滤设备安装是按照填石英砂垫层考虑的,项目综合考虑了不同形式的排水系统及不同的装填高度,执行时不做调整。

(3)电渗析器安装中不包括本体塑料(或衬里)管道、管件、阀门的安装,浓盐水泵、精密过滤器的安装;工程实际发生时,执行相应项目。

(4)软化器安装综合考虑了填料的不同装填高度,执行时不做调整。

(5)衬胶离子交换器安装包括阴阳离子交换器、体外再生罐、树脂贮存罐的安装。

执行阴阳离子交换器安装,当树脂装填高度大于项目给出的标准时,高度每增加 1m 项目乘以系数 1.30,高度增加小于 1m 时不予调整。

安装体内再生的阴阳混合离子交换器时,执行相应项目乘以系数 1.10;采用体外再生的阴阳混合离子交换器时,无论是逆流再生还是浮床运行的设备,执行相应项目时均不做调整。

安装带有空气擦洗装置的体外再生罐时,执行相应项目乘以系数 1.10。

(6)除二氧化碳器安装包括风机安装,不包括风道的制作与安装,平台、梯子、栏杆的制作与安装。执行除二氧化碳器安装项目,当填料装填高度大于项目所列高度时,每增加 1m 乘以系数 1.20,增加不足 1m 时不予调整。

(7)反渗透装置安装项目包括卷膜式、中空式反渗透装置的设备及附件安装,精密过滤器安装包括精密过滤器及附件安装。

4. 水处理辅助设备安装包括酸碱贮存罐、溶液箱、计量器、搅拌器、吸收器、树脂捕捉器、水箱等安装。

（1）酸碱贮存罐（槽）安装不包括罐（槽）体及附件内外壁防腐。

（2）喷射器安装适用于酸、碱、盐、石灰、凝聚剂、蒸汽、树脂输送等各种类型、材质、规格的喷射器安装，包括喷嘴的调整和支架的配制及安装。

（3）安装带有电动搅拌装置时，执行相应项目乘以系数 1.20。

（4）吸收器、树脂捕捉器安装不包括管道安装。

（5）水箱安装是按照成品供货安装考虑的，不包括现场配制，工程实际发生时，应参照相应项目计算配制费。项目包括水箱本体安装、水箱支吊架安装、法兰及阀门安装、水位计安装等以及自动液位信号底座的开孔与安装。不包括水箱支吊架制作及油漆，自动液位信号装置的安装。

5. 汽水取样设备安装包括取样器内部清理与安装、取样架的配制与安装，但不包括取样架主材。

6. 炉内水处理装置、铜管凝汽器镀膜装置安装包括系统的药液制备、计量、输送和起重设备安装。

7. 油处理设备安装包括油箱内部清理、箱体及附件的安装以及依附在箱体上各类平台与梯子及栏杆安装。不包括箱体及附件以外的其他设施装置的安装，依附在箱体上各类平台与梯子及栏杆的制作及油漆，油处理设备内部的除锈与防腐。

工程量计算规则

一、钢筋混凝土池内设备安装根据工艺系统设计流程及设备出力，按照设计安装数量以“台”为计量单位。

二、水处理设备安装根据工艺系统设计流程及设备出力，按照设计安装数量以“台”为计量单位。

三、水处理辅助设备安装根据工艺系统设计流程及设备出力，按照设计安装数量以“台”为计量单位。

四、汽水取样设备安装根据工艺系统设计流程布置，按照设计安装数量以“套”为计量单位。每一套均应包括取样器、冷却器、取样阀、连通管路。

五、炉内水处理装置安装根据工艺系统设计流程布置，按照设计安装数量以“套”为计量单位。每一套均应包括溶液箱（计量箱）、搅拌器、计量泵、配套附件。

六、铜管凝汽器镀膜装置安装，按照实际安装数量以“套”为计量单位。每一套均应包括溶液箱（计量箱）、搅拌器、计量泵、配套附件。

七、油处理设备安装根据工艺系统设计流程布置，按照设计安装数量以“台”为计量单位。

一、钢筋混凝土池内设备安装

工作内容： 设备检查、安装，附件安装等。 **计量单位：** 台

编号				2-7-1	2-7-2	2-7-3	2-7-4	2-7-5	2-7-6
项目				机械加速澄清池			水力循环澄清池		
				出力(t/h)					
				80	120	200	40	60	120
名称			单位	消耗量					
人工	合计工日		工日	52.821	61.630	68.678	11.122	13.598	22.565
	其中	普工	工日	13.205	15.408	17.169	2.781	3.399	5.641
		一般技工	工日	31.693	36.978	41.207	6.673	8.159	13.539
		高级技工	工日	7.923	9.244	10.302	1.668	2.040	3.385
材料	镀锌铁丝 ϕ2.5~4.0		kg	10.000	15.000	15.000	5.000	10.000	10.000
	钢板(综合)		kg	10.000	15.000	20.000	10.000	10.000	10.000
	无石棉橡胶板(低压) δ0.8~6.0		kg	4.000	5.000	6.000	3.000	4.000	5.000
	四氟带		kg	0.010	0.010	0.010	0.010	0.010	0.010
	白布		kg	1.000	1.000	1.200	—	—	—
	羊毛毡 6~8		m^2	0.100	0.100	0.100	—	—	—
	油麻丝		kg	—	—	—	2.400	3.000	5.400
	尼龙砂轮片 ϕ100		片	4.000	4.000	6.000	1.000	1.000	1.000
	铁砂布 0#~2#		张	2.000	2.000	2.000	—	—	—
	低碳钢焊条(综合)		kg	40.000	48.000	48.000	3.500	5.500	8.500
	钢锯条		条	5.000	8.000	8.000	4.000	4.000	4.000
	斜垫铁(综合)		kg	10.220	10.560	11.890	—	—	—
	水泥 42.5		kg	—	—	—	12.000	14.000	26.000
	酚醛调和漆		kg	0.500	0.500	0.500	0.200	0.250	0.750
	金属清洗剂		kg	1.400	1.400	1.400	—	—	—
	齿轮油 20#		kg	4.000	4.000	5.000	—	—	—
	黄甘油		kg	0.800	0.800	1.000	—	—	—
	氧气		m^3	40.000	48.000	48.000	8.000	12.000	16.000
	乙炔气		kg	15.385	18.462	18.462	3.077	4.615	6.154
	石棉替代品		kg	—	—	—	4.800	6.000	10.500
	青壳纸 δ0.1~1.0		kg	1.000	1.000	1.000	—	—	—
	毛刷		把	2.000	2.000	2.000	—	—	—
	水		m^3	68.000	102.000	170.000	45.000	70.000	116.000
	其他材料费		%	2.00	2.00	2.00	2.00	2.00	2.00
机械	汽车式起重机 8t		台班	2.381	2.381	2.667	0.476	0.476	0.476
	载货汽车－普通货车 5t		台班	0.952	0.952	0.952	0.476	0.476	0.476
	弧焊机 32kV·A		台班	9.524	11.429	11.429	1.905	2.857	3.810
	电焊条烘干箱 60×50×75(cm^3)		台班	0.952	1.143	1.143	0.191	0.286	0.381

计量单位：台

编　号				2-7-7	2-7-8	2-7-9
项　目				虹吸式滤池		重力无阀滤池
				出力(t/h)		
				≤180	≤360	≤80
名　称			单位	消　耗　量		
人工	合计工日		工日	121.578	187.043	42.773
	其中	普工	工日	30.394	46.761	10.693
		一般技工	工日	72.947	112.226	25.664
		高级技工	工日	18.237	28.056	6.416
材料	镀锌铁丝 ϕ2.5~4.0		kg	7.800	12.000	10.000
	钢板(综合)		kg	87.750	135.000	10.000
	无石棉橡胶板(低压) δ0.8~6.0		kg	11.700	18.000	1.500
	四氟带		kg	0.013	0.020	0.020
	油麻丝		kg	29.250	45.000	—
	尼龙砂轮片 ϕ100		片	5.200	8.000	4.000
	低碳钢焊条(综合)		kg	41.600	64.000	18.000
	钢锯条		条	16.900	26.000	4.000
	水泥 42.5		kg	143.650	221.000	—
	酚醛调和漆		kg	0.325	0.500	0.250
	金属清洗剂		kg	1.213	1.867	0.467
	氧气		m^3	41.600	64.000	12.000
	乙炔气		kg	16.000	24.615	4.615
	石棉替代品		kg	62.400	96.000	—
	水		m^3	498.550	767.000	34.000
	其他材料费		%	2.00	2.00	2.00
机械	汽车式起重机 8t		台班	4.457	6.857	0.762
	载货汽车－普通货车 5t		台班	2.030	3.124	1.429
	弧焊机 32kV·A		台班	9.905	15.238	3.524
	电焊条烘干箱 60×50×75(cm^3)		台班	0.991	1.524	0.352

二、水处理设备安装

1. 澄清设备安装

工作内容：基础检查，开箱、搬运、检查、安装等。 **计量单位：**台

编号			2-7-10	2-7-11	2-7-12	2-7-13	2-7-14
项目			澄清器		压力式混合器		
			出力（t/h）		直径（mm）		
			≤50	≤100	≤800	≤1 000	≤1 250
名称		单位	消耗量				
人工	合计工日	工日	77.228	121.796	7.624	7.829	7.948
人工	其中 普工	工日	19.307	30.449	1.906	1.957	1.987
人工	其中 一般技工	工日	46.337	73.078	4.574	4.698	4.769
人工	其中 高级技工	工日	11.584	18.269	1.144	1.174	1.192
材料	镀锌铁丝 ϕ2.5~4.0	kg	50.000	80.000	3.000	4.000	4.000
材料	钢板（综合）	kg	40.000	60.000	8.000	10.000	10.000
材料	耐酸橡胶板 δ3	kg	—	—	2.000	2.000	2.000
材料	无石棉橡胶板（低压）δ0.8~6.0	kg	2.000	3.000	—	—	—
材料	四氟带	kg	0.020	0.030	0.010	0.010	0.010
材料	白布	kg	0.100	0.140	0.500	0.500	0.500
材料	尼龙砂轮片 ϕ100	片	3.000	6.000	—	—	—
材料	铁砂布 $0^{\#}$~$2^{\#}$	张	10.000	14.000	—	—	—
材料	低碳钢焊条（综合）	kg	64.000	96.000	2.000	2.000	2.000
材料	钢锯条	条	6.000	8.000	4.000	4.000	4.000
材料	酚醛调和漆	kg	24.000	36.200	2.200	3.300	3.800
材料	松节油	kg	1.920	2.900	—	—	—
材料	金属清洗剂	kg	0.700	1.167	—	—	—
材料	氧气	m^3	64.000	96.000	2.000	2.000	2.000
材料	乙炔气	kg	24.615	36.923	0.769	0.769	0.769
材料	毛刷	把	2.000	2.000	—	—	—
材料	水	m^3	100.000	200.000	—	—	—
材料	其他材料费	%	2.00	2.00	2.00	2.00	2.00
机械	汽车式起重机 25t	台班	1.067	1.333	0.190	0.190	0.190
机械	汽车式起重机 40t	台班	4.762	7.143	—	—	—
机械	载货汽车－普通货车 5t	台班	0.952	1.905	0.190	0.190	0.190
机械	载货汽车－普通货车 8t	台班	0.990	1.238	—	—	—
机械	弧焊机 32kV·A	台班	22.857	34.286	0.476	0.476	0.476
机械	电焊条烘干箱 60×50×75（cm^3）	台班	2.286	3.429	0.048	0.048	0.048

计量单位：台

编　号				2-7-15	2-7-16	2-7-17
项　目				压力式混合器	重力式双阀滤池	重力式多阀滤池
				直径(mm)	出力(t/h)	
				≤1 600	≤80	
名　称			单位	消　耗　量		
人工	合计工日		工日	10.127	41.583	58.212
	其中	普工	工日	2.532	10.396	14.553
		一般技工	工日	6.076	24.949	34.928
		高级技工	工日	1.519	6.238	8.731
材料	镀锌铁丝 ϕ2.5~4.0		kg	5.000	10.000	10.000
	钢板(综合)		kg	12.000	50.000	50.000
	耐酸橡胶板 δ3		kg	3.000	—	—
	无石棉橡胶板(低压) δ0.8~6.0		kg	—	3.000	3.000
	四氟带		kg	0.010	0.010	0.010
	白布		kg	0.750	0.050	0.070
	尼龙砂轮片 ϕ100		片	—	4.000	4.000
	铁砂布 0#~2#		张	—	5.000	7.000
	低碳钢焊条(综合)		kg	2.000	24.000	24.000
	钢锯条		条	6.000	4.000	4.000
	酚醛调和漆		kg	5.200	12.200	17.500
	松节油		kg	—	1.000	1.000
	金属清洗剂		kg	—	0.233	0.233
	氧气		m^3	2.000	16.000	24.000
	乙炔气		kg	0.769	6.154	9.231
	水		m^3	—	42.000	50.000
	其他材料费		%	2.00	2.00	2.00
机械	汽车式起重机 8t		台班	0.286	0.476	—
	汽车式起重机 12t		台班	—	—	0.476
	载货汽车－普通货车 5t		台班	0.286	—	—
	载货汽车－普通货车 8t		台班	—	0.476	—
	载货汽车－普通货车 10t		台班	—	—	0.476
	弧焊机 32kV·A		台班	0.476	3.810	3.810
	电焊条烘干箱 60×50×75(cm^3)		台班	0.048	0.381	0.381

2. 机械过滤设备安装

工作内容：基础检查，垫铁配制及安装，开箱、搬运、检查、安装等。 **计量单位：**台

编号				2-7-18	2-7-19	2-7-20	2-7-21
项目				单流式			
				直径（mm）			
				≤ 800	≤ 1 000	≤ 1 250	≤ 1 600
名称			单位	消耗量			
人工	合计工日		工日	15.498	18.936	21.731	26.964
	其中	普工	工日	3.874	4.734	5.433	6.741
		一般技工	工日	9.299	11.361	13.039	16.179
		高级技工	工日	2.325	2.841	3.259	4.044
材料	镀锌铁丝 ϕ2.5~4.0		kg	3.360	4.480	4.720	6.170
	钢板（综合）		kg	8.000	10.000	10.000	12.000
	黑铅粉		kg	0.050	0.050	0.050	0.050
	耐酸橡胶板 δ3		kg	2.230	3.450	4.450	4.450
	四氟带		kg	0.010	0.010	0.010	0.010
	棉纱		kg	0.300	0.360	0.360	0.370
	白布		kg	0.300	0.360	0.360	0.370
	铁砂布 0#~2#		张	2.000	2.000	2.000	3.000
	低碳钢焊条（综合）		kg	2.000	2.000	3.000	3.000
	钢锯条		条	4.000	4.000	4.000	6.000
	酚醛调和漆		kg	2.000	2.800	3.200	4.200
	橡胶无石棉盘根 编织 ϕ11~25（250℃）		kg	0.200	0.400	0.400	0.400
	松节油		kg	0.160	0.220	0.260	0.340
	金属清洗剂		kg	0.035	0.070	0.070	0.070
	溶剂汽油		kg	0.150	0.300	0.300	0.300
	机油		kg	0.100	0.100	0.100	0.100
	红丹粉		kg	0.050	0.050	0.050	0.050
	氧气		m^3	4.000	4.000	6.000	6.000
	乙炔气		kg	1.538	1.538	2.308	2.308
	其他材料费		%	2.00	2.00	2.00	2.00
机械	汽车式起重机 8t		台班	0.286	0.286	0.286	0.381
	载货汽车－普通货车 5t		台班	0.381	0.476	0.571	0.762
	试压泵 60MPa		台班	0.143	0.238	0.238	0.238
	弧焊机 32kV·A		台班	0.952	0.952	1.429	1.429
	电焊条烘干箱 60×50×75（cm^3）		台班	0.095	0.095	0.143	0.143

计量单位：台

编号				2-7-22	2-7-23	2-7-24	2-7-25
项目				双流式			
				直径（mm）			
				≤ 800	≤ 1 000	≤ 1 250	≤ 1 600
名称			单位	消耗量			
人工	合计工日		工日	18.466	20.884	23.997	28.594
	其中	普工	工日	4.616	5.221	5.999	7.149
		一般技工	工日	11.080	12.531	14.398	17.156
		高级技工	工日	2.770	3.132	3.600	4.289
材料	镀锌铁丝 ϕ2.5~4.0		kg	3.400	4.560	4.720	6.170
	钢板（综合）		kg	8.000	10.000	10.000	12.000
	黑铅粉		kg	0.050	0.050	0.050	0.050
	耐酸橡胶板 δ3		kg	2.230	3.500	4.450	4.450
	四氟带		kg	0.010	0.010	0.010	0.020
	棉纱		kg	0.300	0.400	0.400	0.400
	白布		kg	0.300	0.400	0.400	0.400
	铁砂布 0#~2#		张	2.000	2.000	2.000	2.000
	低碳钢焊条（综合）		kg	3.000	3.000	4.000	4.000
	钢锯条		条	4.000	4.000	4.000	4.000
	酚醛调和漆		kg	2.000	2.800	3.200	4.200
	橡胶无石棉盘根 编织 ϕ11~25（250℃）		kg	0.200	0.400	0.400	0.400
	松节油		kg	0.160	0.220	0.260	0.340
	金属清洗剂		kg	0.035	0.070	0.070	0.070
	溶剂汽油		kg	0.150	0.300	0.300	0.300
	机油		kg	0.100	0.100	0.100	0.100
	红丹粉		kg	0.050	0.050	0.050	0.050
	氧气		m^3	8.000	8.000	8.000	10.000
	乙炔气		kg	3.077	3.077	3.077	3.846
	凡尔砂		kg	0.020	0.020	0.020	0.020
	其他材料费		%	2.00	2.00	2.00	2.00
机械	汽车式起重机 8t		台班	0.286	0.286	0.286	0.381
	载货汽车 – 普通货车 5t		台班	0.381	0.476	0.571	0.762
	试压泵 60MPa		台班	0.143	0.238	0.238	0.238
	弧焊机 32kV·A		台班	1.505	1.505	1.905	1.905
	电焊条烘干箱 60 × 50 × 75（cm^3）		台班	0.151	0.151	0.191	0.191

3. 电渗析器安装

工作内容：开箱、搬运、检查、安装等。 **计量单位：**台

编号				2-7-26	2-7-27
项目				电渗析器	
				出力 2~9t/h 以内	出力 10~30t/h 以内
名称			单位	消耗量	
人工	合计工日		工日	9.002	12.777
	其中	普工	工日	2.251	3.194
		一般技工	工日	5.401	7.667
		高级技工	工日	1.350	1.916
材料	钢板（综合）		kg	8.000	8.000
	聚氯乙烯薄膜		m^2	0.500	0.500
	四氟带		kg	0.010	0.010
	白布		kg	0.750	0.750
	低碳钢焊条（综合）		kg	0.600	0.600
	酚醛调和漆		kg	0.250	0.300
	氯化钠		kg	40.000	40.000
	氧气		m^3	4.000	4.000
	乙炔气		kg	1.538	1.538
	其他材料费		%	2.00	2.00
机械	汽车式起重机 8t		台班	0.476	0.476
	载货汽车－普通货车 5t		台班	0.476	0.476
	弧焊机 32kV·A		台班	0.476	0.476
	电焊条烘干箱 60×50×75（cm^3）		台班	0.048	0.048

4. 软化器安装

工作内容：基础检查，垫铁配制及安装，开箱、搬运、检查、安装等。　　**计量单位：**台

编　号				2-7-28	2-7-29	2-7-30	2-7-31	2-7-32	2-7-33
项　目				钠离子软化器					
				直径（mm）					
				≤ 800	≤ 1 000	≤ 1 250	≤ 1 600	≤ 1 800	≤ 2 000
名　称			单位	消　耗　量					
人工	合计工日		工日	12.484	14.406	22.831	27.627	30.633	36.978
	其中	普工	工日	3.121	3.601	5.708	6.907	7.658	9.244
		一般技工	工日	7.491	8.644	13.698	16.576	18.380	22.187
		高级技工	工日	1.872	2.161	3.425	4.144	4.595	5.547
材料	镀锌铁丝　ϕ2.5~4.0		kg	3.240	4.480	4.500	6.500	6.920	8.370
	钢板（综合）		kg	8.000	10.000	10.000	12.000	12.000	15.000
	黑铅粉		kg	0.050	0.050	0.050	0.050	0.050	0.100
	耐酸橡胶板　δ3		kg	3.230	6.230	6.450	6.680	9.680	9.900
	四氟带		kg	0.010	0.010	0.010	0.010	0.010	0.020
	棉纱		kg	0.260	0.260	0.370	0.470	0.470	0.480
	白布		kg	0.260	0.260	0.370	0.470	0.470	0.480
	铁砂布　0#~2#		张	2.000	2.000	3.000	4.000	4.000	5.000
	低碳钢焊条（综合）		kg	2.000	3.000	3.000	4.000	4.000	5.000
	钢锯条		条	2.000	2.000	4.000	4.000	4.000	4.000
	酚醛调和漆		kg	2.200	3.000	3.800	5.200	6.000	7.000
	橡胶无石棉盘根　编织　ϕ11~25（250℃）		kg	0.200	0.200	0.400	0.600	0.600	0.750
	松节油		kg	0.180	0.240	0.300	0.400	0.480	0.560
	金属清洗剂		kg	0.035	0.035	0.070	0.117	0.117	0.117
	溶剂汽油		kg	0.150	0.150	0.300	0.500	0.500	0.500
	机油		kg	0.100	0.100	0.150	0.200	0.200	0.250
	红丹粉		kg	0.050	0.050	0.050	0.050	0.050	0.100
	氧气		m^3	4.000	4.000	6.000	6.000	6.000	6.000
	乙炔气		kg	1.538	1.538	2.308	2.308	2.308	2.308
	凡尔砂		kg	0.010	0.010	0.020	0.020	0.020	0.020
	其他材料费		%	2.00	2.00	2.00	2.00	2.00	2.00
机械	汽车式起重机　8t		台班	0.286	0.286	0.286	0.381	0.381	0.381
	载货汽车－普通货车　5t		台班	0.381	0.571	0.762	0.952	1.238	1.143
	载货汽车－普通货车　8t		台班	—	—	—	—	—	0.381
	试压泵　60MPa		台班	0.143	0.143	0.238	0.381	0.381	0.381
	弧焊机　32kV·A		台班	0.952	0.952	1.429	1.429	1.429	1.429
	电焊条烘干箱　60×50×75（cm^3）		台班	0.095	0.095	0.143	0.143	0.143	0.143

计量单位：台

编号			2-7-34	2-7-35
项目			食盐溶解过滤器	
			直径（mm）	
			≤426	≤670
名称		单位	消耗量	
人工	合计工日	工日	5.578	6.795
	其中 普工	工日	1.395	1.699
	其中 一般技工	工日	3.346	4.077
	其中 高级技工	工日	0.837	1.019
材料	镀锌铁丝 ϕ2.5~4.0	kg	1.000	1.000
	钢板（综合）	kg	5.000	6.000
	黑铅粉	kg	0.050	0.050
	耐酸橡胶板 δ3	kg	2.000	2.000
	无石棉橡胶板（低压）δ0.8~6.0	kg	0.230	0.230
	四氟带	kg	0.010	0.010
	棉纱	kg	0.250	0.250
	白布	kg	0.250	0.250
	铁砂布 $0^{\#}$~$2^{\#}$	张	1.000	1.000
	低碳钢焊条（综合）	kg	1.000	1.000
	酚醛调和漆	kg	0.130	0.200
	橡胶无石棉盘根 编织 ϕ11~25（250℃）	kg	0.200	0.200
	金属清洗剂	kg	0.035	0.035
	溶剂汽油	kg	0.150	0.150
	机油	kg	0.100	0.100
	红丹粉	kg	0.050	0.050
	氧气	m^3	3.000	3.000
	乙炔气	kg	1.154	1.154
	凡尔砂	kg	0.010	0.010
	其他材料费	%	2.00	2.00
机械	汽车式起重机 8t	台班	0.190	0.190
	载货汽车－普通货车 5t	台班	0.190	0.190
	试压泵 60MPa	台班	0.143	0.143
	弧焊机 32kV·A	台班	0.476	0.476
	电焊条烘干箱 60×50×75（cm^3）	台班	0.048	0.048

5. 衬胶离子交换器安装

工作内容：基础检查，垫铁配制及安装，开箱、搬运、检查、安装等。　　**计量单位：**台

编号				2-7-36	2-7-37	2-7-38	2-7-39	2-7-40	2-7-41
项目				阴阳离子交换器					
				直径（mm）					
				≤800	≤1 000	≤1 250	≤1 600	≤1 800	≤2 000
				树脂高 1.6m			树脂高 2m		
名称			单位	消耗量					
人工	合计工日		工日	13.365	14.771	18.863	23.878	26.824	30.514
	其中	普工	工日	3.341	3.693	4.716	5.970	6.706	7.629
		一般技工	工日	8.019	8.863	11.318	14.326	16.095	18.308
		高级技工	工日	2.005	2.215	2.829	3.582	4.023	4.577
材料	镀锌铁丝 ϕ2.5~4.0		kg	3.240	4.380	4.600	6.200	6.500	7.860
	钢板（综合）		kg	8.000	10.000	10.000	12.000	12.000	15.000
	耐酸橡胶板 δ3		kg	3.000	6.000	6.000	6.000	9.000	9.000
	四氟带		kg	0.010	0.010	0.010	0.010	0.010	0.010
	尼龙绳（综合）		kg	0.100	0.200	0.200	0.300	0.300	0.400
	白布		kg	0.200	0.200	0.200	0.200	0.200	0.200
	白麻绳 ϕ26		kg	6.000	6.000	6.000	6.000	6.000	6.000
	铁砂布 0#~2#		张	1.000	2.000	2.000	3.000	3.000	3.000
	低碳钢焊条（综合）		kg	2.500	3.000	3.000	3.000	3.000	3.000
	不锈钢焊条 A102 ϕ3.2		kg	0.200	0.200	0.200	0.200	0.200	0.200
	硬聚氯乙烯焊条 ϕ4		kg	0.200	0.200	0.200	0.200	0.200	0.200
	钢锯条		条	2.000	2.000	4.000	4.000	4.000	4.000
	酚醛调和漆		kg	2.000	2.800	3.600	5.400	6.000	7.000
	松节油		kg	0.160	0.220	0.290	0.430	0.500	0.560
	氧气		m^3	2.000	2.000	2.000	2.000	2.000	2.000
	乙炔气		kg	0.769	0.769	0.769	0.769	0.769	0.769
	其他材料费		%	2.00	2.00	2.00	2.00	2.00	2.00
机械	汽车式起重机 8t		台班	0.286	0.286	0.286	0.381	0.381	0.381
	载货汽车－普通货车 5t		台班	0.381	0.381	0.571	0.857	1.143	1.238
	载货汽车－普通货车 8t		台班	—	—	—	—	—	0.381
	试压泵 60MPa		台班	0.238	0.238	0.381	0.381	0.476	0.476
	弧焊机 32kV·A		台班	0.952	0.952	0.952	0.952	0.952	0.952
	电动空气压缩机 0.6m^3/min		台班	2.114	2.114	2.114	2.114	2.114	2.114
	电焊条烘干箱 60×50×75（cm^3）		台班	0.095	0.095	0.095	0.095	0.095	0.095

计量单位：台

编号			单位	2-7-42	2-7-43	2-7-44	2-7-45
项目				体外再生罐			
				直径（mm）			
				≤800	≤1 000	≤1 250	≤1 600
名称			单位	消耗量			
人工	合计工日		工日	12.552	13.285	15.948	18.823
	其中	普工	工日	3.138	3.321	3.987	4.706
		一般技工	工日	7.531	7.971	9.569	11.294
		高级技工	工日	1.883	1.993	2.392	2.823
材料	镀锌铁丝 φ2.5~4.0		kg	3.000	4.000	4.000	5.000
	钢板（综合）		kg	8.000	10.000	10.000	12.000
	耐酸橡胶板 δ3		kg	3.000	6.000	6.000	6.000
	四氟带		kg	0.010	0.010	0.010	0.010
	尼龙绳（综合）		kg	0.100	0.200	0.200	0.300
	白布		kg	0.100	0.100	0.100	0.100
	白麻绳 φ26		kg	6.000	6.000	6.000	6.000
	铁砂布 0#~2#		张	1.000	2.000	2.000	3.000
	低碳钢焊条（综合）		kg	3.000	3.000	3.000	3.000
	不锈钢焊条 A102 φ3.2		kg	0.200	0.200	0.200	0.200
	硬聚氯乙烯焊条 φ4		kg	0.200	0.200	0.200	0.200
	钢锯条		条	4.000	4.000	4.000	4.000
	酚醛调和漆		kg	2.200	3.100	3.900	5.700
	松节油		kg	0.200	0.230	0.320	0.500
	氧气		m^3	2.000	2.000	2.000	2.000
	乙炔气		kg	0.769	0.769	0.769	0.769
	其他材料费		%	2.00	2.00	2.00	2.00
机械	汽车式起重机 8t		台班	0.286	0.286	0.286	0.381
	载货汽车－普通货车 5t		台班	0.286	0.381	0.381	0.571
	试压泵 60MPa		台班	0.238	0.238	0.238	0.381
	弧焊机 32kV·A		台班	0.952	0.952	0.952	0.952
	电动空气压缩机 0.6m³/min		台班	2.114	2.114	2.114	2.114
	电焊条烘干箱 60×50×75（cm³）		台班	0.095	0.095	0.095	0.095

计量单位:台

编 号				2-7-46	2-7-47	2-7-48	2-7-49
项 目				树脂贮存罐			
				直径(mm)			
				≤800	≤1 000	≤1 250	≤1 600
名 称			单位	消 耗 量			
人工	合计工日		工日	8.611	9.160	11.446	14.272
	其中	普工	工日	2.153	2.290	2.861	3.568
		一般技工	工日	5.166	5.496	6.868	8.563
		高级技工	工日	1.292	1.374	1.717	2.141
材料	镀锌铁丝 ϕ2.5~4.0		kg	3.000	4.000	4.000	5.000
	钢板(综合)		kg	8.000	10.000	10.000	12.000
	耐酸橡胶板 δ3		kg	3.000	6.000	6.000	6.000
	四氟带		kg	0.010	0.010	0.010	0.010
	白布		kg	0.100	0.100	0.100	0.100
	白麻绳 ϕ26		kg	6.000	6.000	6.000	6.000
	铁砂布 0#~2#		张	1.000	1.000	2.000	3.000
	低碳钢焊条(综合)		kg	3.000	3.000	3.000	3.000
	不锈钢焊条 A102 ϕ3.2		kg	0.200	0.200	0.200	0.200
	硬聚氯乙烯焊条 ϕ4		kg	0.200	0.200	0.200	0.200
	钢锯条		条	3.000	3.000	3.000	3.000
	酚醛调和漆		kg	2.200	2.800	3.600	5.400
	松节油		kg	0.200	0.220	0.290	0.430
	氧气		m^3	2.000	2.000	2.000	2.000
	乙炔气		kg	0.769	0.769	0.769	0.769
	其他材料费		%	2.00	2.00	2.00	2.00
机械	汽车式起重机 8t		台班	0.286	0.286	0.286	0.381
	载货汽车 - 普通货车 5t		台班	0.286	0.381	0.381	0.571
	试压泵 60MPa		台班	0.238	0.238	0.238	0.381
	弧焊机 32kV·A		台班	0.952	0.952	0.952	0.952
	电动空气压缩机 0.6m^3/min		台班	2.114	2.114	2.114	2.114
	电焊条烘干箱 60×50×75(cm^3)		台班	0.095	0.095	0.095	0.095

6. 除二氧化碳器安装

工作内容：基础检查，垫铁配制及安装，开箱、搬运、检查、安装等。 **计量单位：**台

编号				2-7-50	2-7-51	2-7-52	2-7-53	2-7-54	2-7-55
项目				填料高 2m			填料高 2.5m		
				直径（mm）					
				≤630	≤800	≤1 000	≤1 250	≤1 400	≤1 600
名称			单位	消耗量					
人工	合计工日		工日	9.696	11.491	13.486	16.810	18.214	20.161
	其中	普工	工日	2.424	2.873	3.372	4.203	4.553	5.041
		一般技工	工日	5.818	6.895	8.091	10.086	10.929	12.096
		高级技工	工日	1.454	1.723	2.023	2.521	2.732	3.024
材料	型钢（综合）		kg	6.000	6.000	6.000	10.000	10.000	10.000
	镀锌铁丝 ϕ2.5~4.0		kg	3.000	3.000	3.000	6.000	6.000	6.000
	钢板（综合）		kg	12.000	12.000	14.000	14.000	14.000	14.000
	耐酸橡胶板 δ3		kg	0.600	0.600	0.600	1.000	1.000	1.000
	白布		kg	1.500	1.500	1.500	2.100	2.100	2.100
	羊毛毡 6~8		m^2	0.010	0.010	0.020	0.020	0.030	0.030
	铁砂布 0#~2#		张	1.000	1.000	2.000	3.000	3.000	3.000
	低碳钢焊条（综合）		kg	1.000	1.000	1.000	2.000	2.000	2.000
	不锈钢焊条 A102 ϕ3.2		kg	0.200	0.200	0.200	0.200	0.200	0.200
	斜垫铁（综合）		kg	6.420	6.420	6.420	6.420	7.230	7.230
	酚醛调和漆		kg	1.700	2.200	2.800	3.800	4.400	5.000
	松节油		kg	0.140	0.180	0.220	0.300	0.350	0.400
	金属清洗剂		kg	0.117	0.117	0.117	0.233	0.233	0.233
	溶剂汽油		kg	0.500	0.500	0.500	1.000	1.000	1.000
	黄甘油		kg	0.100	0.100	0.100	0.200	0.200	0.200
	氧气		m^3	2.000	2.000	2.000	4.000	4.000	4.000
	乙炔气		kg	0.769	0.769	0.769	1.538	1.538	1.538
	毛刷		把	1.000	1.000	1.000	1.000	1.000	1.000
	水		m^3	1.200	2.000	3.200	5.000	6.300	8.800
	其他材料费		%	2.00	2.00	2.00	2.00	2.00	2.00
机械	汽车式起重机 8t		台班	0.248	0.248	0.248	0.248	0.248	0.248
	汽车式起重机 16t		台班	0.190	0.190	0.190	0.286	0.286	0.286
	载货汽车－普通货车 5t		台班	0.210	0.286	0.381	0.571	0.667	0.857
	弧焊机 32kV·A		台班	0.476	0.476	0.476	0.952	0.952	0.952
	电焊条烘干箱 60×50×75（cm^3）		台班	0.048	0.048	0.048	0.095	0.095	0.095

7. 反渗透装置安装

工作内容：基础检查，垫铁配制及安装，开箱、搬运、检查、安装等。　　　　**计量单位：**台

编　号				2-7-56	2-7-57	2-7-58	2-7-59
项　目				卷膜式		中空式	
				出力（t/h）			
				≤30	≤60	≤50	≤100
名　称			单位	消　耗　量			
人工	合计工日		工日	9.128	12.168	10.451	20.239
	其中	普工	工日	2.282	3.042	2.613	5.060
		一般技工	工日	5.477	7.301	6.270	12.143
		高级技工	工日	1.369	1.825	1.568	3.036
材料	斜垫铁（综合）		kg	4.820	7.230	7.230	7.230
	镀锌铁丝 ϕ1.5~2.5		kg	1.320	1.520	1.520	1.900
	钢板（综合）		kg	13.500	18.000	27.000	36.000
	耐酸橡胶板 δ3		kg	1.000	1.000	2.000	2.000
	白布		kg	0.793	0.793	0.793	0.793
	低碳钢焊条（综合）		kg	1.700	1.700	3.400	3.400
	不锈钢焊条 A102 ϕ3.2		kg	0.750	0.750	1.400	1.400
	硬聚氯乙烯焊条 ϕ4		kg	0.350	0.350	0.700	0.700
	甘油		kg	4.000	5.000	4.000	5.000
	洗衣粉		kg	4.000	5.000	2.000	3.000
	氧气		m^3	2.400	2.400	4.800	4.800
	乙炔气		kg	0.923	0.923	1.846	1.846
	其他材料费		%	2.00	2.00	2.00	2.00
机械	汽车式起重机 12t		台班	0.952	0.952	0.952	0.952
	载货汽车 - 普通货车 8t		台班	0.476	0.476	0.952	0.952
	试压泵 60MPa		台班	0.476	0.476	0.476	0.476
	弧焊机 32kV·A		台班	0.448	0.448	0.905	0.905
	电焊条烘干箱 60×50×75（cm^3）		台班	0.045	0.045	0.091	0.091

计量单位：台

编号				2-7-60	2-7-61	2-7-62
项目				精密过滤器		
				直径（mm）		
				≤400	≤600	≤800
名称			单位	消耗量		
人工	合计工日		工日	10.076	11.499	13.554
	其中	普工	工日	2.519	2.875	3.389
		一般技工	工日	6.046	6.899	8.132
		高级技工	工日	1.511	1.725	2.033
材料	镀锌铁丝 ϕ1.5~2.5		kg	0.760	1.140	1.140
	平垫铁（综合）		kg	5.400	7.200	7.200
	斜垫铁（综合）		kg	1.000	1.500	2.000
	耐酸橡胶板 δ3		kg	2.000	2.000	2.500
	白布		kg	0.793	0.793	0.793
	铁砂布 0#~2#		张	2.000	2.000	2.000
	低碳钢焊条（综合）		kg	1.700	2.550	2.550
	不锈钢焊条 A102 ϕ3.2		kg	0.800	1.400	1.900
	酚醛调和漆		kg	1.400	1.800	2.000
	油漆溶剂油		kg	0.110	0.140	0.160
	氧气		m^3	3.200	4.800	6.400
	乙炔气		kg	1.231	1.846	2.462
	其他材料费		%	2.00	2.00	2.00
机械	汽车式起重机 8t		台班	0.381	0.381	0.381
	载货汽车－普通货车 5t		台班	0.381	0.381	0.381
	试压泵 60MPa		台班	0.476	0.476	0.476
	弧焊机 32kV·A		台班	0.448	0.905	0.905
	电焊条烘干箱 60×50×75（cm^3）		台班	0.045	0.091	0.091

三、水处理辅助设备安装

1. 酸碱贮存罐安装

工作内容：基础检查、铲平，垫铁配制及安装，开箱、搬运、检查、安装等。　　**计量单位：**台

编　号				2-7-63	2-7-64	2-7-65	2-7-66
项　目				容积（m^3）			
				≤8	≤16	≤20	≤40
名　称			单位	消　耗　量			
人工	合计工日		工日	5.730	8.246	9.466	10.729
	其中	普工	工日	1.719	2.474	2.840	3.219
		一般技工	工日	3.151	4.535	5.206	5.901
		高级技工	工日	0.860	1.237	1.420	1.609
材料	镀锌铁丝 ϕ2.5~4.0		kg	3.000	5.000	8.000	8.000
	钢板（综合）		kg	10.000	12.000	16.000	16.000
	耐酸橡胶板 δ3		kg	2.000	2.000	4.000	6.000
	白布		kg	0.500	0.500	0.500	0.500
	低碳钢焊条（综合）		kg	1.000	1.000	1.000	1.000
	酚醛调和漆		kg	0.250	0.250	0.250	0.500
	氧气		m^3	2.000	2.000	2.000	2.000
	乙炔气		kg	0.769	0.769	0.769	0.769
	其他材料费		%	2.00	2.00	2.00	2.00
机械	汽车式起重机 25t		台班	0.260	0.320	0.500	0.600
	载货汽车－普通货车 8t		台班	0.286	0.286	0.381	—
	载货汽车－普通货车 10t		台班	—	—	—	0.381
	弧焊机 32kV·A		台班	0.476	0.476	0.476	0.476
	电焊条烘干箱 60×50×75（cm^3）		台班	0.048	0.048	0.048	0.048

2. 溶液箱（计量箱）计量器安装

工作内容：开箱、搬运、检查、安装等。　　　　**计量单位：**台

编号				2-7-67	2-7-68	2-7-69
项目				容积（m^3）		
				≤0.5	≤1.5	≤3
名称			单位	消耗量		
人工	合计工日		工日	2.557	3.338	4.292
	其中	普工	工日	0.767	1.001	1.287
		一般技工	工日	1.406	1.836	2.361
		高级技工	工日	0.384	0.501	0.644
材料	镀锌铁丝 ϕ2.5~4.0		kg	3.000	4.000	6.000
	钢板（综合）		kg	5.000	7.000	9.000
	耐酸橡胶板 δ3		kg	1.000	1.000	2.000
	白布		kg	0.500	0.500	0.500
	铁砂布 0#~2#		张	1.000	1.000	1.000
	低碳钢焊条（综合）		kg	1.000	1.000	1.000
	酚醛调和漆		kg	1.800	1.800	2.000
	松节油		kg	0.100	0.100	0.100
	氧气		m^3	2.000	2.000	2.000
	乙炔气		kg	0.769	0.769	0.769
	其他材料费		%	2.00	2.00	2.00
机械	汽车式起重机 8t		台班	0.230	0.230	0.230
	载货汽车－普通货车 5t		台班	0.190	0.190	0.190
	弧焊机 32kV·A		台班	0.476	0.476	0.476
	电焊条烘干箱 60×50×75（cm^3）		台班	0.048	0.048	0.048

计量单位：台

编 号			2-7-70	2-7-71	2-7-72
项 目			胶囊计量器		喷射器
			直径（mm）		
			≤300	≤670	
名 称		单位	消 耗 量		
人工	合计工日	工日	1.161	1.786	3.775
其中	普工	工日	0.349	0.536	1.132
	一般技工	工日	0.638	0.982	2.077
	高级技工	工日	0.174	0.268	0.566
材料	型钢（综合）	kg	—	—	8.000
	镀锌铁丝（综合）	kg	0.910	1.400	—
	钢板（综合）	kg	—	—	10.000
	中厚钢板 δ15 以内	kg	4.876	7.500	—
	橡胶板 δ3	kg	1.300	2.000	—
	耐酸橡胶板 δ3	kg	—	—	1.000
	白布	kg	—	—	0.250
	普低钢焊条 J507 ϕ3.2	kg	0.553	0.850	—
	尼龙砂轮片 ϕ100	片	—	—	1.000
	低碳钢焊条（综合）	kg	—	—	1.500
	氧气	m^3	0.845	1.300	3.000
	乙炔气	kg	0.325	0.500	1.154
	其他材料费	%	2.00	2.00	2.00
机械	汽车式起重机 25t	台班	0.037	0.057	—
	载货汽车－普通货车 10t	台班	0.037	0.057	—
	弧焊机 32kV·A	台班	0.114	0.176	0.476
	电焊条烘干箱 60×50×75（cm^3）	台班	0.011	0.018	0.048

3. 搅拌器安装

工作内容：基础检查，开箱、搬运、检查、安装等。 **计量单位：**台

编号				2-7-73	2-7-74
项目				容积(m^3)	
				≤3	≤8
名称			单位	消耗量	
人工	合计工日		工日	3.953	6.742
	其中	普工	工日	0.988	1.685
		一般技工	工日	2.372	4.045
		高级技工	工日	0.593	1.012
材料	镀锌铁丝 ϕ2.5~4.0		kg	1.000	2.000
	钢板(综合)		kg	8.000	11.000
	四氟带		kg	0.010	0.010
	白布		kg	0.500	0.500
	铁砂布 0#~2#		张	1.000	1.000
	低碳钢焊条(综合)		kg	1.000	1.000
	酚醛调和漆		kg	1.800	2.600
	松节油		kg	0.100	0.160
	金属清洗剂		kg	0.187	0.187
	黄甘油		kg	0.200	0.200
	氧气		m^3	3.000	3.000
	乙炔气		kg	1.154	1.154
	其他材料费		%	2.00	2.00
机械	汽车式起重机 8t		台班	0.476	0.476
	载货汽车－普通货车 5t		台班	0.476	0.476
	弧焊机 32kV·A		台班	0.476	0.476
	电焊条烘干箱 60×50×75(cm^3)		台班	0.048	0.048

4. 吸收器安装

工作内容：基础检查，开箱、搬运、检查、安装等。 **计量单位：**台

编号				2-7-75	2-7-76	2-7-77
项目				泡沫吸收器	吸收器	
				直径（mm）		
				≤600	≤266	≤362
名称			单位	消耗量		
人工	合计工日		工日	8.545	1.703	1.703
	其中	普工	工日	2.137	0.426	0.426
		一般技工	工日	5.126	1.021	1.021
		高级技工	工日	1.282	0.256	0.256
材料	镀锌铁丝 ϕ2.5~4.0		kg	4.000	—	—
	钢板（综合）		kg	13.000	—	—
	耐酸橡胶板 δ3		kg	2.000	3.400	4.000
	四氟带		kg	0.010	—	—
	白布		kg	0.200	—	—
	铁砂布 0#~2#		张	1.000	—	—
	低碳钢焊条（综合）		kg	2.000	—	—
	酚醛调和漆		kg	1.200	0.150	0.150
	松节油		kg	0.100	—	—
	氧气		m^3	2.000	—	—
	乙炔气		kg	0.769	—	—
	其他材料费		%	2.00	2.00	2.00
机械	汽车式起重机 8t		台班	0.476	—	—
	载货汽车－普通货车 5t		台班	0.286	—	—
	弧焊机 32kV·A		台班	0.952	—	—
	电焊条烘干箱 60×50×75（cm^3）		台班	0.095	—	—

5. 树脂捕捉器安装

工作内容：开箱、搬运、检查、安装、调整。 **计量单位：**台

编号				2-7-78	2-7-79	2-7-80
项目				直径（mm）		
				≤133	≤219	≤273
名称			单位	消耗量		
人工	合计工日		工日	2.120	2.716	2.900
	其中	普工	工日	0.530	0.679	0.725
		一般技工	工日	1.272	1.629	1.740
		高级技工	工日	0.318	0.408	0.435
材料	型钢（综合）		kg	4.500	5.000	5.500
	镀锌铁丝 ϕ2.5~4.0		kg	0.900	1.000	1.100
	钢板（综合）		kg	3.600	4.000	4.400
	耐酸橡胶板 δ3		kg	3.600	4.000	4.400
	白布		kg	0.090	0.100	0.110
	低碳钢焊条（综合）		kg	0.900	1.000	1.100
	酚醛调和漆		kg	0.135	0.150	0.165
	氧气		m^3	1.800	2.000	2.200
	乙炔气		kg	0.692	0.769	0.846
	其他材料费		%	2.00	2.00	2.00
机械	弧焊机 32kV·A		台班	0.428	0.476	0.524
	电焊条烘干箱 60×50×75（cm^3）		台班	0.043	0.048	0.052

6. 水 箱 安 装

工作内容：基础检查、铲平，垫铁配制及安装，开箱、搬运、检查、安装等。　　**计量单位：**台

编　号				2-7-81	2-7-82	2-7-83	2-7-84
项　目				容积（m^3）			
				10	20	30	40
名　称			单位	消　耗　量			
人工	合计工日		工日	6.709	9.140	12.247	17.049
	其中	普工	工日	2.013	2.742	3.674	5.115
		一般技工	工日	3.690	5.027	6.736	9.377
		高级技工	工日	1.006	1.371	1.837	2.557
材料	镀锌铁丝 ϕ2.5~4.0		kg	3.000	5.000	6.000	8.000
	钢板（综合）		kg	5.000	7.000	9.000	12.000
	无石棉橡胶板（低压）δ0.8~6.0		kg	3.000	3.000	3.000	5.000
	四氟带		kg	0.010	0.010	0.010	0.010
	白布		kg	0.100	0.100	0.100	0.100
	铁砂布 0#~2#		张	3.000	4.000	5.000	7.000
	低碳钢焊条（综合）		kg	3.000	5.000	6.000	8.000
	钢锯条		条	3.000	3.000	3.000	3.000
	酚醛调和漆		kg	5.800	8.800	11.800	16.000
	松节油		kg	0.460	0.700	0.940	1.280
	氧气		m^3	3.000	6.000	12.000	15.000
	乙炔气		kg	1.154	2.308	4.615	5.769
	水		m^3	12.000	24.000	36.000	60.000
	其他材料费		%	2.00	2.00	2.00	2.00
机械	汽车式起重机 25t		台班	0.380	0.380	0.476	0.648
	载货汽车－平板拖车组 10t		台班	0.190	0.190	0.286	0.286
	弧焊机 32kV·A		台班	0.476	0.952	1.429	1.905
	电焊条烘干箱 60×50×75（cm^3）		台班	0.048	0.095	0.143	0.191

四、汽水取样设备安装

工作内容：开箱、搬运、检查、安装等。　　　　**计量单位：**套

编号				2-7-85
项目				成套取样装置
名称			单位	消耗量
人工	合计工日		工日	8.549
	其中	普工	工日	2.137
		一般技工	工日	5.129
		高级技工	工日	1.283
材料	镀锌铁丝(综合)		kg	1.000
	中厚钢板 δ15 以内		kg	5.000
	麻绳		kg	2.440
	普低钢焊条 J507 ϕ3.2		kg	2.980
	不锈钢焊条(综合)		kg	1.000
	油浸无石棉铜丝盘根 编织 ϕ3(450℃)		kg	0.300
	氧气		m^3	3.800
	乙炔气		kg	1.462
	焊接钢管 *DN*50		kg	10.000
	塑料软管 *De*10		m	7.800
	其他材料费		%	2.00
机械	自升式塔式起重机 2 500kN·m		台班	0.238
	载货汽车－普通货车 10t		台班	0.286
	弧焊机 32kV·A		台班	1.129
	电焊条烘干箱 60×50×75(cm^3)		台班	0.113

五、炉内水处理装置安装

工作内容：开箱、搬运、检查、安装等。　　　　**计量单位：**套

编　号				2-7-86	2-7-87	2-7-88
项　目				溶液箱		
				容积(m^3)		
				≤1×2	≤2×1	≤4×0.6
名　称			单位	消　耗　量		
人工	合计工日		工日	26.722	40.775	61.801
	其中	普工	工日	6.680	10.194	15.451
		一般技工	工日	16.034	24.465	37.080
		高级技工	工日	4.008	6.116	9.270
材料	型钢(综合)		kg	15.000	15.000	20.000
	平垫铁(综合)		kg	6.200	7.210	9.220
	耐酸橡胶板 δ3		kg	1.500	1.500	2.000
	聚四氟乙烯生料带 26mm×20m×0.1mm		m	4.500	4.500	9.000
	聚四氟乙烯垫		kg	0.003	0.003	0.009
	低碳钢焊条(综合)		kg	3.000	2.500	6.300
	不锈钢焊条 A102 φ3.2		kg	1.000	0.500	2.000
	酚醛调和漆		kg	0.500	0.500	0.500
	聚四氟乙烯盘根		kg	0.300	0.300	0.900
	氧气		m^3	3.000	3.000	6.000
	乙炔气		kg	1.154	1.154	2.308
	其他材料费		%	2.00	2.00	2.00
机械	汽车式起重机 25t		台班	0.420	0.420	0.420
	载货汽车－普通货车 5t		台班	0.476	0.476	0.476
	弧焊机 32kV·A		台班	1.143	0.952	3.162
	电焊条烘干箱 60×50×75(cm^3)		台班	0.114	0.095	0.316

六、铜管凝汽器镀膜装置安装

工作内容：开箱、搬运、检查、安装等。 **计量单位：**套

编号				2-7-89	2-7-90	2-7-91
项目				溶液箱		
				容积（m^3）		
				≤2×4	≤2×2.5	≤2×1.6
名称			单位	消耗量		
人工	合计工日		工日	28.209	25.640	24.411
	其中	普工	工日	8.463	7.692	7.324
		一般技工	工日	15.515	14.102	13.426
		高级技工	工日	4.231	3.846	3.661
材料	型钢（综合）		kg	20.000	15.000	15.000
	平垫铁（综合）		kg	9.220	6.210	4.200
	耐酸橡胶板 $\delta 3$		kg	2.000	1.500	1.500
	低碳钢焊条（综合）		kg	6.500	4.000	3.000
	不锈钢焊条 A102 $\phi 3.2$		kg	1.000	1.000	1.000
	酚醛调和漆		kg	0.500	0.250	0.250
	氧气		m^3	6.000	4.000	4.000
	乙炔气		kg	2.308	1.538	1.538
	其他材料费		%	2.00	2.00	2.00
机械	汽车式起重机 25t		台班	0.420	0.420	0.400
	载货汽车－普通货车 5t		台班	0.476	0.476	0.476
	弧焊机 32kV·A		台班	3.162	1.143	1.143
	电焊条烘干箱 60×50×75（cm^3）		台班	0.316	0.114	0.114

七、油处理设备安装

工作内容：基础检查，垫铁配制及安装，开箱、搬运、检查、安装等。　　**计量单位：**台

编　　号				2-7-92	2-7-93	2-7-94	2-7-95
项　　目				露天油箱			中间油箱
				容积（m^3）			
				≤10	≤20	≤30	≤2
名　　称			单位	消　耗　量			
人工	合计工日		工日	8.266	10.154	11.571	2.736
	其中	普工	工日	2.480	3.046	3.471	0.821
		一般技工	工日	4.546	5.585	6.364	1.505
		高级技工	工日	1.240	1.523	1.736	0.410
材料	镀锌铁丝 ϕ2.5~4.0		kg	5.000	5.000	6.000	1.000
	钢板（综合）		kg	6.000	8.000	10.000	6.000
	耐油无石棉橡胶板 δ2		kg	3.000	3.000	3.000	1.500
	四氟带		kg	0.010	0.020	0.020	0.010
	棉纱		kg	1.500	2.000	2.500	0.500
	白布		kg	2.000	3.000	3.000	0.500
	尼龙砂轮片 ϕ100		片	1.000	2.000	2.000	1.000
	铁砂布 0#~2#		张	6.000	9.000	12.000	1.000
	低碳钢焊条（综合）		kg	2.000	2.000	2.000	2.000
	钢锯条		条	3.000	3.000	3.000	2.000
	酚醛调和漆		kg	6.500	10.000	12.700	1.300
	氧气		m^3	3.000	3.000	3.000	2.000
	乙炔气		kg	1.154	1.154	1.154	0.769
	其他材料费		%	2.00	2.00	2.00	2.00
机械	汽车式起重机 25t		台班	0.320	0.320	0.380	0.190
	载货汽车－普通货车 5t		台班	—	—	—	0.190
	载货汽车－普通货车 8t		台班	0.190	0.190	0.286	—
	弧焊机 20kV·A		台班	0.476	0.476	0.476	0.476
	电焊条烘干箱 60×50×75（cm^3）		台班	0.048	0.048	0.048	0.048

第八章　脱硫、脱硝设备安装工程

说　明

一、本章内容包括发电与供热项目工程中脱硫装置、脱硫辅助设备、脱硝装置、脱硝辅助设备等安装工程。

二、有关说明：

1. 脱硫设备安装：

（1）设备安装中，包括随设备本体配套的设备螺栓框架、地脚螺栓、底座、支架、平台、防护罩、减振器、管道、阀门等安装与单体调试以及配合设备基础灌浆等。

（2）不包括下列工作内容，工程实际发生时，执行相应的项目。

设备平台、扶梯、栏杆、基础预埋框架、地脚螺栓、支架、底座、防护罩、减振器等的配制；

设备间非厂供连接管道与冷却水等管道以及管道支架的安装；

设备的保温、防腐与耐磨内衬；

设备金属表面除锈、油漆；

设备基础灌浆。

（3）吸收塔、贮仓制作、安装包括本体及附件的配制、组装、安装工作内容。配制包括对原材料检查、下料、坡口、打磨、单件焊接等工作内容。

（4）吸收塔内部装置安装包括支撑件等钢结构以及塔内除雾器、喷淋层、喷嘴、导流板、滤网的安装和内部连接管道的安装、人孔门的研磨与封闭等内容。吸收塔内部装置全部按照设备供货考虑。项目以入塔烟气对应的锅炉容量和三层喷淋装置为 1 套，当设计的喷淋装置层数不同时，每增减一层，相应项目增减 20%。

（5）脱硫附属机械及辅助设备安装包括设备配套电动机安装，不包括电动机检查接线及空转调试。

（6）烟气换热器（GGH）安装包括 GGH 本体、传动装置、密封装置、检测装置、传热元件、进出口短管及连接法兰、油循环系统、干燥装置、冲洗装置等安装。

（7）外置式除雾器本体制作、安装包括除雾器入口法兰至除雾器出口法兰止金属结构的制作，除雾器壳体、内部金属结构加固、支撑等下料、配制、组合、安装，与壳体连接的接管座、人孔门、平台扶梯金属结构等制作与安装。

（8）外置式除雾器内部件安装包括外置式除雾器入口法兰至出口法兰间，壳体内全部设备及结构（含非金属的部件）的安装，除雾器内部件、冲洗系统、水槽的组合与安装以及随设备供货的管道、阀门、管件、金属结构等安装。

（9）真空皮带脱水机安装包括机架、料斗、橡胶滤带、真空装置、进料装置、调偏装置、驱动装置、洗涤装置、排液装置、信号装置及本机的连接管路等安装。

（10）石膏仓卸料装置安装包括筒仓排放装置、平面滑动板、液压系统、传动系统等组合安装。

2. 脱硝设备安装：

（1）设备安装中，包括随设备本体配套的管道、仪表与阀门安装与单体调试以及配合设备基础灌浆等。

（2）不包括下列工作内容，工程实际发生时，执行相应的项目。

设备间管道及支吊架的配制、安装；

随设备供货的平台、梯子、栏杆安装；

设备、管道的保温和油漆；

设备基础灌浆。

（3）脱硝反应器本体制作、安装包括壳体制作与安装，包括反应器内金属梁、烟气整流装置、密封装置、隔板、滤网、人孔门、接管座等组合安装及标志牌安装。

(4)催化剂模块安装包括催化剂装运、就位,反应器内催化剂定位及密封等。

(5)氨气－热空气混合器、稀释风机安装包括设备本体的安装及随设备供应的混合器、加热器、烟道连接管道、阀门和附件等安装。

(6)脱硝区域钢结构、平台扶梯、烟道、风机等安装执行本册其他章节相应项目。

(7)起吊设施、管道及支吊架的安装执行其他安装册相应项目。

(8)氨区设备安装是以液氨为脱硝介质编制的,其他脱硝介质的设备安装根据出力与状态,参照相应的液氨设备安装项目执行。

(9)氨区废水泵和管道及支吊架的安装执行其他安装册相应项目。

3. 老厂进行环保设施改建、扩建时,脱硫与脱硝设备安装执行本章消耗量乘以系数 1.15。

4. 本章项目编制时综合考虑了不同的设备出力、不同的布置方式、不同的设备型号,执行时不做调整。

工程量计算规则

一、根据脱硫、脱硝工艺布置系统图，按照定额计量单位计算工程量。

二、脱硫设备安装：

1. 吸收塔本体、贮仓根据图示尺寸，按照本体及附件的成品质量以“t”为计量单位，不计算吸收塔内部装置、焊条、油漆质量。制作与安装用的垫铁、加工操作平台、临时措施型钢等不计算工程量。

2. 一炉一塔布置的脱硫系统，吸收塔内部装置根据单台锅炉额定蒸发量，按照吸收塔座数以“套”为计量单位；多炉一塔布置的脱硫系统，吸收塔内部装置根据入塔烟气总量，折算成锅炉额定蒸发量所对应的吸收塔座数以“套”为计量单位。当多台锅炉总容量大于220t/h且配置一座吸收塔时，按照锅炉容量220t/h进行折算，不足锅炉容量220t/h时，按照锅炉容量150t/h进行折算，不足锅炉容量150t/h时，按照锅炉容量150t/h计算一套。

3. 脱硫辅机设备不分设备出力，按照辅机设备台数计算工程量。

4. 烟气换热器（GGH）以冷烟入口至热烟出口间装置为一套计算工程量。

5. 外置式除雾器内部件以外置式除雾器入口法兰至出口法兰间装置为一套计算工程量。

三、脱硝设备安装：

1. 脱硝反应器本体制作、安装根据图示尺寸，按照成品重量计算工程量，不计算焊条、油漆重量。制作、安装用的垫铁、加工操作平台、临时措施型钢等不计算工程量。

2. 催化剂模块根据系统布置的图示尺寸，按照实际安装催化剂模块的外轮廓体积计算工程量，不扣除模块间间隙所占体积。

3. 脱硝辅机设备不分设备出力，按照辅机设备台数计算工程量。

一、脱硫设备安装

1. 吸收塔、贮仓制作与安装

工作内容：基础检查、中心线校核，设备基础框架、地脚螺栓、支架安装，下料、配制、分片组对、焊接，场内搬运、清点、分类复核、检查、水压试验等。

计量单位：t

编号				2-8-1	2-8-2	2-8-3
项目				吸收塔	石灰石粉仓	石膏贮仓
名称			单位	消耗量		
人工	合计工日		工日	12.088	17.461	18.856
	其中	普工	工日	3.626	5.238	5.657
		一般技工	工日	6.648	9.604	10.371
		高级技工	工日	1.814	2.619	2.828
材料	型钢（综合）		kg	（1 111.772）	（1 090.187）	（1 093.899）
	镀锌铁丝（综合）		kg	0.332	0.562	0.664
	中厚钢板（综合）		kg	1.708	0.932	2.158
	低碳钢焊条 J427（综合）		kg	33.130	24.721	33.425
	普低钢焊条 J507 ϕ3.2		kg	—	8.384	—
	砂轮片 ϕ200		片	1.993	2.388	2.825
	枕木 2 500×200×160		根	0.034	0.028	0.037
	环氧富锌漆		kg	7.665	5.947	7.034
	氧气		m^3	5.315	3.369	4.496
	乙炔气		kg	2.044	1.296	1.729
	软胶片 80×300		张	3.070	2.510	2.510
	其他材料费		%	2.00	2.00	2.00
机械	履带式起重机 50t		台班	0.132	0.130	0.116
	履带式起重机 150t		台班	0.052	0.039	0.045
	汽车式起重机 25t		台班	0.312	0.245	0.303
	载货汽车－普通货车 5t		台班	—	—	0.002
	载货汽车－平板拖车组 10t		台班	0.047	0.039	—
	载货汽车－平板拖车组 20t		台班	0.023	0.019	—
	卷板机 20×2 000（安装用）		台班	0.246	0.203	0.242
	剪板机 20×2 000（安装用）		台班	0.158	0.144	0.171
	弧焊机 21kV·A		台班	5.259	6.205	5.306
	电焊条烘干箱 60×50×75（cm^3）		台班	0.526	0.621	0.531
仪表	探伤机		台班	0.234	0.191	0.188
	X 射线探伤机		台班	0.099	—	—

2. 吸收塔内部装置安装

工作内容：清理、检查、组装、安装、调整。　　　　**计量单位**：套

编　号				2-8-4	2-8-5
项　目				锅炉蒸发量（t/h）	
				≤150	<220
名　称			单位	消　耗　量	
人工	合计工日		工日	300.686	428.664
	其中	普工	工日	75.172	107.166
		一般技工	工日	165.377	235.765
		高级技工	工日	60.137	85.733
材料	型钢（综合）		kg	217.000	385.000
	中厚钢板 δ15 以内		kg	70.000	120.000
	橡胶板 δ5~10		kg	103.000	220.000
	白布		kg	3.150	5.400
	普低钢焊条 J507 φ3.2		kg	49.600	87.300
	尼龙砂轮片 φ100		片	217.000	306.000
	不锈钢焊条（综合）		kg	15.750	27.000
	氧气		m^3	25.200	43.200
	乙炔气		kg	9.692	16.615
	氯丁橡胶粘接剂		kg	3.850	6.600
	水		m^3	78.750	135.000
	角磨片 φ25		片	138.000	207.000
	其他材料费		%	2.00	2.00
机械	履带式起重机 40t		台班	0.500	0.857
	载货汽车－普通货车 15t		台班	1.333	2.286
	电动单筒慢速卷扬机 50kN		台班	13.333	22.857
	弧焊机 32kV·A		台班	17.000	29.143
	电动空气压缩机 $6m^3/min$		台班	6.333	10.857
	轴流通风机 7.5kW		台班	7.000	12.000
	鼓风机 $8m^3/min$		台班	1.333	2.286
	电焊条烘干箱 60×50×75（cm^3）		台班	1.700	2.914

3. 脱硫辅机设备安装

工作内容：基础检查、中心线校核，垫铁配制，设备检查、搬运、清点、分类复核、安装、检查、水压试验、单体调试。

编号				2-8-6	2-8-7	2-8-8	2-8-9
项目				增压风机	烟气换热器(GGH)	浆液循环泵	离心式烟气冷却泵
				台	套	台	
名称			单位	消耗量			
人工	合计工日		工日	31.559	125.629	31.212	12.460
	其中	普工	工日	7.890	31.407	7.803	3.115
		一般技工	工日	18.935	75.378	18.727	7.476
		高级技工	工日	4.734	18.844	4.682	1.869
材料	镀锌铁丝(综合)		kg	—	—	0.449	0.275
	圆钢 ϕ10~14		kg	—	—	—	0.671
	型钢(综合)		kg	4.600	87.600	—	1.076
	中厚钢板 δ15 以内		kg	—	—	—	0.671
	中厚钢板 δ15 以外		kg	28.600	49.700	—	—
	镀锌薄钢板 δ2~2.5		kg	—	—	0.749	—
	紫铜板(综合)		kg	0.155	—	—	0.072
	紫铜棒 ϕ16~80		kg	—	4.950	—	—
	无石棉橡胶板(低中压) δ0.8~6.0		kg	—	2.025	—	0.729
	聚氯乙烯薄膜		kg	—	3.870	—	—
	棉纱头		kg	1.530	8.850	1.685	1.031
	白布		m	0.495	4.950	—	0.261
	羊毛毡 6~8		m^2	0.124	0.756	—	—
	纱布		张	5.400	28.600	5.616	2.610
	低碳钢焊条 J427(综合)		kg	—	—	—	0.923
	普低钢焊条 J507 ϕ3.2		kg	6.660	14.800	0.648	—
	尼龙砂轮片 ϕ100		片	—	22.100	—	—
	平垫铁(综合)		kg	—	—	8.288	0.909
	斜垫铁(综合)		kg	51.600	—	13.446	1.827
	枕木 2 500 × 200 × 160		根	—	7.200	0.028	0.009

续前

编号			2-8-6	2-8-7	2-8-8	2-8-9
项目			增压风机	烟气换热器（GGH）	浆液循环泵	离心式烟气冷却泵
			台	套	台	
名称		单位	消耗量			
材料	密封胶	L	—	1.620	—	—
	金属清洗剂	kg	—	—	0.787	0.292
	黄油钙基脂	kg	1.085	7.650	0.856	0.707
	氧气	m^3	11.773	90.828	5.054	1.098
	乙炔气	kg	4.528	34.934	1.944	0.422
	无石棉扭绳（综合）	kg	6.750	7.200	—	—
	油浸无石棉盘根 编织 ϕ6~10（250℃）	kg	—	—	—	0.342
	无缝钢管 D（51~70）×（4.7~7）	kg	—	30.150	—	—
	滤油纸 300×300	张	—	125.000	—	—
	水	m^3	3.600	—	—	—
	角磨片 ϕ25	片	—	40.950	—	—
	其他材料费	%	2.00	2.00	2.00	2.00
机械	履带式起重机 40t	台班	—	—	0.178	—
	履带式起重机 50t	台班	0.287	4.114	—	—
	汽车式起重机 25t	台班	—	1.029	—	—
	叉式起重机 3t	台班	—	—	0.223	—
	叉式起重机 5t	台班	—	—	—	0.048
	自升式塔式起重机 2 500kN·m	台班	—	—	—	0.024
	载货汽车－普通货车 5t	台班	—	—	—	0.016
	载货汽车－普通货车 8t	台班	—	—	0.223	—
	载货汽车－普通货车 15t	台班	0.306	—	—	—
	载货汽车－平板拖车组 20t	台班	—	1.886	—	—
	弧焊机 21kV·A	台班	—	—	—	0.251
	弧焊机 32kV·A	台班	1.057	5.870	0.206	—
	电动空气压缩机 10m^3/min	台班	—	0.900	—	—
	滤油机 LX100 型	台班	—	1.543	—	—
	电焊条烘干箱 60×50×75（cm^3）	台班	0.106	0.587	0.021	0.025

编号				2-8-10	2-8-11	2-8-12	2-8-13	2-8-14
项目				外置式除雾器本体制作、安装	外置式除雾器内部件安装	氧化风机	石灰石湿磨	石灰石干磨
				t	套	台		
名称			单位	消耗量				
人工	合计工日		工日	17.416	85.203	21.300	153.045	151.436
	其中	普工	工日	4.354	21.301	5.325	38.261	37.859
		一般技工	工日	10.449	51.122	12.780	91.827	90.862
		高级技工	工日	2.613	12.780	3.195	22.957	22.715
材料	型钢(综合)		kg	(1 091.000)	74.250	—	24.120	12.600
	钢筋 ϕ10 以内		kg	—	—	—	10.370	17.350
	镀锌铁丝(综合)		kg	0.408	0.432	—	3.600	3.240
	钢丝 ϕ0.1~0.5		kg	—	—	—	0.151	0.043
	圆钢 ϕ10~14		kg	—	1.054	—	—	—
	热轧薄钢板 δ3.5~4.0		kg	—	—	—	13.390	32.580
	中厚钢板 δ15 以内		kg	—	21.150	—	2.912	5.832
	中厚钢板 δ15 以外		kg	—	—	19.440	204.840	38.880
	镀锌薄钢板 δ0.7~0.9		kg	—	—	—	0.216	1.499
	紫铜板(综合)		kg	—	—	0.072	0.497	0.220
	紫铜棒 ϕ16~80		kg	—	—	—	0.810	0.212
	橡胶板 δ3		kg	—	—	—	0.648	1.497
	橡胶板 δ5~10		kg	—	41.850	—	—	—
	无石棉橡胶板(低中压) δ0.8~6.0		kg	—	—	—	0.158	0.753
	耐油无石棉橡胶板 δ1		kg	—	—	—	1.130	1.796
	聚氯乙烯薄膜		kg	—	—	—	1.094	0.487
	棉纱头		kg	—	—	0.724	7.920	6.480
	白布		m	—	—	0.162	0.875	1.080
	白布		kg	—	0.900	—	0.054	0.065
	羊毛毡 6~8		m^2	—	—	—	0.464	—
	羊毛毡 12~15		m^2	—	—	—	—	1.140
	麻绳		kg	—	—	—	1.332	0.356
	纱布		张	—	—	1.447	23.760	17.280
	低碳钢焊条 J427(综合)		kg	25.792	1.287	—	7.009	11.600
	普低钢焊条 J507 ϕ3.2		kg	—	21.600	1.537	7.502	4.248
	砂轮片 ϕ200		片	1.061	—	—	—	—
	尼龙砂轮片 ϕ100		片	—	93.600	—	—	—
	不锈钢焊条(综合)		kg	—	4.500	—	—	—
	平垫铁(综合)		kg	—	—	—	1.314	0.788

续前

编　号			2-8-10	2-8-11	2-8-12	2-8-13	2-8-14
项　目			外置式除雾器本体制作、安装	外置式除雾器内部件安装	氧化风机	石灰石湿磨	石灰石干磨
			t	套	台		
名　称		单位	消　耗　量				
材料	斜垫铁(综合)	kg	—	—	30.240	123.480	135.000
	砂子(中砂)	m^3	—	—	—	0.176	0.094
	枕木 2 500 × 200 × 160	根	0.160	0.014	—	1.724	0.260
	铜丝布 16 目	m^2	—	—	—	—	0.054
	环氧富锌漆	kg	6.120	—	—	—	—
	密封胶	L	—	—	—	0.020	0.196
	金属清洗剂	kg	—	—	0.507	3.360	1.715
	黄油钙基脂	kg	—	—	0.724	5.760	4.680
	氧气	m^3	3.400	8.825	4.849	7.800	32.459
	乙炔气	kg	1.308	3.394	1.865	3.000	12.484
	氯丁橡胶粘接剂	kg	—	1.179	—	0.356	0.396
	无石棉编绳(综合)	kg	—	—	—	0.356	0.144
	无石棉扭绳(综合)	kg	—	—	0.544	1.865	6.552
	滤油纸 300 × 300	张	—	—	—	57.000	—
	水	m^3	—	22.500	2.916	0.583	0.864
	角磨片 ϕ25	片	—	47.700	—	0.162	—
	其他材料费	%	2.00	2.00	2.00	2.00	2.00
机械	履带式起重机 40t	台班	—	0.550	—	—	—
	履带式起重机 50t	台班	0.076	—	—	0.900	—
	履带式起重机 150t	台班	0.019	0.030	—	—	—
	汽车式起重机 25t	台班	0.190	—	0.220	0.861	2.400
	叉式起重机 3t	台班	—	—	—	—	0.019
	叉式起重机 5t	台班	—	—	—	0.171	0.108
	载货汽车－普通货车 5t	台班	0.005	0.025	—	—	—
	载货汽车－普通货车 10t	台班	—	—	0.171	0.861	1.029
	载货汽车－普通货车 15t	台班	—	0.432	—	—	—
	载货汽车－平板拖车组 20t	台班	—	—	—	—	0.433
	载货汽车－平板拖车组 40t	台班	0.036	—	—	—	—
	弧焊机 21kV·A	台班	5.340	3.788	—	2.637	2.376
	弧焊机 32kV·A	台班	—	1.486	1.486	1.486	1.486
	电动空气压缩机 $6m^3/min$	台班	—	1.800	—	—	—
	电动空气压缩机 $10m^3/min$	台班	—	—	—	0.270	0.686
	轴流通风机 7.5kW	台班	—	2.016	—	—	—
	滤油机 LX100 型	台班	—	—	—	2.428	—
	鼓风机 $8m^3/min$	台班	—	0.380	—	—	—
	电焊条烘干箱 60 × 50 × 75(cm^3)	台班	0.534	0.527	0.149	0.412	0.386

计量单位：台

编号				2-8-15	2-8-16	2-8-17	2-8-18	2-8-19
项目				真空皮带脱水机	旋流器	石灰浆搅拌器	石膏仓卸料装置	离心脱水机
名称			单位	消耗量				
人工	合计工日		工日	93.241	13.262	11.253	26.525	31.350
	其中	普工	工日	23.310	3.316	2.813	6.631	7.838
		一般技工	工日	55.945	7.957	6.752	15.915	18.809
		高级技工	工日	13.986	1.989	1.688	3.979	4.703
材料	钢筋 ϕ10 以内		kg	8.820	21.600	—	—	—
	镀锌铁丝（综合）		kg	3.470	0.540	0.360	0.047	0.936
	钢丝 ϕ0.1~0.5		kg	0.122	—	—	—	—
	不锈钢扁钢（综合）		kg	0.023	—	—	—	0.005
	型钢（综合）		kg	5.400	1.800	—	0.225	1.575
	热轧薄钢板 δ3.5~4.0		kg	11.390	27.900	—	9.450	3.060
	中厚钢板 δ15 以内		kg	18.000	—	5.400	—	18.450
	中厚钢板 δ15 以外		kg	51.750	—	—	—	—
	镀锌薄钢板 δ0.7~0.9		kg	0.806	0.450	—	—	0.216
	紫铜板（综合）		kg	0.203	—	—	—	0.054
	紫铜棒 ϕ16~80		kg	—	—	—	0.315	—
	无石棉橡胶板（低中压）δ0.8~6.0		kg	0.275	—	—	—	0.072
	无石棉橡胶板（低压）δ0.8~6.0		kg	0.716	—	—	—	0.194
	聚氯乙烯薄膜		kg	0.360	—	—	—	0.099
	棉纱头		kg	4.500	—	0.540	0.386	1.175
	白布		kg	—	—	0.800	1.912	—
	纱布		张	23.400	—	0.900	10.800	6.300
	低碳钢焊条 J427（综合）		kg	6.930	—	—	0.139	1.890
	普低钢焊条 J507 ϕ3.2		kg	6.970	3.780	0.450	0.662	4.185
	尼龙砂轮片 ϕ100		片	4.500	—	—	—	1.202
	不锈钢焊条（综合）		kg	0.018	—	—	—	—
	平垫铁（综合）		kg	1.026	—	—	—	0.279

续前

编　号			2-8-15	2-8-16	2-8-17	2-8-18	2-8-19
项　目			真空皮带脱水机	旋流器	石灰浆搅拌器	石膏仓卸料装置	离心脱水机
名　称		单位	消　耗　量				
材料	斜垫铁（综合）	kg	81.900	—	—	—	22.050
	枕木 2 500 × 200 × 160	根	0.090	0.225	—	0.001	0.027
	密封胶	L	0.392	—	—	—	0.108
	橡胶无石棉盘根 编织 ϕ6~25（250℃）	kg	0.063	—	—	—	0.018
	金属清洗剂	kg	1.995	0.105	0.105	1.785	0.545
	黄油钙基脂	kg	3.461	—	—	1.890	0.936
	氧气	m^3	16.350	4.410	1.350	2.385	8.406
	乙炔气	kg	6.288	1.696	0.519	0.917	3.233
	氯丁橡胶粘接剂	kg	0.491	—	—	—	0.135
	无石棉扭绳（综合）	kg	1.175	2.880	—	3.938	0.320
	水	m^3	3.680	—	—	—	2.115
	其他材料费	%	2.00	2.00	2.00	2.00	2.00
机械	履带式起重机 40t	台班	0.200	0.343	—	—	0.070
	履带式起重机 50t	台班	—	—	—	0.700	—
	汽车式起重机 8t	台班	—	—	0.214	—	—
	汽车式起重机 25t	台班	0.857	—	—	—	0.257
	叉式起重机 5t	台班	0.108	—	—	—	0.030
	载货汽车－普通货车 5t	台班	—	—	—	1.200	—
	载货汽车－普通货车 8t	台班	—	—	0.214	—	—
	载货汽车－普通货车 10t	台班	0.471	—	—	—	0.108
	载货汽车－普通货车 12t	台班	—	0.086	—	—	—
	试压泵 60MPa	台班	0.231	—	—	—	0.069
	弧焊机 21kV·A	台班	2.713	—	—	0.060	1.281
	弧焊机 32kV·A	台班	3.934	0.783	0.123	0.210	1.179
	电动空气压缩机 6m^3/min	台班	0.048	—	—	—	0.013
	轴流通风机 7.5kW	台班	1.668	—	—	—	0.502
	鼓风机 8m^3/min	台班	0.703	—	—	—	0.210
	电焊条烘干箱 60 × 50 × 75（cm^3）	台班	0.665	0.078	0.012	0.027	0.246

二、脱硝设备安装

工作内容：基础检查，中心线校核；垫铁配制；设备检查、搬运、安装、检查、分部试运、单体调试。

编号				2-8-20	2-8-21	2-8-22	2-8-23	2-8-24
项目				脱硝反应器本体制作与安装	催化剂模块	稀释风机	氨气—热空气混合器	液氨卸料压缩机组
				t	m^3	台		
名称			单位	消耗量				
人工	合计工日		工日	18.274	1.072	3.416	2.813	12.861
	其中	普工	工日	4.569	0.268	0.854	0.703	3.215
		一般技工	工日	10.964	0.643	2.050	1.688	7.717
		高级技工	工日	2.741	0.161	0.512	0.422	1.929
材料	镀锌铁丝（综合）		kg	0.459	0.207	0.900	0.855	0.360
	型钢（综合）		kg	8.249	0.680	1.710	1.440	—
	中厚钢板（综合）		kg	1.433	0.110	—	—	—
	中厚钢板 δ15 以内		kg	—	—	3.825	3.600	—
	尼龙绳 ϕ0.5~1.0		kg	—	—	1.800	—	—
	棉纱头		kg	—	0.120	—	—	0.653
	白布		kg	—	—	—	—	3.929
	麻绳		kg	—	—	0.054	—	—
	低碳钢焊条 J427（综合）		kg	—	0.118	—	—	—
	普低钢焊条 J507 ϕ3.2		kg	30.359	—	1.148	1.035	0.266
	砂轮片 ϕ200		片	1.719	0.055	—	—	—
	不锈钢焊条（综合）		kg	—	—	0.054	0.765	—
	平垫铁（综合）		kg	—	—	—	—	3.483
	斜垫铁（综合）		kg	—	—	—	—	6.480
	枕木 2 500×200×160		根	0.029	—	—	—	—
	环氧富锌漆		kg	6.350	—	—	—	—
	橡胶盘根（低压）		kg	—	—	1.350	0.990	—
	金属清洗剂		kg	0.101	—	—	—	0.483
	黄油钙基脂		kg	—	—	—	—	0.491
	氧气		m^3	2.522	0.069	0.585	0.585	0.225
	乙炔气		kg	0.970	0.027	0.225	0.225	0.087
	其他材料费		%	2.00	2.00	2.00	2.00	2.00
机械	履带式起重机 50t		台班	0.100	—	1.569	—	—
	履带式起重机 150t		台班	0.019	—	0.857	0.857	—
	汽车式起重机 25t		台班	0.252	0.019	—	—	—
	叉式起重机 5t		台班	—	—	—	—	0.112
	载货汽车－普通货车 5t		台班	0.369	0.014	—	—	0.129
	载货汽车－平板拖车组 20t		台班	0.039	—	0.150	0.065	—
	弧焊机 21kV·A		台班	6.914	0.016	0.150	0.086	—
	弧焊机 32kV·A		台班	—	—	—	—	0.067
	电动空气压缩机 $10m^3/min$		台班	—	0.048	—	—	—
	鼓风机 $18m^3/min$		台班	—	0.038	0.305	0.388	—
	电焊条烘干箱 60×50×75（cm^3）		台班	0.691	0.002	0.015	0.009	0.007

计量单位：台

编号			单位	2-8-25	2-8-26	2-8-27	2-8-28	2-8-29
项目				液氨储罐	液氨蒸发器	氨气缓冲罐	氨气稀释罐	氨气存气罐
名称			单位	消耗量				
人工	合计工日		工日	11.253	6.429	7.638	8.440	5.225
	其中	普工	工日	2.813	1.607	1.910	2.110	1.306
		一般技工	工日	6.752	3.858	4.582	5.064	3.135
		高级技工	工日	1.688	0.964	1.146	1.266	0.784
材料	镀锌铁丝（综合）		kg	2.579	1.080	1.305	1.305	0.675
	型钢（综合）		kg	3.825	—	—	—	—
	中厚钢板 δ15 以内		kg	7.830	3.600	7.200	9.450	5.175
	橡胶板 δ3		kg	—	2.250	3.150	3.600	—
	无石棉橡胶板（低压）δ0.8~6.0		kg	—	—	—	—	1.800
	尼龙绳 φ0.5~1		kg	0.311	0.158	0.198	0.198	—
	棉纱头		kg	0.171	0.068	0.086	0.086	0.113
	白布		kg	4.266	—	—	—	—
	麻绳		kg	3.879	2.070	1.904	2.061	—
	纱布		张	—	1.800	2.250	2.250	1.125
	低碳钢焊条 J427（综合）		kg	3.330	—	—	—	—
	普低钢焊条 J507 φ3.2		kg	—	1.436	1.679	2.066	0.959
	砂轮片 φ200		片	2.160	—	—	—	—
	尼龙砂轮片 φ100		片	2.124	—	—	—	—
	不锈钢焊条（综合）		kg	—	0.068	0.072	0.140	—
	斜垫铁（综合）		kg	6.840	—	—	—	—
	枕木 2 500×200×160		根	1.112	—	—	—	—
	金属清洗剂		kg	0.039	—	—	—	—
	氧气		m^3	1.206	0.734	0.734	0.734	0.734
	乙炔气		kg	0.464	0.282	0.282	0.282	0.282
	角磨片 φ25		片	0.810	—	—	—	—
	其他材料费		%	2.00	2.00	2.00	2.00	2.00
机械	履带式起重机 50t		台班	0.086	—	—	—	—
	汽车式起重机 8t		台班	0.257	0.253	0.279	0.313	0.231
	载货汽车－普通货车 5t		台班	—	0.279	0.163	0.180	0.202
	载货汽车－普通货车 8t		台班	—	—	0.189	0.202	—
	载货汽车－普通货车 15t		台班	0.365	—	—	—	—
	弧焊机 21kV·A		台班	0.906	—	—	—	—
	弧焊机 32kV·A		台班	0.900	0.319	0.313	0.372	0.261
	电动空气压缩机 $3m^3/min$		台班	—	—	—	—	0.257
	电焊条烘干箱 60×50×75（cm^3）		台班	0.181	0.032	0.031	0.037	0.026

第九章　炉墙保温与砌筑、耐磨衬砌工程

说　明

一、本章内容包括敷管式及膜式水冷壁炉墙砌筑、框架式炉墙砌筑、局部耐火材料砌筑、炉墙填料填塞、抹面与密封涂料、炉墙保温护壳及金属支撑件安装、炉墙砌筑脚手架及平台搭拆、耐磨衬砌等安装工程。

二、有关说明：

1. 本章炉墙砌筑适用于小于 220t/h 轻型炉墙砌筑工程，重型炉墙砌筑、设备与管道保温绝热及油漆工程执行相应项目。

2. 炉墙砌筑包括局部油漆防腐、穿墙管表面涂刷沥青、膨胀缝设置、L 形钩钉焊接、铁丝网下料、吊钩安装，钢筋加工点焊及绑扎。不包括炉墙金属密封件安装、炉墙金属护板（波形板）支承连接件安装、脚手架搭拆。

3. 耐火塑料项目适用于汽包底部及空气预热器伸缩节等施工部位，燃烧带敷设项目适用于炉膛高温区带钩钉的水冷壁管表面敷设，保温混凝土项目适用于炉墙节点的零星部位。

4. 炉墙填料填塞包括材料搬运、填塞料部位清理、按照压缩比或配比填塞、搅拌、修理。不包括填塞部位钢板密封焊接、脚手架搭拆。

5. 炉墙抹面及密封涂料包括材料搬运，钢筋加工、焊接、绑扎、钢丝网安装与涂刷沥青以及按照配比配料、表面修理、试块制作。不包括脚手架搭拆。

6. 炉墙保温护壳安装包括咬口成型、钉口成型紧固；金属支撑件安装定额包括托砖架、支承件、连接件、压条、钢板等安装、焊接。不包括托砖架、支承件、连接件、压条等制作加工以及脚手架搭拆。

7. 炉墙砌筑脚手架搭拆适用于锅炉炉墙保温与砌筑所需全部脚手架的搭拆。项目按照锅炉容量编制，对不同炉型已做了综合考虑，执行时不做换算。本项目不适用于锅炉炉膛内的满膛脚手架、锅炉附属设备和锅炉本体有关保温施工的脚手架搭拆。

8. 耐磨衬砌项目适用于热力设备、管道内或外衬砌耐磨材料工程。包括材料搬运、调制胶泥、清洗板块、下料、养护。不包括铺设钢板网或钢丝网，工程设计需要时，执行相应项目另行计算。

9. 平板罩壳安装、设备隔声罩壳安装按成品供货考虑，仅适用于汽轮机和燃气轮机，其他设备采用时可参照执行。

10. 平板罩壳安装按平板考虑的，若采用压型波纹板时，子目乘以系数 1.05。

11. 设备隔声罩壳安装按双面平板考虑，若采用单（双）面压型波纹板时，子目分别乘以系数 1.03（1.05）；当板波形高度小于 10mm 时，按平板计算。

工程量计算规则

一、炉墙砌筑、局部耐火材料砌筑、炉墙填料填塞根据设计选用材质，按照设计图示尺寸的成品体积以“m^3”为计量单位。计算工程量时不扣除宽度小于25mm的膨胀缝、单个面积小于$0.02m^2$的孔洞、炉门喇叭口斜度、墙根交叉处的小斜坡所占体积。

二、炉墙耐火层、保温层工程量计算规则：

1. 敷管式及膜式水冷壁炉墙工程量计算：

体积工程量计算式：

$$V=F\times\delta_1,\ \delta_1=S\times\delta-\pi d^2/8$$

式中：V——混凝土工程量体积（m^3）；

F——与水冷壁管接触部分的耐火（或保温）混凝土的外部表面积（m^2）；

δ_1——混凝土层计算厚度（m）；

δ——混凝土层设计厚度（m）；

S——受热面管道节距（m）；

d——受热面管道外径（m）。

2. 管道穿墙处耐火混凝土（填料）工程量计算：

体积工程量计算式：

$$V=a\times b\times h-n\times\pi d^2/4\times h$$

式中：V——耐火混凝土（填料）体积（m^3）；

a——耐火混凝土（填料）宽度（m）；

b——耐火混凝土（填料）长度（m）；

h——耐火混凝土（填料）厚度（m）；

d——穿墙管外径（m）；

n——穿墙管数量（根）。

3. 炉墙砌筑与保温制品或敷设矿物棉、泡沫石棉板工程量计算：

体积工程量计算式：

$$V=F\times\delta$$

式中：V——工程量体积（m^3）；

F——敷设面积（m^2）；

δ——辐射层厚度（m）。

4. 计算炉墙砌筑与保温层厚度时，按照设计成品厚度计算工程量，不考虑材料的压实系数。计算炉墙砌筑与保温材料量时，应根据选用材料的性质，结合设计成品厚度计算。

三、抹面、密封涂料根据炉墙结构形式，按照设计图示尺寸的展开面积以“m^2”为计量单位。计算工程量时不扣除宽度小于25mm的膨胀缝、单个面积小于$0.02m^2$的孔洞、管道相交时预留间距、滑动支架处预留的膨胀间隙等所占面积。罩壳、突出立面或平面的部分按照展开面积计算工程量，转角、交角、交叉等重复部分及局部加强、加厚部分不增加工程量。

四、炉墙保温护壳和设备保温消声罩壳根据材质，按照设计图示尺寸的实铺面积以“m^2”为计量单位计算工程量。计算工程量时不扣除宽度小于5mm的膨胀缝、单个面积小于的$0.1m^2$孔洞、管道相交时预留间距、滑动支架处预留的膨胀间隙等所占面积。罩壳、突出立面或平面的部分按照表面积计算工程量，不计算转角、交角、交叉、咬合、收边、接头、施工下料损耗量等。

五、金属支撑件和罩壳支撑件安装根据设计布置及图示尺寸，按照成品质量以“t”为计量单位。不计算下料及加工制作损耗量，计算支撑件安装重量的范围包括托砖架、瓦斯管、钢板、支承件、连接件、压条等。

六、耐磨衬砌根据材料种类，按照设计图示尺寸实铺面积以“m^2”为计量单位。扣除单个面积 $0.1m^2$ 以上孔洞、凸出耐磨面的物体所占面积。凸出耐磨面的部件需要做耐磨时，应按照其展开面积计算，并入耐磨工程量内。

一、敷管式、膜式炉墙砌筑

1. 混凝土砌筑

工作内容：材料搬运、放线下料、平台铺设，配料、搅拌、浇灌、捣打、表面处理、养生及试块制作，模板制作、安装及拆除等。

计量单位：m^3

			编号	2-9-1	2-9-2	2-9-3	2-9-4	2-9-5
项目				磷酸盐混凝土	耐火混凝土	保温混凝土	保温混凝土	
				炉底	直斜墙及包墙	敷管式直斜墙及包墙	膜式水冷壁炉墙厚（mm）	
							≤80	≤180
名称			单位	消耗量				
人工	合计工日		工日	15.185	10.214	3.179	6.128	3.787
	其中	普工	工日	4.555	3.064	0.953	1.839	1.136
		一般技工	工日	8.352	5.618	1.749	3.370	2.083
		高级技工	工日	2.278	1.532	0.477	0.919	0.568
材料	保温混凝土		m^3	—	—	（1.060）	（1.060）	（1.060）
	磷酸盐混凝土		m^3	（1.100）	—	—	—	—
	耐火混凝土		m^3	—	（1.060）	—	—	—
	型钢（综合）		kg	6.501	—	—	—	—
	钢筋 ϕ10 以内		t	—	0.038	0.038	0.019	0.019
	镀锌铁丝 ϕ1.5~2.5		kg	5.591	—	—	—	—
	橡胶板 δ5~10		kg	0.948	—	—	—	—
	圆钉 30~45		kg	0.095	0.663	0.284	0.663	0.114
	低碳钢焊条（综合）		kg	1.895	2.559	—	1.895	0.474
	镀锌钢丝网 $\phi3.6 \times 40 \times 40$		m^2	1.421	34.873	—	30.514	6.065
	木板		m^3	0.019	0.038	0.019	0.038	0.009
	胶合板 δ6		m^2	1.895	1.895	—	—	—
	其他材料费		%	2.00	2.00	2.00	2.00	2.00
机械	机动翻斗车 1t		台班	0.721	0.063	0.027	0.027	0.027
	单笼施工电梯 1t 75m		台班	—	0.045	0.036	0.036	0.036
	涡桨式混凝土搅拌机 350L		台班	0.271	0.279	0.180	0.180	0.180
	弧焊机 21kV·A		台班	1.353	1.343	—	1.072	0.217
	轴流通风机 7.5kW		台班	0.451	—	—	—	—
	电焊条烘干箱 $60 \times 50 \times 75$（cm^3）		台班	0.135	0.134	—	0.107	0.022

2. 保温制品砌筑

工作内容：表面清扫、除垢及局部油漆防腐，材料搬运、铺砌、接缝、固定等。　　**计量单位：**m^3

编　号				2-9-6	2-9-7
项　目				矿、岩棉超细棉缝合毡	矿棉、岩棉、泡沫石棉半硬板
名　称			单位	消　耗　量	
人工	合计工日		工日	1.491	1.352
	其中	普工	工日	0.447	0.406
		一般技工	工日	0.820	0.743
		高级技工	工日	0.224	0.203
材料	岩棉板毡		m^3	(1.030)	(1.030)
	镀锌铁丝　ϕ1.5~2.5		kg	6.444	6.444
	镀锌钢丝网　$\phi 1.6\times20\times20$		m^2	6.444	6.444
	其他材料费		%	2.00	2.00
机械	载货汽车－普通货车　5t		台班	0.009	0.009

二、框架式炉墙砌筑

工作内容：表面清扫、除垢及局部油漆防腐；钢筋加工、点焊或绑扎；配料、搅拌、浇灌，捣打、表面处理等。

计量单位：m^3

编号				2-9-8	2-9-9	2-9-10
项目				耐火混凝土	保温混凝土	保温制品
				直斜墙		
名称			单位	消耗量		
人工	合计工日		工日	8.725	2.797	0.939
	其中	普工	工日	2.618	0.839	0.282
		一般技工	工日	4.798	1.539	0.516
		高级技工	工日	1.309	0.419	0.141
材料	保温制品		m^3	—	—	(1.060)
	保温混凝土		m^3	—	(1.060)	—
	耐火混凝土		m^3	(1.040)	—	—
	钢筋 ϕ10 以内		t	—	0.045	0.011
	不锈钢圆钢 ϕ6		kg	53.636	—	—
	镀锌铁丝 ϕ1.5~2.5		kg	0.606	—	8.244
	圆钉 30~45		kg	0.588	0.284	—
	低碳钢焊条(综合)		kg	—	0.474	0.123
	不锈钢焊条 A102 ϕ2.5 以内		kg	6.444	—	—
	水泥 42.5		kg	18.953	—	—
	砂子(中砂)		m^3	0.047	—	—
	木板		m^3	0.038	0.019	—
	胶合板 δ6		m^2	1.895	0.569	—
	石油沥青油毡 400g		m^2	13.741	—	—
	其他材料费		%	2.00	2.00	2.00
机械	机动翻斗车 1t		台班	0.063	0.027	0.027
	单笼施工电梯 1t 75m		台班	0.027	0.036	0.036
	涡浆式混凝土搅拌机 350L		台班	0.271	0.180	—
	弧焊机 21kV·A		台班	—	0.721	0.540
	弧焊机 20kV·A		台班	1.379	—	—
	电焊条烘干箱 60×50×75(cm^3)		台班	0.138	0.072	0.054

三、局部耐火材料砌筑

1.炉顶砌筑

工作内容：表面清扫、除垢及局部油漆防腐；钢筋加工、点焊或绑扎；配料、搅拌、浇灌，捣打、表面处理等。

计量单位：m^3

编号				2-9-11	2-9-12	2-9-13	2-9-14	2-9-15	2-9-16
项目				耐火混凝土			保温混凝土		
				敷管式	膜式	框架式	敷管式	膜式	框架式
名称			单位	消耗量					
人工	合计工日		工日	12.318	10.840	12.086	3.280	2.885	2.096
	其中	普工	工日	3.695	3.252	3.626	0.984	0.865	0.629
		一般技工	工日	6.775	5.962	6.647	1.804	1.587	1.153
		高级技工	工日	1.848	1.626	1.813	0.492	0.433	0.314
材料	保温混凝土		m^3	—	—	—	(1.060)	(1.060)	(1.060)
	耐火混凝土		m^3	(1.060)	(1.060)	(1.060)	—	—	—
	钢筋 ϕ10 以内		t	0.003	0.003	—	—	—	—
	不锈钢圆钢 ϕ6		kg	—	—	46.718	—	—	—
	镀锌铁丝 ϕ1.5~2.5		kg	—	—	0.663	—	—	—
	圆钉 30~45		kg	0.379	0.334	0.379	0.284	0.250	0.284
	低碳钢焊条（综合）		kg	0.474	0.417	—	—	—	—
	不锈钢焊条 A102 ϕ2.5 以内		kg	—	—	0.474	—	—	—
	镀锌钢丝网 $\phi3.6\times40\times40$		m^2	31.272	27.519	—	—	—	—
	砂子（中砂）		m^3	—	—	0.047	—	—	—
	木板		m^3	0.028	0.025	0.142	0.019	0.017	0.019
	胶合板 δ6		m^2	1.895	1.668	2.843	—	—	—
	石油沥青油毡 400g		m^2	—	—	13.741	—	—	—
	其他材料费		%	2.00	2.00	2.00	2.00	2.00	2.00
机械	机动翻斗车 1t		台班	0.063	0.056	0.063	0.027	0.024	0.018
	单笼施工电梯 1t 75m		台班	0.271	0.238	0.135	0.271	0.238	0.090
	涡桨式混凝土搅拌机 250L		台班	—	—	0.235	—	—	0.117
	涡桨式混凝土搅拌机 350L		台班	0.271	0.238	—	0.271	0.238	—
	弧焊机 21kV·A		台班	1.353	1.190	—	—	—	—
	弧焊机 20kV·A		台班	—	—	0.568	—	—	—
	电焊条烘干箱 $60\times50\times75$（cm^3）		台班	0.135	0.119	0.057	—	—	—

2. 炉墙中局部浇筑耐火混凝土

工作内容：表面清扫、除垢及局部油漆防腐；钢筋加工、点焊或绑扎；配料、搅拌、浇灌，捣打、表面处理等。

计量单位：m³

			编号		2-9-17	2-9-18	2-9-19	2-9-20
			项目		耐火混凝土	耐火塑料	保温混凝土	燃烧带敷设
			名称	单位	消耗量			
人工	合计工日			工日	10.408	24.423	4.626	15.209
	其中	普工		工日	3.122	7.327	1.388	4.563
		一般技工		工日	5.725	13.432	2.544	8.365
		高级技工		工日	1.561	3.664	0.694	2.281
材料	耐火塑料			m^3	—	(1.060)	—	(1.060)
	保温混凝土			m^3	—	—	(1.060)	—
	耐火混凝土			m^3	(1.060)	—	—	—
	不锈钢圆钢 ϕ6			kg	30.324	32.598	—	—
	镀锌铁丝 ϕ1.5~2.5			kg	0.758	0.663	—	—
	圆钉 30~45			kg	0.379	0.379	—	0.095
	不锈钢焊条 A102 ϕ2.5 以内			kg	1.421	1.421	—	—
	木板			m^3	—	0.142	—	0.190
	木板 δ25			m^3	0.142	—	—	—
	胶合板 δ6			m^2	0.948	0.569	—	—
	石油沥青油毡 400g			m^2	6.633	7.581	—	—
	其他材料费			%	2.00	2.00	2.00	2.00
机械	机动翻斗车 1t			台班	0.063	0.063	0.027	0.063
	单笼施工电梯 1t 75m			台班	0.180	0.180	0.271	0.180
	涡桨式混凝土搅拌机 350L			台班	0.225	0.225	0.180	0.225
	弧焊机 20kV·A			台班	0.271	0.271	—	—
	电焊条烘干箱 60×50×75（cm^3）			台班	0.027	0.027	—	—

四、炉墙填料填塞

工作内容：材料搬运、填塞料部位清理；填塞、搅拌、修理等。　　**计量单位：**m^3

编　号				2-9-21	2-9-22
项　目				高硅氧纤维	纤维毡类制品
名　称			单位	消　耗　量	
人工	合计工日		工日	6.441	2.040
	其中	普工	工日	1.932	0.612
		一般技工	工日	3.543	1.122
		高级技工	工日	0.966	0.306
材料	纤维毡类制品		m^3	—	(1.060)
	高硅氧纤维		kg	(202.000)	—
	其他材料费		%	2.00	2.00
机械	机动翻斗车 1t		台班	0.009	0.009
	单笼施工电梯 1t 75m		台班	0.090	0.090

五、抹面、密封涂料

工作内容：材料搬运、绑扎、涂刷沥青；配料、搅拌、抹面、压光、表面修理及试块制作等。 **计量单位：**m^2

编号			单位	2-9-23	2-9-24	2-9-25	2-9-26	2-9-27	2-9-28
项目				敷管式炉墙抹面	敷管式炉墙密封涂料	膜式炉墙抹面	膜式炉墙密封涂料	框架式炉墙抹面	框架式炉顶密封涂料
名称			单位	消耗量					
人工	合计工日		工日	0.103	0.335	0.094	0.283	0.073	0.233
	其中	普工	工日	0.031	0.101	0.028	0.085	0.022	0.070
		一般技工	工日	0.057	0.184	0.052	0.156	0.040	0.128
		高级技工	工日	0.015	0.050	0.014	0.042	0.011	0.035
材料	密封涂料		m^3	—	(0.021)	—	(0.018)	—	(0.015)
	抹面材料		m^3	(0.027)	—	(0.023)	—	(0.021)	—
	圆钢(综合)		kg	0.379	0.303	0.322	0.258	—	0.212
	低碳钢焊条(综合)		kg	0.019	0.019	0.016	0.016	—	0.013
	镀锌钢丝网 $\phi 1.6\times 20\times 20$		m^2	0.995	0.995	0.846	0.846	—	0.697
	其他材料费		%	2.00	2.00	2.00	2.00	2.00	2.00
机械	机动翻斗车 1t		台班	0.001	0.001	0.001	0.001	0.001	0.001
	单笼施工电梯 1t 75m		台班	0.004	0.001	0.003	0.001	0.001	0.001
	涡浆式混凝土搅拌机 250L		台班	0.010	0.009	0.009	0.008	0.009	0.007
	弧焊机 21kV·A		台班	0.027	0.049	0.023	0.043	—	0.035
	电焊条烘干箱 $60\times 50\times 75(cm^3)$		台班	0.003	0.005	0.002	0.004	—	0.004

六、炉墙保温护壳及金属支撑件安装

1. 炉墙保温护壳及金属支撑件安装

工作内容： 实测、画线、放样、下料、扳边、圈圆、滚线、咬口成型，钉口成型紧固，支承件、连接件、压条等焊接。

编号				2-9-29	2-9-30	2-9-31
项目				平板钉口安装	波纹板安装	金属支撑件安装
				m^2		t
名称			单位	消耗量		
人工	合计工日		工日	0.057	0.052	18.610
	其中	普工	工日	0.017	0.015	5.583
		一般技工	工日	0.031	0.029	10.235
		高级技工	工日	0.009	0.008	2.792
材料	镀锌型钢（综合）		t	—	—	（1.040）
	压型彩钢板 δ0.5		m^2	—	（1.080）	—
	镀锌薄钢板 δ0.5		m^2	（1.108）	—	—
	自攻螺钉		百个	0.014	0.005	—
	不锈钢焊条 A102 φ3.2		kg	—	—	10.069
	砂轮片 φ400		片	—	0.024	—
	尼龙砂轮片 φ100		片	—	—	1.303
	防水密封胶		支	0.012	0.012	—
	砂轮切割片 φ400		片	—	—	1.303
	羊毛毡垫圈		个	—	8.623	—
	其他材料费		%	2.00	2.00	2.00
机械	载货汽车－普通货车 4t		台班	0.007	0.007	0.142
	单笼施工电梯 1t 75m		台班	0.005	0.005	0.592
	弧焊机 32kV·A		台班	—	—	2.662
	台式砂轮机		台班	—	—	0.473
	扳边机 2×1 500mm		台班	0.005	—	—
	电焊条烘干箱 60×50×75（cm^3）		台班	—	—	0.266

2. 设备保温消声罩壳及金属支撑件安装

工作内容：实测、画线、放样、下料、扳边、圈圆、滚线，钉口成型紧固，支承件、连接件、压条等焊接。

编号				2-9-32	2-9-33	2-9-34
项目				平板罩壳制作、安装	设备隔声罩壳安装	罩壳支撑件安装
				m²		t
名称			单位	消耗量		
人工	合计工日		工日	0.057	0.112	20.320
	其中	普工	工日	0.017	0.015	7.293
		一般技工	工日	0.031	0.089	10.235
		高级技工	工日	0.009	0.008	2.792
材料	镀锌型钢(综合)		t	—	—	(1.040)
	隔音板		m²	—	(1.080)	—
	镀锌薄钢板 δ1.5		m²	(1.108)	(2.180)	—
	自攻螺钉		百个	0.014	0.045	—
	砂轮片 ϕ400		片	—	0.023	—
	尼龙砂轮片 ϕ100		片	1.038	2.013	15.303
	防水密封胶		支	0.124	0.142	—
	砂轮切割片 ϕ400		片	—	0.677	1.303
	羊毛毡垫圈		个	—	8.623	—
	型钢(综合)		kg	—	—	(1 050.000)
	低碳钢焊条(综合)		kg	—	—	15.433
	其他材料费		%	2.00	2.00	2.00
机械	载货汽车－普通货车 4t		台班	0.007	0.007	0.142
	履带式起重机 25t		台班	0.005	0.005	0.592
	电焊机(综合)		台班	0.045	0.031	2.662
	台式砂轮机		台班	0.134	0.402	0.473
	扳边机 2×1 500mm		台班	0.005	—	—
	载货汽车－普通货车 5t		台班	0.001	0.003	0.027

七、炉墙砌筑脚手架及平台搭拆

工作内容：材料搬运、架子搭设、铺板、搭设栏杆、围板，脚手架拆除、材料回收、场地清理。

计量单位：台

编　号				2-9-35	2-9-36	2-9-37	2-9-38
项　目				锅炉蒸发量（t/h）			
				≤50	≤75	≤150	<220
名　称			单位	消　耗　量			
人工	合计工日		工日	55.990	62.210	69.123	76.804
	其中	普工	工日	16.797	18.663	20.737	23.041
		一般技工	工日	30.795	34.216	38.018	42.242
		高级技工	工日	8.398	9.331	10.368	11.521
材料	镀锌铁丝（综合）		kg	75.990	84.433	93.815	104.239
	脚手架钢管		kg	163.447	181.609	201.787	224.208
	木脚手板		m^3	8.082	8.981	9.978	11.087
	其他材料费		%	2.00	2.00	2.00	2.00
机械	载货汽车－普通货车 10t		台班	0.257	0.285	0.316	0.351
	电动单筒慢速卷扬机 50kN		台班	3.417	3.797	4.219	4.687
	单笼施工电梯 1t 75m		台班	8.544	9.493	10.548	11.720

注：脚手架钢管包括扣件。

八、耐 磨 衬 砌

工作内容：材料搬运、底面打磨清理、内部找平，镶砌板块加工、镶砌、打孔塞焊、勾缝、焊接、打磨等。

编 号				2-9-39	2-9-40	2-9-41
项 目				衬铸石板	衬不锈钢	衬微晶板
				m^2	t	m^2
名 称			单位	消 耗 量		
人工	合计工日		工日	0.429	55.011	0.285
	其中	普工	工日	0.128	16.503	0.085
		一般技工	工日	0.236	30.256	0.157
		高级技工	工日	0.065	8.252	0.043
材料	不锈钢板 δ8 以内		kg	—	（1 080.000）	—
	铸石板 180×110×30		m^2	（1.100）	—	—
	微晶板		m^2	—	—	（1.030）
	钨棒		kg	—	0.053	—
	不锈钢焊条（综合）		kg	—	40.748	—
	不锈钢焊丝		kg	—	2.094	—
	氮气		m^3	—	30.191	—
	水		t	0.047	—	—
	水玻璃胶泥 1：0.15：1.2：1.1		m^3	0.008	—	—
	环氧树脂胶泥 1：0.1：0.08：2		m^3	—	—	0.007
	其他材料费		%	2.00	2.00	2.00
机械	载货汽车－普通货车 5t		台班	—	0.310	0.026
	卷板机 20×2 500（安装用）		台班	—	0.250	—
	剪板机 20×2 000（安装用）		台班	—	0.081	—
	氩弧焊机 500A		台班	—	1.715	—
	等离子切割机 400A		台班	—	0.368	—
	等离子弧焊机 300A		台班	—	6.153	—
	电动空气压缩机 $6m^3/min$		台班	—	0.266	—

第十章　工业与民用锅炉安装工程

说　　明

一、本章内容包括工业与民用锅炉本体设备、烟气净化设备、锅炉水处理设备、换热器、输煤设备、除渣设备等安装工程。

二、有关说明：

1. 项目包括校管与放样的组装平台、起吊加固铁件、水压试验临时管路、专用工具等周转性材料，按照摊销量计入材料费。

2. 项目包括的工作内容除各节、项已经说明者外，其共性工作内容包括如下：

（1）施工准备，施工地点范围内的设备、材料、成品、半成品、工具器具的搬运；

（2）设备开箱清点、检查、编号；

（3）基础验收、划线、铲除麻面；

（4）设备安装；

（5）水压试验、烘炉、煮炉；

（6）安全门调整；

（7）本体设备焊口无损探伤；

（8）调试、试运；

（9）移动临时水源、电源；

（10）配合质量检查、验收；

（11）超高作业增加的工作内容。

不包括电动机检查接线等电气类工作，设备基础灌浆，炉墙砌筑，保温及油漆，给水设备与鼓（引）风机安装，烟囱及烟道与风道制作、安装，除尘设备安装以及锅炉电气、自动控制、遥控配风、热工、仪表的校验、调整、安装等项目。工程实际发生时，执行相应项目。

（1）锅炉本体设备安装中，包括锅炉单体调试以及与锅炉附属及辅助设备一起进行的系统调试和整套调试；包括锅炉及附属与辅助设备整体试运。

（2）项目中锅炉试运所消耗的水、电、燃料用量是综合考虑的，工程实际用量与项目不同时，不做调整。

（3）锅炉安装中包括随锅炉本体供货的平台、栏杆、梯子、附件等安装。如需要现场配制平台、栏杆、梯子、附件等，可执行有关项目。

3. 锅炉本体设备安装包括燃煤锅炉、燃油锅炉本体设备安装。

（1）常压、立式锅炉安装适用于生产热水或蒸汽的各种常压、立式生活锅炉，不分结构形式均执行本项目。包括炉本体及炉本体范围内的安全阀、压力表、温度计、水位计、给水阀、蒸汽阀、排污阀等附件安装。不包括炉本体一次门以外管道安装、各种泵类与箱类安装。工程实际发生时，执行相应项目。

（2）快装成套燃煤锅炉安装适用于除锅炉辅助机械单件供货外，炉本体在生产厂家组装且砌筑、保温油漆等工序全部完成后，整体供应到现场的锅炉安装。整体锅炉包括炉本体及本体管道、主汽阀门、热水阀门、安全门、给水阀门、排污阀门、水位警报、水位计、温度计、压力表以及相配套的螺旋除灰渣机等附件。包括整体锅炉、上煤装置、除灰渣装置、体外省煤器等设备安装以及随锅炉生产厂家配套供货的烟道与风道系统和非标构件、配件的安装。不包括锅炉本体一次门以外的管道安装及其保温油漆工程，整体锅炉以外非锅炉生产厂家供应的设备和非标构件制作和安装。

（3）组装燃煤锅炉安装适用于生产厂家将锅炉本体分为上下两大件组装后出厂的蒸汽、热水燃煤锅炉安装。锅炉本体上下组件包括炉本体、本体管道、主汽阀门、热水阀门、安全门、给水阀门、排污阀门、水位警报、水位计、温度计、压力表以及相配套的附件。包括锅炉本体上下两大件组装与安装、上煤装置、除灰渣装置、调速箱、体外省煤器等设备安装以及随锅炉生产厂家配套供货的烟道与风道系统和非标构件、配件的安装。不包括锅炉本体一次门以外的管道安装及其保温油漆工程，锅炉上下两大件以外非锅炉生产厂家供应的设备和非标构件制作和安装，锅炉本体组件接口部分耐火砖砌筑、门拱砌筑、保温油漆工程。

①项目只限于锅炉本体组件分为两大件时的安装。

②锅炉本体下部组件包括链条炉排、底座等。如为散件供货需要在现场组合安装时，按照相应项目乘以系数 1.20。

③炉后体外省煤器如为散件供货，需要在现场接口研磨、上弯头、组合、水压试验后安装时，应按照相应项目乘以系数 1.06。

（4）散装燃煤锅炉安装适用于通用供热锅炉安装。项目包括锅炉本体钢架、汽包、水冷壁、过热器、省煤器、空气预热器、本体管路、吹灰装置、各种门孔构件、平台、扶梯、栏杆、炉排等安装以及锅炉水压试验、烘炉、煮炉等。不包括炉墙砌筑、保温和油漆，锅炉辅助与附属设备、炉本体一次门以外管道与管件及阀门安装，非锅炉生产厂家随炉供货的平台、扶梯、栏杆、护板等金属构件安装，工程实际发生时，执行相应项目。

（5）整装燃油（气）锅炉安装适用于蒸发量在 0.5~20t/h 的各类整装燃油（气）锅炉本体安装。整装燃油（气）锅炉包括炉本体、本体管道、阀门、管件、仪表及水位计等附件，整装燃油（气）锅炉、随炉本体配套供应的油（气）系统（含油或气、燃油泵、燃油箱、压气器、燃气罐、燃烧器、调速器等）、平台、扶梯、栏杆、电控箱等安装。不包括炉墙砌筑、保温和油漆，非锅炉生产厂家随炉供货的平台、扶梯、栏杆、护板等金属构件安装，整装燃油（气）炉本体一次门以外的油管道、气管道、水管道、管件、阀门安装以及保温、油漆、水压试验，整装炉的上水系统（给水泵和管路、注水器及管路）安装；工程实际发生时，执行相应项目。

（6）散装燃油（气）锅炉安装适用于蒸发量在 6~20t/h 的各类散装燃油（气）锅炉（分部件供应）的本体安装。包括散装燃油（气）锅炉本体钢架、汽包、水冷系统、过热系统、省煤器及管路系统、本体内的水汽管道、各种钢结构、除灰装置、平台梯子栏杆、外护板、燃烧装置等安装。不包括炉墙砌筑、保温和油漆，散装燃油（气）锅炉的泵类、油箱、水箱类的安装，非锅炉生产厂家随炉供货的平台、扶梯、栏杆、护板等金属构件安装，散装燃油（气）炉本体一次门以外的油管道、气管道、水管道、管件、阀门安装以及保温、油漆、水压试验，整装炉的上水系统（给水泵和管路、注水器及管路）安装。工程实际发生时，执行相应项目。

（7）本章不适用于燃用特殊或特种油质（气质）的锅炉安装。项目中烘炉、煮炉是按照燃油考虑的，当采用燃气时，应扣除项目中所含燃油用量，与建设单位协商另行计算燃气费用。

4. 烟气净化设备安装包括单筒干式、多筒干式、多管干式旋风除尘器安装，适用于小于或等于 20t/h 的工业与民用锅炉配套的专用辅助设备安装工程。包括设备本体、分离器、导烟管、顶盖、排灰筒及支座的组合与安装。不包括旋风子蜗壳制作、内衬镶砌，工程实际发生时，执行相应项目。

5. 锅炉水处理设备安装包括设备及随设备供应的管道、管件、阀门等安装，设备本体范围内的平台、梯子、栏杆安装；包括填料的运搬、筛分、装填；包括衬里设备防腐层检验、设备试运灌水或水压试验，随设备供应的盐液、缸罐、电子控制仪表等配套设备安装。不包括设备及管道的保温、油漆、设备灌浆、地脚螺栓配制、设备进出口第一片法兰以外的管道安装；工程实际发生时，执行相应项目。

6. 换热器安装包括设备及随设备供应的管道、管件、阀门、温度计、压力表等的安装和水压试验。不包括设备及管道的保温、油漆、设备灌浆、地脚螺栓配制、设备进出口第一片法兰以外的管道安装。工程实际发生时，执行相应项目。

7. 输煤设备安装包括翻斗上煤机、碎煤机安装，适用于小于或等于 20t/h 的工业与民用锅炉配套的专用辅助设备安装工程。

（1）翻斗上煤机安装包括传动装置立柱及支架平台安装、卷扬装置翻斗的组合与安装。

（2）碎煤机安装包括机架底座、活动齿轮、润滑系统、随设备供应的梯子与平台及栏杆等安装以及液压管路酸洗、安装。

（3）不包括设备框架、支架配制及油漆，电动机检查接线。

8. 除渣设备安装包括螺旋除渣机、刮板除渣机、链条除渣机安装，适用于小于或等于20t/h的工业与民用锅炉配套的专用辅助设备安装工程，设备清洗、组装、机壳或机槽安装、渣机头部与尾部安装、传动装置及拉链安装。不包括设备支架、配件的配制及油漆，电动机检查接线；工程实际发生时，执行相关项目。

工程量计算规则

一、常压、立式、快装成套、组装的燃煤锅炉和整装燃油(气)锅炉根据锅炉蒸发量或供热量,按照设计安装整套数量以“台”为计量单位。

二、散装燃煤、燃油(气)锅炉根据锅炉蒸发量或供热量,按照设计图示尺寸的成品质量以“t”为计量单位。不计算焊条、下料及加工制作损耗量、设备包装材料、临时加固铁构件质量。计算随本体设备供货的本体管路与附属设备及附件质量,超出锅炉本体管路范围的管道,其质量按照管道项目规定计算,并执行管道项目计算安装费。锅炉质量的计算范围包括以下几个部分。

1. 钢架部分:包括钢架、燃烧室、省煤器及空气预热器的立柱与横梁。

2. 汽包部分:汽包、联箱及其支承座等。

3. 水冷壁部分:包括水冷壁管、对流管、降水管、上升管、管道支吊架、水冷壁固定装置、挂钩及拉钩等。

4. 过热器部分:包括过热器管及汽包至过热器的饱和蒸汽管、管钩、底座、支吊架等。

5. 省煤器部分:包括省煤器、镠片管、弯头、表计、进出水联箱、省煤器至汽包进水管、吹灰器、吹灰管路等。

6. 空气预热器部分:包括整体管式空气预热器、框架、风罩、折烟罩、热风管等。

7. 链式炉排部分:包括两侧墙板、前后移动轴、上下滑轨、传动链条、煤闸门、挡火器、减速箱、电动机等。

8. 本体管路部分:包括由生产厂家随本体供货的吹灰管、定期和连续排污管、压力表和水位表管、放水管以及管路配件(水位计、压力表、各类阀门)、支吊架等。

9. 平台、梯子部分:包括锅炉本体和省煤器的平台、梯子、栏杆、支架等。

10. 附件部分:包括各种烟道门、检查门、炉门、看火孔、灰渣斗、铸铁隔火板、炉顶搁条、密封装置、小构件等。

三、烟气净化、水处理、换热、输煤、除渣设备根据设备性能与出力,按照设计安装整套数量以“台”为计量单位。

一、锅炉本体设备安装

1. 常压、立式锅炉安装

工作内容：基础检查、中心线校核，垫铁配制，设备检查、运搬、清点、分类复核、安装、检查、水压试验、调试、试运。

计量单位：台

编　号			单位	2-10-1	2-10-2	2-10-3	2-10-4	2-10-5	2-10-6	2-10-7
项　目				立式锅炉						
				蒸发量0.1t/h、供热量0.07MW	蒸发量0.2t/h、供热量0.14MW	蒸发量0.3t/h、供热量0.21MW	蒸发量0.5t/h、供热量0.35MW	蒸发量1t/h、供热量0.7MW	蒸发量1.5t/h、供热量1.05MW	蒸发量2t/h、供热量1.4MW
名　称			单位	消　耗　量						
人工	合计工日		工日	10.863	14.240	18.438	24.427	30.944	39.210	51.000
	其中	普工	工日	3.259	4.272	5.532	7.328	9.283	11.763	15.300
		一般技工	工日	5.975	7.832	10.141	13.435	17.019	21.566	28.050
		高级技工	工日	1.629	2.136	2.765	3.664	4.642	5.881	7.650
材料	烟煤		t	(0.320)	(0.360)	(0.400)	(0.450)	(0.500)	(0.550)	(0.600)
	型钢(综合)		kg	19.680	21.870	24.300	27.000	30.000	33.400	37.100
	镀锌铁丝 ϕ2.5~4.0		kg	4.000	4.000	4.500	4.500	5.800	7.000	7.000
	棉纱		kg	1.350	1.450	1.620	1.800	2.000	2.220	2.470
	低碳钢焊条(综合)		kg	1.310	1.450	1.620	1.800	2.000	2.230	2.490
	斜垫铁(综合)		kg	4.400	4.400	4.400	4.400	4.400	6.000	6.000
	索具螺旋扣 M16×250		套	4.000	4.000	7.000	7.000	7.000	7.000	7.000
	枕木 2 500×250×200		根	0.650	0.720	0.810	0.900	1.000	1.110	1.230
	金属清洗剂		kg	0.306	0.339	0.378	0.420	0.467	0.518	0.577
	溶剂汽油		kg	1.310	1.450	1.620	1.800	2.000	2.220	2.470
	机油		kg	0.650	0.720	0.810	0.900	1.000	1.110	1.230
	黄甘油		kg	0.650	0.720	0.810	0.900	1.000	1.110	1.230
	磷酸三钠		kg	10.490	11.660	12.960	14.400	16.000	17.760	19.700
	氢氧化钠(烧碱)		kg	10.490	11.660	12.960	14.400	16.000	17.760	19.700
	氧气		m^3	2.750	3.080	3.400	3.780	4.250	4.750	5.330
	乙炔气		kg	1.058	1.185	1.308	1.454	1.635	1.827	2.050
	无石棉扭绳 ϕ11~25		kg	1.310	1.450	1.620	1.800	2.000	2.200	2.500
	木柴		kg	6.500	7.200	8.100	9.000	10.000	11.100	12.300
	电		kW·h	(60.000)	(88.000)	(118.000)	(176.000)	(220.000)	(308.000)	(380.000)
	水		m^3	4.000	6.000	8.000	12.000	15.000	21.000	26.000
	其他材料费		%	2.00	2.00	2.00	2.00	2.00	2.00	2.00
机械	汽车式起重机 8t		台班	1.324	1.467	1.619	1.876	1.905	—	—
	汽车式起重机 16t		台班	—	—	—	—	—	2.095	2.286
	电动单筒慢速卷扬机 30kN		台班	0.505	0.562	0.686	0.810	1.181	1.857	2.762
	试压泵 6MPa		台班	1.048	1.238	1.381	1.714	1.800	1.981	2.181
	弧焊机 32kV·A		台班	0.305	0.343	0.381	0.429	0.476	0.600	0.752
	电焊条烘干箱 60×50×75(cm^3)		台班	0.031	0.034	0.038	0.043	0.048	0.060	0.075

2. 快装成套燃煤锅炉安装

工作内容：基础检查、中心线校核，垫铁配制，设备检查、运搬、清点、分类复核、安装、检查、水压试验、调试、试运。

计量单位：台

编号				2-10-8	2-10-9	2-10-10	2-10-11	2-10-12	2-10-13	2-10-14
项目				快装锅炉						
				蒸发量1t/h、供热量0.7MW	蒸发量2t/h、供热量1.4MW	蒸发量4t/h、供热量2.8MW	蒸发量6t/h、供热量4.2MW	蒸发量8t/h、供热量5.6MW	蒸发量10t/h、供热量7MW	蒸发量20t/h、供热量14MW
名称			单位	消耗量						
人工	合计工日		工日	113.393	145.185	181.612	230.625	276.750	345.937	426.656
	其中	普工	工日	34.018	43.556	54.483	69.188	83.025	103.781	127.997
		一般技工	工日	62.366	79.851	99.887	126.844	152.213	190.266	234.661
		高级技工	工日	17.009	21.778	27.242	34.593	41.512	51.890	63.998
材料	烟煤		t	(14.720)	(18.400)	(23.000)	(28.750)	(34.500)	(43.125)	(53.188)
	镀锌铁丝 ϕ2.5~4.0		kg	5.800	7.250	9.060	11.330	13.596	16.995	20.961
	钢板（综合）		kg	42.400	68.000	100.000	140.000	168.000	210.000	259.000
	无石棉橡胶板 δ3~6		kg	1.280	1.600	2.000	2.500	3.000	3.750	4.625
	棉纱		kg	2.680	3.360	4.200	5.250	6.300	7.875	9.713
	铁砂布 $0^{\#}$~$2^{\#}$		张	19.200	24.000	30.000	37.500	45.000	56.250	69.375
	低碳钢焊条（综合）		kg	22.400	28.000	35.000	44.000	52.800	66.000	81.400
	斜垫铁（综合）		kg	19.800	25.400	27.200	39.500	48.600	58.250	72.175
	索具螺旋扣 M16×250		套	2.560	3.200	4.000	5.000	6.000	7.500	9.250
	枕木 2 500×250×200		根	3.200	4.000	5.000	6.250	7.500	9.375	11.563
	金属清洗剂		kg	1.792	2.240	2.800	3.500	4.200	5.250	6.475
	溶剂汽油		kg	4.480	5.600	7.000	8.750	10.500	13.125	16.188
	机油		kg	6.400	8.000	10.000	12.500	15.000	18.750	23.125
	黄甘油		kg	3.200	4.000	5.000	6.250	7.500	9.375	11.563
	磷酸三钠		kg	29.440	36.800	46.000	57.500	69.000	86.250	106.375
	氢氧化钠（烧碱）		kg	29.440	36.800	46.000	57.500	69.000	86.250	106.375
	氧气		m^3	11.330	14.180	17.730	22.000	26.400	33.000	40.700
	乙炔气		kg	4.358	5.454	6.819	8.462	10.154	12.692	15.654
	无石棉扭绳 ϕ11~25		kg	14.080	17.600	22.000	27.500	33.000	41.250	50.875
	木柴		kg	416.000	520.000	650.000	812.500	975.000	1 218.750	1 503.125
	电		kW·h	(360.000)	(1 400.000)	(1 850.000)	(2 900.000)	(3 480.000)	(4 350.000)	(5 365.000)
	水		m^3	18.000	29.000	48.000	88.000	105.600	132.000	162.800
	其他材料费		%	2.00	2.00	2.00	2.00	2.00	2.00	2.00
机械	汽车式起重机 40t		台班	1.333	1.724	2.219	2.410	2.892	3.615	4.459
	电动单筒慢速卷扬机 30kN		台班	4.267	5.333	6.667	8.333	10.000	12.500	15.416
	电动单筒慢速卷扬机 50kN		台班	2.143	2.762	3.524	4.286	5.143	6.429	7.929
	试压泵 6MPa		台班	1.829	2.286	2.857	3.571	4.285	5.357	6.606
	弧焊机 32kV·A		台班	5.714	7.619	9.524	11.429	13.715	17.144	21.144
	电焊条烘干箱 60×50×75（cm^3）		台班	0.571	0.762	0.952	1.143	1.371	1.714	2.114

3. 组装燃煤锅炉安装

工作内容：基础检查、中心线校核，垫铁配制，设备检查、运搬、清点、分类复核、安装、检查、水压试验、调试、试运。

计量单位：台

编号				2-10-15	2-10-16	2-10-17
项目				组装锅炉		
				蒸发量 6t/h、供热量 4.2MW	蒸发量 10t/h、供热量 7MW	蒸发量 20t/h、供热量 14MW
名称			单位	消耗量		
人工	合计工日		工日	331.393	381.810	477.153
	其中	普工	工日	99.418	114.542	143.146
		一般技工	工日	182.266	209.996	262.434
		高级技工	工日	49.709	57.272	71.573
材料	烟煤		t	(45.000)	(47.000)	(59.000)
	镀锌铁丝 ϕ2.5~4.0		kg	14.400	23.000	29.000
	钢板(综合)		kg	140.000	188.000	209.000
	铈钨棒		g	2.184	2.856	3.360
	无石棉橡胶板 δ3~6		kg	2.800	4.200	6.600
	棉纱		kg	5.000	7.000	8.000
	铁砂布 0#~2#		张	38.000	55.000	84.000
	低碳钢焊条(综合)		kg	45.800	68.600	82.000
	氩弧焊丝		kg	0.390	0.510	0.600
	钢锯条		条	30.000	50.000	85.000
	斜垫铁(综合)		kg	39.560	62.500	122.300
	索具螺旋扣 M16×250		套	4.000	4.000	4.000
	索具螺旋扣 M20×300		套	4.000	8.000	8.000
	枕木 2 500×250×200		根	7.800	11.100	14.600
	金属清洗剂		kg	4.200	6.301	9.334
	溶剂汽油		kg	11.000	20.000	30.000
	机油		kg	12.500	18.000	24.000
	黄甘油		kg	6.250	8.500	11.000
	磷酸三钠		kg	58.000	65.000	72.000
	氢氧化钠(烧碱)		kg	58.000	65.000	72.000
	氩气		m^3	1.092	1.428	1.680
	氧气		m^3	47.500	117.500	147.500
	乙炔气		kg	18.269	45.192	56.731
	无石棉扭绳 ϕ11~25		kg	37.500	58.000	75.500
	木柴		kg	990.000	1 100.000	1 400.000
	电		kW·h	(2 800.000)	(5 400.000)	(10 800.000)
	水		m^3	84.000	116.000	194.000
	其他材料费		%	2.00	2.00	2.00
机械	汽车式起重机 8t		台班	5.952	8.000	10.000
	汽车式起重机 40t		台班	2.771	—	—
	汽车式起重机 50t		台班	—	2.981	3.086
	电动单筒慢速卷扬机 30kN		台班	8.095	8.952	10.476
	电动单筒慢速卷扬机 50kN		台班	2.762	4.286	4.286
	试压泵 6MPa		台班	3.810	4.762	5.714
	弧焊机 32kV·A		台班	23.810	29.524	36.190
	氩弧焊机 500A		台班	0.762	0.990	1.333
	电焊条烘干箱 60×50×75(cm^3)		台班	2.381	2.952	3.619

4. 散装燃煤锅炉安装

工作内容：基础检查、中心线校核，垫铁配制，设备检查、运搬、清点、分类复核、安装、检查、水压试验、调试、试运。

计量单位：t

编号				2-10-18	2-10-19	2-10-20	2-10-21
项目				散装锅炉			
				蒸发量 6t/h	蒸发量 10t/h	蒸发量 20t/h	蒸发量 35t/h
名称			单位	消耗量			
人工	合计工日		工日	17.551	16.690	15.983	15.344
	其中	普工	工日	5.266	5.007	4.795	4.603
		一般技工	工日	9.653	9.180	8.790	8.439
		高级技工	工日	2.632	2.503	2.398	2.302
材料	烟煤		t	（2.400）	（2.000）	（1.800）	（1.700）
	型钢（综合）		kg	6.200	5.100	4.500	4.320
	钢筋 ϕ10 以内		t	0.002	0.001	0.001	0.001
	镀锌铁丝 ϕ2.5~4.0		kg	1.500	1.400	1.300	1.248
	钢板（综合）		kg	5.000	4.000	3.500	3.360
	铅板 80 × 300 × 3		kg	0.050	0.033	0.025	0.024
	青铅（综合）		kg	1.000	1.000	1.000	0.960
	黑铅粉		kg	0.070	0.060	0.050	0.048
	铈钨棒		g	1.400	0.784	0.448	0.431
	无石棉橡胶板 δ3~6		kg	0.250	0.240	0.230	0.221
	四氟带		kg	0.030	0.020	0.010	0.010
	塑料暗袋 80 × 300		副	0.090	0.070	0.050	0.048
	棉纱		kg	0.270	0.260	0.200	0.192
	白布		kg	0.382	0.363	0.344	0.330
	尼龙砂轮片 ϕ100		片	1.800	1.350	1.010	0.970
	铁砂布 $0^{\#}$~$2^{\#}$		张	1.800	1.700	1.550	1.488
	低碳钢焊条（综合）		kg	3.200	2.850	2.600	2.496
	氩弧焊丝		kg	0.250	0.140	0.080	0.077
	钢锯条		条	2.200	2.100	2.000	1.920
	平垫铁（综合）		kg	0.900	0.890	0.860	0.826
	斜垫铁（综合）		kg	0.900	0.890	0.860	0.826
	索具螺旋扣 M16 × 250		套	0.190	0.180	0.150	0.144
	枕木 2 500 × 250 × 200		根	0.070	0.060	0.050	0.048
	白油漆		kg	0.020	0.010	0.010	0.010
	松节油		kg	0.120	0.110	0.100	0.096
	金属清洗剂		kg	0.112	0.105	0.093	0.089
	溶剂汽油		kg	0.650	0.600	0.500	0.480
	机油		kg	0.820	0.810	0.800	0.768
	铅油（厚漆）		kg	0.520	0.510	0.500	0.480
	黄甘油		kg	0.220	0.210	0.200	0.192
	冰醋酸 98%		mL	3.230	2.430	1.800	1.728
	硅酸钠（水玻璃）		kg	0.520	0.500	0.480	0.461
	磷酸三钠		kg	1.800	1.750	1.700	1.650

续前

编号			2-10-18	2-10-19	2-10-20	2-10-21
项目			散装锅炉			
			蒸发量 6t/h	蒸发量 10t/h	蒸发量 20t/h	蒸发量 35t/h
名称		单位	消耗量			
材料	硫代硫酸钠	g	31.050	23.290	17.250	16.560
	硫酸铝钾	g	1.940	1.460	1.080	1.037
	甲氨基酚硫酸盐	g	0.190	0.140	0.110	0.106
	硼酸	g	0.970	0.730	0.540	0.518
	氢氧化钠(烧碱)	kg	1.800	1.750	1.700	1.650
	无水碳酸钠	g	4.140	3.110	2.300	2.208
	无水亚硫酸钠	g	8.150	6.110	4.530	4.349
	溴化钾	g	0.350	0.260	0.190	0.182
	对苯二酚	g	0.760	0.570	0.420	0.403
	氩气	m^3	0.700	0.392	0.224	0.216
	氧气	m^3	1.900	1.850	1.630	1.565
	乙炔气	kg	0.731	0.712	0.627	0.602
	压敏胶粘带	m	1.040	0.780	0.580	0.557
	无石棉扭绳 ϕ10~13	kg	0.450	0.300	0.250	0.240
	无石棉泥	kg	3.500	2.000	1.500	1.440
	软胶片 80×300	张	1.800	1.350	1.000	0.960
	增感屏 80×300	副	0.090	0.070	0.050	0.048
	钢管 $D32\times2.5$	kg	0.350	0.300	0.300	0.288
	像质计	个	0.090	0.070	0.050	0.048
	贴片磁铁	副	0.030	0.030	0.020	0.019
	英文字母铅码	套	0.060	0.040	0.030	0.029
	木柴	kg	170.000	160.000	150.000	144.000
	电	kW·h	(137.000)	(121.000)	(110.000)	(100.000)
	水	m^3	3.020	2.520	2.010	1.930
	焦炭	kg	18.000	13.000	10.000	9.600
	号码铅字	套	0.060	0.040	0.030	0.029
	砂轮切割片 ϕ400	片	0.848	0.800	0.543	0.521
	其他材料费	%	2.00	2.00	2.00	1.92
机械	汽车式起重机 8t	台班	0.190	0.095	0.076	0.073
	汽车式起重机 16t	台班	0.152	0.143	0.095	0.091
	电动单筒慢速卷扬机 30kN	台班	0.857	0.648	0.486	0.467
	电动单筒慢速卷扬机 50kN	台班	0.476	0.362	0.276	0.265
	试压泵 6MPa	台班	0.305	0.286	0.238	0.228
	弧焊机 20kV·A	台班	0.381	0.381	0.381	0.366
	弧焊机 42kV·A	台班	0.571	0.429	0.381	0.366
	氩弧焊机 500A	台班	0.162	0.114	0.086	0.083
	电动空气压缩机 $0.6m^3/min$	台班	0.095	0.086	0.076	0.073
	电焊条烘干箱 60×50×75(cm^3)	台班	0.038	0.038	0.038	0.037
	X光片脱水烘干机 ZTH-340	台班	0.019	0.010	0.010	0.010
	电动胀管机	台班	1.019	0.962	0.648	0.622
仪表	X射线探伤机	台班	0.229	0.171	0.133	0.128

5. 整装燃油(气)锅炉安装

工作内容: 基础检查、中心线校核,垫铁配制,设备检查、运搬、清点、分类复核、安装、检查、水压试验、调试、试运。

计量单位: 台

编号				2-10-22	2-10-23	2-10-24	2-10-25	2-10-26
项目				整装锅炉				
				蒸发量 0.7t/h 以下	蒸发量 1t/h	蒸发量 2t/h	蒸发量 3t/h	蒸发量 4t/h
名称			单位	消耗量				
人工		合计工日	工日	60.935	71.532	93.058	107.299	120.545
	其中	普工	工日	18.281	21.460	27.918	32.190	36.164
		一般技工	工日	33.514	39.342	51.182	59.014	66.300
		高级技工	工日	9.140	10.730	13.958	16.095	18.081
材料		轻油	t	(3.000)	(3.200)	(6.300)	(9.500)	(13.000)
		镀锌铁丝 ϕ2.5~4.0	kg	1.000	2.000	3.000	4.000	5.000
		无石棉橡胶板 δ0.8~3.0	kg	0.500	0.500	1.000	1.000	1.000
		棉纱	kg	4.000	4.000	4.000	6.000	6.000
		白布	kg	—	—	—	0.176	0.176
		铁砂布 0#~2#	张	10.000	10.000	15.000	20.000	20.000
		低碳钢焊条(综合)	kg	6.000	8.000	12.000	14.000	16.000
		钢锯条	条	20.000	20.000	20.000	20.000	20.000
		平垫铁(综合)	kg	12.220	12.220	12.220	12.220	12.220
		枕木 2 500 × 250 × 200	根	0.500	1.000	1.000	1.000	1.500
		酚醛调和漆	kg	0.500	1.500	2.000	2.000	2.000
		金属清洗剂	kg	0.583	0.817	1.167	1.167	1.167
		溶剂汽油	kg	7.000	7.500	9.000	9.000	9.000
		机油	kg	2.000	2.500	3.000	4.000	4.500
		铅油(厚漆)	kg	0.500	1.000	1.000	1.000	1.500
		黄甘油	kg	1.000	1.000	1.000	1.000	1.500
		磷酸三钠	kg	15.000	15.000	28.000	35.000	46.000
		氢氧化钠(烧碱)	kg	15.000	15.000	28.000	35.000	46.000
		氧气	m^3	6.530	6.530	9.780	9.780	13.030
		乙炔气	kg	2.512	2.512	3.762	3.762	5.012
		无石棉扭绳 ϕ10~13	kg	0.500	0.500	0.500	0.500	0.500
		镀锌钢管 *DN*25	m	25.000	25.000	25.000	25.000	25.000
		电	kW·h	(200.000)	(300.000)	(800.000)	(1 200.000)	(1 600.000)
		水	m^3	14.000	16.000	25.000	30.000	42.000
		其他材料费	%	2.00	2.00	2.00	2.00	2.00
机械		汽车式起重机 8t	台班	0.952	0.952	0.952	—	—
		汽车式起重机 16t	台班	0.952	0.952	—	0.952	0.952
		汽车式起重机 32t	台班	—	—	0.952	0.952	0.952
		载货汽车 - 普通货车 6t	台班	0.952	0.952	0.952	0.952	0.952
		电动单筒慢速卷扬机 30kN	台班	2.857	3.810	—	—	—
		电动单筒慢速卷扬机 50kN	台班	—	—	3.810	3.810	4.762
		试压泵 6MPa	台班	2.500	2.639	3.170	3.810	4.572
		弧焊机 32kV·A	台班	1.905	3.048	3.810	4.762	5.714
		电焊条烘干箱 60 × 50 × 75(cm^3)	台班	0.191	0.305	0.381	0.476	0.571

计量单位：台

编号				2-10-27	2-10-28	2-10-29	2-10-30
项目				整装锅炉			
				蒸发量 6t/h	蒸发量 8t/h	蒸发量 10t/h	蒸发量 20t/h
名称			单位	消耗量			
人工	合计工日		工日	164.457	197.905	228.373	303.216
	其中	普工	工日	49.337	59.371	68.512	90.965
		一般技工	工日	90.451	108.848	125.605	166.769
		高级技工	工日	24.669	29.686	34.256	45.482
材料	轻油		t	(19.500)	(26.500)	(29.600)	(47.500)
	镀锌铁丝 ϕ2.5~4.0		kg	6.000	8.000	10.000	15.000
	无石棉橡胶板 δ0.8~3.0		kg	1.000	1.500	2.000	3.500
	棉纱		kg	7.000	7.000	9.000	15.000
	白布		kg	0.176	0.176	0.352	0.441
	铁砂布 0#~2#		张	35.000	60.000	60.000	80.000
	低碳钢焊条（综合）		kg	18.000	18.000	20.000	30.000
	钢锯条		条	30.000	40.000	40.000	80.000
	平垫铁（综合）		kg	12.220	18.340	18.340	21.660
	枕木 2 500 × 250 × 200		根	1.500	2.000	3.000	6.000
	酚醛调和漆		kg	2.500	3.500	4.000	5.000
	金属清洗剂		kg	1.400	1.400	2.333	2.800
	溶剂汽油		kg	9.000	12.000	16.000	26.000
	机油		kg	5.000	5.000	6.000	11.000
	铅油（厚漆）		kg	1.800	2.000	2.000	4.000
	黄甘油		kg	1.500	2.500	3.000	5.000
	磷酸三钠		kg	56.000	60.000	65.000	72.000
	氢氧化钠（烧碱）		kg	56.000	60.000	65.000	72.000
	氧气		m^3	21.750	26.000	32.600	51.750
	乙炔气		kg	8.365	10.000	12.538	19.904
	无石棉扭绳 ϕ10~13		kg	0.500	0.500	1.000	3.000
	镀锌钢管 *DN*25		m	25.000	25.000	25.000	25.000
	水		m^3	84.000	96.000	120.000	180.000
	电		kW·h	(2 200.000)	(2 800.000)	(3 600.000)	(7 000.000)
	其他材料费		%	2.00	2.00	2.00	2.00
机械	汽车式起重机 32t		台班	0.952	0.952	1.429	1.429
	汽车式起重机 40t		台班	0.952	0.952	0.952	—
	汽车式起重机 50t		台班	—	—	—	1.429
	载货汽车－普通货车 6t		台班	1.429	1.429	1.905	2.381
	电动单筒慢速卷扬机 50kN		台班	6.667	7.619	8.571	8.571
	试压泵 6MPa		台班	3.810	4.762	4.762	5.714
	弧焊机 32kV·A		台班	6.667	6.667	8.571	11.429
	电焊条烘干箱 60 × 50 × 75（cm^3）		台班	0.667	0.667	0.857	1.143

6. 散装燃油（气）锅炉安装

工作内容：基础检查、中心线校核，垫铁配制，设备检查、运搬、清点、分类复核、安装、检查、水压试验、调试、试运。

计量单位：t

编号				2-10-31	2-10-32	2-10-33	2-10-34
项目				散装锅炉			
				蒸发量 6t/h	蒸发量 10t/h	蒸发量 20t/h	蒸发量 35t/h
名称			单位	消耗量			
人工	合计工日		工日	20.937	18.849	17.790	17.078
	其中	普工	工日	6.281	5.655	5.337	5.123
		一般技工	工日	11.515	10.367	9.784	9.393
		高级技工	工日	3.141	2.827	2.669	2.562
材料	轻油		t	(0.720)	(0.910)	(1.060)	(1.234)
	型钢（综合）		kg	5.890	5.760	4.400	4.224
	镀锌铁丝 ϕ2.5~4.0		kg	1.220	1.100	1.000	0.960
	钢板（综合）		kg	6.210	6.150	6.000	5.760
	铅板 80×300×3		kg	0.049	0.033	0.025	0.024
	青铅（综合）		kg	2.780	2.310	1.370	1.315
	无石棉橡胶板（低压）δ0.8~6.0		kg	0.060	0.050	0.050	0.048
	塑料暗袋 80×300		副	0.090	0.070	0.050	0.048
	棉纱		kg	0.360	0.350	0.210	0.202
	白布		kg	0.360	0.310	0.240	0.230
	尼龙砂轮片 ϕ100		片	1.800	1.350	1.010	0.970
	铁砂布 0#~2#		张	5.000	5.000	4.700	4.512
	低碳钢焊条（综合）		kg	6.350	5.710	5.400	5.184
	氩弧焊丝		kg	0.390	0.370	0.220	0.211
	钢锯条		条	4.440	3.460	3.150	3.024
	平垫铁（综合）		kg	1.110	0.770	0.700	0.672
	斜垫铁（综合）		kg	1.110	0.770	0.700	0.672
	索具螺旋扣 M16×250		套	—	0.300	0.240	0.230
	枕木 2 500×250×200		根	0.090	0.090	0.100	0.100
	白油漆		kg	0.020	0.010	0.010	0.010
	酚醛调和漆		kg	—	0.580	0.560	0.538
	耐火漆		kg	—	0.960	0.890	0.854
	溶剂汽油		kg	0.240	0.220	0.180	0.173
	机油		kg	0.220	0.210	0.180	0.173
	铅油（厚漆）		kg	0.060	0.060	0.040	0.038
	黄甘油		kg	0.060	0.040	0.040	0.038
	冰醋酸 98%		mL	3.230	2.430	1.800	1.728
	磷酸三钠		kg	1.940	1.900	1.890	1.814
	硫代硫酸钠		g	31.050	23.290	17.250	16.560
	硫酸铝钾		g	1.940	1.460	1.080	1.037

续前

编　号			2-10-31	2-10-32	2-10-33	2-10-34
项　目			散装锅炉			
			蒸发量 6t/h	蒸发量 10t/h	蒸发量 20t/h	蒸发量 35t/h
名　称		单位	消　耗　量			
材料	甲氨基酚硫酸盐	g	0.190	0.140	0.110	0.106
	硼酸	g	0.970	0.730	0.540	0.518
	氢氧化钠（烧碱）	kg	1.940	1.900	1.890	1.814
	无水碳酸钠	g	4.140	3.110	2.300	2.208
	无水亚硫酸钠	g	8.150	6.110	4.530	4.349
	溴化钾	g	0.350	0.260	0.190	0.182
	对苯二酚	g	0.760	0.570	0.420	0.403
	氩气	m^3	1.092	1.036	0.616	0.591
	氧气	m^3	2.730	2.500	1.830	1.757
	乙炔气	kg	1.050	0.962	0.704	0.676
	压敏胶粘带	m	1.040	0.780	0.580	0.557
	无石棉扭绳 ϕ11~25	kg	0.280	0.230	0.130	0.125
	软胶片 80×300	张	1.800	1.350	1.000	0.960
	增感屏 80×300	副	0.090	0.070	0.050	0.048
	镀锌钢管 *DN*25	m	0.660	0.560	0.500	0.480
	像质计	个	0.090	0.070	0.050	0.048
	贴片磁铁	副	0.030	0.030	0.020	0.019
	英文字母铅码	套	0.060	0.040	0.030	0.029
	电	kW·h	（180.000）	（160.000）	（140.000）	（120.000）
	水	m^3	6.240	5.630	5.110	4.906
	焦炭	kg	24.440	23.070	18.400	17.664
	号码铅字	套	0.060	0.040	0.030	0.029
	砂轮切割片 ϕ400	片	0.848	0.800	0.543	0.521
	钸钨棒	g	2.184	2.072	1.232	1.182
	其他材料费	%	2.00	2.00	2.00	1.92
机械	汽车式起重机 8t	台班	0.371	0.181	0.124	0.119
	汽车式起重机 16t	台班	0.152	0.133	0.133	0.128
	电动单筒慢速卷扬机 30kN	台班	0.648	0.476	0.429	0.412
	电动单筒慢速卷扬机 50kN	台班	0.362	0.200	0.105	0.101
	试压泵 6MPa	台班	0.267	0.248	0.229	0.220
	弧焊机 32kV·A	台班	1.523	1.447	1.247	1.197
	氩弧焊机 500A	台班	0.105	0.105	0.086	0.083
	电动空气压缩机 $6m^3/min$	台班	0.162	0.105	0.095	0.091
	电焊条烘干箱 60×50×75（cm^3）	台班	0.152	0.145	0.125	0.120
	X 光片脱水烘干机 ZTH-340	台班	0.019	0.010	0.010	0.010
	电动胀管机	台班	1.019	0.962	0.648	0.622
仪表	X 射线探伤机	台班	0.229	0.171	0.133	0.128

二、烟气净化设备安装

1. 单筒干式旋风除尘器安装

工作内容:基础检查、中心线校核,垫铁配制,设备检查、运搬、清点、分类复核、安装等。 **计量单位:**台

编号				2-10-35	2-10-36	2-10-37
项目				单筒干式		
				质量(t)		
				≤0.5	≤1	>1
名称			单位	消耗量		
人工	合计工日		工日	8.014	9.273	11.658
	其中	普工	工日	2.404	2.782	3.497
		一般技工	工日	4.408	5.100	6.412
		高级技工	工日	1.202	1.391	1.749
材料	镀锌铁丝 φ2.5~4.0		kg	5.000	5.000	5.000
	钢板(综合)		kg	10.000	10.000	10.000
	棉纱		kg	1.000	1.000	1.000
	低碳钢焊条(综合)		kg	2.000	3.000	5.000
	平垫铁(综合)		kg	6.000	6.000	6.000
	斜垫铁(综合)		kg	12.000	12.000	12.000
	金属清洗剂		kg	0.467	0.700	0.700
	氧气		m^3	14.800	14.800	14.800
	乙炔气		kg	5.692	5.692	5.692
	无石棉扭绳 φ11~25		kg	1.000	1.000	1.500
	其他材料费		%	2.00	2.00	2.00
机械	汽车式起重机 8t		台班	0.476	0.952	1.238
	电动单筒慢速卷扬机 50kN		台班	0.476	0.952	1.238
	弧焊机 32kV·A		台班	0.476	0.952	1.238
	电焊条烘干箱 60×50×75(cm^3)		台班	0.048	0.095	0.124

2. 多筒干式旋风除尘器安装

工作内容：基础检查、中心线校核，垫铁配制，设备检查、运搬、清点、分类复核、安装等。　**计量单位：**台

编号				2-10-38	2-10-39	2-10-40
项目				多筒干式		
				质量（t）		
				≤3.5	≤5	>5
名称			单位	消耗量		
人工	合计工日		工日	17.486	31.329	39.342
	其中	普工	工日	5.246	9.398	11.803
		一般技工	工日	9.617	17.231	21.638
		高级技工	工日	2.623	4.700	5.901
材料	镀锌铁丝 ϕ2.5~4.0		kg	10.000	18.000	25.000
	钢板（综合）		kg	15.000	40.000	80.000
	棉纱		kg	2.000	3.500	5.000
	铁砂布 0#~2#		张	10.000	15.000	20.000
	低碳钢焊条（综合）		kg	8.000	15.000	20.000
	平垫铁（综合）		kg	6.000	8.000	8.000
	斜垫铁（综合）		kg	12.000	16.000	16.000
	枕木 2 500×250×200		根	—	2.000	2.000
	金属清洗剂		kg	1.167	2.333	3.500
	机油		kg	2.000	2.000	2.000
	黄甘油		kg	2.000	2.000	2.000
	氧气		m^3	15.000	30.030	30.030
	乙炔气		kg	5.769	11.550	11.550
	无石棉扭绳 ϕ11~25		kg	2.500	3.500	5.000
	其他材料费		%	2.00	2.00	2.00
机械	汽车式起重机 8t		台班	0.476	0.619	0.690
	电动单筒慢速卷扬机 50kN		台班	0.476	0.619	0.690
	弧焊机 32kV·A		台班	2.381	5.476	6.426
	电焊条烘干箱 60×50×75（cm^3）		台班	0.238	0.548	0.643

3. 多管干式旋风除尘器安装

工作内容：基础检查、中心线校核，垫铁配制，设备检查、运搬、清点、分类复核、安装等。 **计量单位：**台

编号				2-10-41	2-10-42	2-10-43
项目				多管干式		
				质量(t)		
				≤3	≤6	>6
名称			单位	消耗量		
人工	合计工日		工日	23.380	31.394	40.071
	其中	普工	工日	7.014	9.418	12.021
		一般技工	工日	12.859	17.267	22.039
		高级技工	工日	3.507	4.709	6.011
材料	镀锌铁丝 ϕ2.5~4.0		kg	8.000	18.000	25.000
	钢板(综合)		kg	12.000	50.000	80.000
	棉纱		kg	1.000	3.500	5.000
	铁砂布 $0^{\#}$~$2^{\#}$		张	10.000	15.000	20.000
	低碳钢焊条(综合)		kg	8.000	15.000	20.000
	平垫铁(综合)		kg	8.000	8.000	8.000
	斜垫铁(综合)		kg	16.000	16.000	16.000
	木板		m^3	—	—	0.300
	枕木 2 500×250×200		根	—	2.000	2.000
	金属清洗剂		kg	1.167	2.333	3.500
	机油		kg	1.000	2.000	2.000
	黄甘油		kg	1.000	2.000	2.000
	氧气		m^3	15.000	30.030	30.030
	乙炔气		kg	5.769	11.550	11.550
	无石棉扭绳 ϕ11~25		kg	2.000	3.500	5.000
	其他材料费		%	2.00	2.00	2.00
机械	汽车式起重机 8t		台班	0.952	1.905	2.857
	电动单筒慢速卷扬机 50kN		台班	1.905	3.810	5.714
	弧焊机 32kV·A		台班	1.905	3.810	5.714
	电焊条烘干箱 60×50×75(cm^3)		台班	0.191	0.381	0.571

三、锅炉水处理设备安装

1. 浮动床钠离子交换器安装

工作内容：基础检查、中心线校核，垫铁配制，设备检查、运搬、清点、分类复核、安装、检查、水压试验、单体调试。

计量单位：台

编号				2-10-44	2-10-45	2-10-46	2-10-47	2-10-48
项目				软化水				
				出力(t)				
				≤2	≤4	≤6	≤10	≤12
名称			单位	消耗量				
人工	合计工日		工日	12.572	14.571	16.175	18.652	20.215
	其中	普工	工日	3.772	4.371	4.853	5.596	6.065
		一般技工	工日	6.914	8.014	8.896	10.258	11.118
		高级技工	工日	1.886	2.186	2.426	2.798	3.032
材料	镀锌铁丝 ϕ2.5~4.0		kg	3.000	4.000	4.000	5.000	5.000
	钢板(综合)		kg	8.000	10.000	10.000	12.000	12.000
	无石棉橡胶板 δ0.8~3.0		kg	3.000	3.500	4.000	5.000	6.000
	四氟带		kg	0.010	0.020	0.030	0.040	0.050
	棉纱		kg	0.500	0.650	0.800	0.800	1.000
	铁砂布 $0^{\#}$~$2^{\#}$		张	4.000	5.000	5.000	5.000	6.000
	低碳钢焊条(综合)		kg	1.800	2.500	3.000	4.000	4.000
	钢锯条		条	5.000	6.000	6.000	6.000	7.000
	平垫铁(综合)		kg	8.000	8.000	8.000	12.000	12.000
	斜垫铁(综合)		kg	4.000	4.000	4.000	6.000	6.000
	枕木 2 500×250×200		根	0.200	0.220	0.250	0.300	0.300
	金属清洗剂		kg	0.117	0.140	0.163	0.187	0.187
	机油		kg	0.200	0.200	0.300	0.400	0.450
	铅油(厚漆)		kg	0.100	0.100	0.150	0.200	0.200
	黄甘油		kg	0.100	0.100	0.150	0.200	0.200
	氯化钠		kg	100.000	150.000	200.000	300.000	350.000
	氧气		m^3	12.930	14.350	16.980	20.230	21.750
	乙炔气		kg	4.973	5.519	6.531	7.781	8.365
	无石棉扭绳 ϕ11~25		kg	0.200	0.250	0.300	0.400	0.400
	水		m^3	4.000	8.000	12.000	20.000	24.000
	其他材料费		%	2.00	2.00	2.00	2.00	2.00
机械	汽车式起重机 8t		台班	0.476	0.571	0.667	0.762	0.762
	电动单筒慢速卷扬机 30kN		台班	0.952	0.952	0.952	1.048	1.048
	试压泵 6MPa		台班	0.952	0.952	1.048	1.143	1.143
	弧焊机 32kV·A		台班	0.952	0.952	1.048	1.143	1.143
	电动空气压缩机 0.6m^3/min		台班	0.238	0.286	0.381	0.381	0.381
	电焊条烘干箱 60×50×75(cm^3)		台班	0.095	0.095	0.105	0.114	0.114

2. 组合式水处理设备安装

工作内容：基础检查、中心线校核，垫铁配制，设备检查、运搬、清点、分类复核、安装、检查、水压试验、单体调试。

计量单位：台

编号				2-10-49	2-10-50	2-10-51
项目				软化水		
				出力(t)		
				≤2	≤4	≤8
名称			单位	消耗量		
人工	合计工日		工日	3.219	4.345	9.340
	其中	普工	工日	0.965	1.303	2.802
		一般技工	工日	1.771	2.390	5.137
		高级技工	工日	0.483	0.652	1.401
材料	镀锌铁丝 ϕ2.5~4.0		kg	3.000	4.050	—
	钢板(综合)		kg	1.000	1.350	1.520
	热轧薄钢板 δ3.0		m^2	1.000	1.350	1.500
	镀锌钢板(综合)		kg	—	—	5.000
	无石棉橡胶板 δ3~6		kg	3.000	4.050	5.000
	棕绳		kg	6.800	9.180	6.800
	铁砂布 $0^{\#}$~$2^{\#}$		张	2.000	2.700	4.000
	低碳钢焊条(综合)		kg	0.400	0.540	1.000
	钢锯条		条	5.000	6.750	7.000
	斜垫铁(综合)		kg	4.200	5.400	8.560
	枕木 2 500×250×200		根	0.200	0.270	0.300
	金属清洗剂		kg	0.117	0.157	0.187
	机油		kg	0.400	0.540	0.450
	铅油(厚漆)		kg	0.200	0.270	0.200
	黄甘油		kg	0.200	0.270	0.200
	硫酸 98%		kg	20.000	27.000	20.000
	氯化钠		kg	10.000	13.500	30.000
	聚四氟乙烯		kg	0.050	0.068	0.050
	氧气		m^3	2.000	2.700	3.000
	乙炔气		kg	0.769	1.038	1.154
	焊接钢管 *DN*50		m	3.380	4.563	—
	焊接钢管 *DN*80		m	—	—	1.600
	焊接钢管 *DN*100		m	—	—	1.500
	水		m^3	4.000	5.400	8.000
	其他材料费		%	2.00	2.00	2.00
机械	汽车式起重机 8t		台班	0.476	0.643	0.476
	电动单筒慢速卷扬机 30kN		台班	0.476	0.643	0.952
	试压泵 6MPa		台班	0.476	0.643	0.952
	弧焊机 32kV·A		台班	0.190	0.257	0.476
	电动空气压缩机 0.6m^3/min		台班	0.143	0.193	0.381
	电焊条烘干箱 60×50×75(cm^3)		台班	0.019	0.026	0.048

四、换热器安装

工作内容：基础检查、中心线校核，垫铁配制，设备检查、运搬、清点、分类复核、安装等。　**计量单位：**台

编　号				2-10-52	2-10-53	2-10-54	2-10-55	2-10-56	2-10-57
项　目				设备重量（t）					
				≤1	≤1.5	≤2	≤3	≤4	≤5
名　称			单位	消　耗　量					
人工	合计工日		工日	5.828	8.942	9.603	12.254	14.406	17.883
	其中	普工	工日	1.749	2.683	2.881	3.677	4.322	5.365
		一般技工	工日	3.205	4.918	5.282	6.739	7.923	9.835
		高级技工	工日	0.874	1.341	1.440	1.838	2.161	2.683
材料	型钢（综合）		kg	8.000	9.000	10.000	11.000	12.000	13.000
	钢板（综合）		kg	54.600	56.600	59.100	64.300	72.000	79.700
	黑铅粉		kg	0.230	0.240	0.250	0.270	0.300	0.320
	无石棉橡胶板 δ0.8~3.0		kg	1.500	1.600	1.800	2.500	4.000	6.000
	低碳钢焊条（综合）		kg	1.220	1.320	1.420	1.520	2.000	2.500
	平垫铁（综合）		kg	6.450	6.450	6.450	6.450	7.200	9.600
	斜垫铁（综合）		kg	4.000	4.000	4.000	4.000	5.230	6.340
	枕木 2 500×250×200		根	0.060	0.070	0.080	0.090	0.100	0.110
	机油		kg	0.150	0.180	0.200	0.220	0.240	0.260
	氧气		m^3	4.830	4.950	5.280	5.550	6.000	9.000
	乙炔气		kg	1.858	1.904	2.031	2.135	2.308	3.462
	其他材料费		%	2.00	2.00	2.00	2.00	2.00	2.00
机械	汽车式起重机 8t		台班	0.476	0.714	0.952	1.190	1.429	1.905
	电动单筒慢速卷扬机 30kN		台班	0.952	0.952	0.952	1.429	1.905	1.905
	试压泵 6MPa		台班	0.952	0.952	0.952	0.952	1.429	1.905
	弧焊机 32kV·A		台班	0.476	0.476	0.714	1.667	2.381	2.619
	电动空气压缩机 0.6m^3/min		台班	0.238	0.238	0.286	0.381	0.476	0.571
	电焊条烘干箱 60×50×75（cm^3）		台班	0.048	0.048	0.071	0.167	0.238	0.262

五、输煤设备安装

1. 翻斗上煤机安装

工作内容：基础检查、中心线校核，垫铁配制，设备检查、运搬、清点、分类复核、安装、检查、单体调试。

计量单位：台

			编号		2-10-58	2-10-59	2-10-60	2-10-61
项目					垂直卷扬式	倾斜卷扬式	带小车式	单斗式
名称				单位	消耗量			
人工	合计工日			工日	10.200	12.385	11.658	24.043
	其中	普工		工日	3.060	3.715	3.497	7.213
		一般技工		工日	5.610	6.812	6.412	13.224
		高级技工		工日	1.530	1.858	1.749	3.606
材料	型钢(综合)			kg	25.000	40.000	—	100.000
	镀锌铁丝 ϕ2.5~4.0			kg	2.000	2.000	2.000	—
	钢板(综合)			kg	30.000	50.000	40.000	50.000
	棉纱			kg	1.000	1.000	1.000	1.500
	铁砂布 $0^{\#}$~$2^{\#}$			张	—	—	—	15.000
	低碳钢焊条(综合)			kg	5.000	5.000	5.000	5.000
	平垫铁(综合)			kg	6.000	6.000	6.000	3.000
	斜垫铁(综合)			kg	12.000	12.000	12.000	6.000
	枕木 2 500 × 250 × 200			根	—	—	—	1.000
	金属清洗剂			kg	0.700	0.700	0.700	1.167
	溶剂汽油			kg	2.000	2.000	2.000	1.000
	机油			kg	2.000	2.000	1.000	1.000
	黄甘油			kg	—	—	—	1.000
	氧气			m^3	15.000	15.000	15.000	15.000
	乙炔气			kg	5.769	5.769	5.769	5.769
	其他材料费			%	2.00	2.00	2.00	2.00
机械	汽车式起重机 8t			台班	0.476	0.476	0.476	0.953
	电动单筒慢速卷扬机 30kN			台班	0.476	0.476	0.476	2.381
	弧焊机 32kV·A			台班	2.857	2.857	2.857	2.857
	电焊条烘干箱 60 × 50 × 75(cm^3)			台班	0.286	0.286	0.286	0.286

2. 碎煤机安装

工作内容： 基础检查、中心线校核，垫铁配制，设备检查、运搬、清点、分类复核、安装、检查、单体调试。

计量单位： 台

编 号				2-10-62	2-10-63
项 目				双辊齿式（直径 mm）	
				450 × 500	600 × 750
名 称			单位	消 耗 量	
人工	合计工日		工日	38.067	40.654
	其中	普工	工日	11.420	12.196
		一般技工	工日	20.937	22.360
		高级技工	工日	5.710	6.098
材料	镀锌铁丝 ϕ2.5~4.0		kg	5.500	6.750
	钢板（综合）		kg	33.000	31.500
	无石棉橡胶板（高压）δ1~6		kg	2.750	2.250
	棉纱		kg	5.500	4.500
	白布		kg	0.969	0.793
	羊毛毡 6~8		m^2	0.550	0.450
	铁砂布 0#~2#		张	16.500	13.500
	低碳钢焊条（综合）		kg	8.250	9.000
	平垫铁（综合）		kg	48.400	39.600
	木板 δ25		m^3	0.055	0.045
	枕木 2 500 × 250 × 200		根	1.100	1.800
	金属清洗剂		kg	1.925	2.100
	溶剂汽油		kg	2.750	4.500
	机油		kg	4.400	4.500
	铅油（厚漆）		kg	1.100	2.250
	黄甘油		kg	2.200	2.700
	硫酸 98%		kg	4.400	3.600
	氢氧化钠（烧碱）		kg	4.400	3.600
	氧气		m^3	16.517	20.264
	乙炔气		kg	6.353	7.794
	其他材料费		%	2.00	2.00
机械	汽车式起重机 8t		台班	0.667	0.857
	电动单筒慢速卷扬机 30kN		台班	0.667	0.857
	弧焊机 32kV·A		台班	2.000	2.143
	电焊条烘干箱 60 × 50 × 75（cm^3）		台班	0.200	0.214

六、除渣设备安装

1. 螺旋除渣机安装

工作内容：基础检查、中心线校核，垫铁配制，设备检查、运搬、清点、分类复核、安装、检查、单体调试。

计量单位：台

编号				2-10-64	2-10-65
项目				直径 150mm、出力 1.1t/h	直径 200mm、出力 1.2t/h
名称			单位	消耗量	
人工	合计工日		工日	12.458	15.409
	其中	普工	工日	3.737	4.623
		一般技工	工日	6.852	8.475
		高级技工	工日	1.869	2.311
材料	镀锌铁丝 ϕ2.5~4.0		kg	2.250	4.500
	钢板(综合)		kg	9.000	13.500
	无石棉橡胶板(高压)δ1~6		kg	6.750	9.000
	棉纱		kg	0.900	1.800
	低碳钢焊条(综合)		kg	2.250	4.500
	金属清洗剂		kg	0.525	1.050
	溶剂汽油		kg	0.900	0.900
	机油		kg	0.900	2.250
	黄甘油		kg	0.900	1.800
	氧气		m^3	6.750	10.125
	乙炔气		kg	2.596	3.894
	其他材料费		%	2.00	2.00
机械	汽车式起重机 8t		台班	0.214	0.214
	电动单筒慢速卷扬机 30kN		台班	0.214	0.214
	弧焊机 32kV·A		台班	0.857	1.714
	电焊条烘干箱 60×50×75(cm^3)		台班	0.086	0.171

2. 刮板除渣机安装

工作内容: 基础检查、中心线校核,垫铁配制,设备检查、运搬、清点、分类复核、安装、检查、单体调试。

计量单位: 台

编　号				2-10-66	2-10-67
项　目				出渣量(t/h)	
				1	2
名　称			单位	消　耗　量	
人工	合计工日		工日	13.442	19.016
	其中	普工	工日	4.033	5.705
		一般技工	工日	7.393	10.459
		高级技工	工日	2.016	2.852
材料	镀锌铁丝 ϕ2.5~4.0		kg	4.500	6.750
	钢板(综合)		kg	13.500	22.500
	棉纱		kg	1.800	2.250
	低碳钢焊条(综合)		kg	4.500	6.750
	平垫铁(综合)		kg	15.300	15.300
	斜垫铁(综合)		kg	30.600	30.600
	金属清洗剂		kg	1.155	1.575
	溶剂汽油		kg	0.900	0.900
	机油		kg	2.250	2.250
	黄甘油		kg	1.800	1.800
	氧气		m^3	10.125	13.514
	乙炔气		kg	3.894	5.198
	其他材料费		%	2.00	2.00
机械	汽车式起重机 8t		台班	0.214	0.214
	电动单筒慢速卷扬机 30kN		台班	0.214	0.214
	弧焊机 32kV·A		台班	1.714	2.143
	电焊条烘干箱 60×50×75(cm^3)		台班	0.171	0.214

3. 链条除渣机安装

工作内容：基础检查、中心线校核，垫铁配制，设备检查、运搬、清点、分类复核、安装、检查、单体调试。

计量单位：台

编号			2-10-68	2-10-69	2-10-70	2-10-71	2-10-72
项目			输送长度10m、出力2t/h	输送长度30m、出力4t/h	输送长度50m、出力5t/h	输送长度70m、出力8t/h	输送长度50m以内、出力10t/h以内
名称		单位	消耗量				
人工	合计工日	工日	52.987	108.623	134.786	155.186	173.400
人工	其中 普工	工日	15.896	32.587	40.436	46.556	52.020
人工	其中 一般技工	工日	29.143	59.743	74.132	85.352	95.370
人工	其中 高级技工	工日	7.948	16.293	20.218	23.278	26.010
材料	镀锌铁丝 ϕ2.5~4.0	kg	5.000	10.000	13.000	15.000	20.000
材料	钢板（综合）	kg	80.000	100.000	200.000	200.000	200.000
材料	棉纱	kg	5.000	8.000	10.000	10.000	10.000
材料	低碳钢焊条（综合）	kg	5.000	9.500	20.000	20.000	20.000
材料	平垫铁（综合）	kg	20.000	30.000	50.000	70.000	53.000
材料	斜垫铁（综合）	kg	40.000	60.000	100.000	140.000	106.000
材料	枕木 2 500×250×200	根	2.000	2.000	4.000	4.000	4.000
材料	金属清洗剂	kg	1.167	2.333	4.667	4.667	4.667
材料	溶剂汽油	kg	1.000	1.000	2.000	2.000	10.000
材料	机油	kg	5.000	8.000	10.000	10.000	10.000
材料	铅油（厚漆）	kg	5.000	5.000	5.000	5.000	5.000
材料	黄甘油	kg	3.000	4.000	6.000	6.000	6.000
材料	氧气	m^3	14.400	28.980	45.030	45.030	45.030
材料	乙炔气	kg	5.538	11.146	17.319	17.319	17.319
材料	其他材料费	%	2.00	2.00	2.00	2.00	2.00
机械	汽车式起重机 8t	台班	0.952	0.952	1.905	1.905	1.905
机械	电动单筒慢速卷扬机 30kN	台班	0.952	0.952	1.905	1.905	1.905
机械	弧焊机 32kV·A	台班	5.714	5.714	7.619	7.619	7.619
机械	电焊条烘干箱 60×50×75（cm^3）	台班	0.571	0.571	0.762	0.762	0.762

第十一章　热力设备调试工程

说　明

一、本章内容包括发电与供热项目工程中热力设备的分系统调试、整套启动调试、特殊项目测试与性能验收试验内容。

二、有关说明：

1. 分系统调试包括热力设备安装完毕后进行系统联动、对热力设备单体调试进行校验与修正、对相应设备与装置的配套部分进行系统调试。热力设备、装置性能试验执行特殊项目测试与性能验收试验相应的子目。

2. 本章所用到的电源是按照永久电源考虑的，项目中不包括调试与试验所消耗的电量，其电费已包含在其他费用（甲方费用）中。当工程需要单独计算调试与试验电费时，应按照实际表计电量计算。

3. 调试项目是按照现行的火力发电建设工程启动试运及验收规程进行编制的，项目与规程未包括的调试项目和调试内容所发生的费用，应结合技术条件及相应的规定另行计算。

4. 调试项目中已经包括熟悉资料、编制调试方案、核对设备、现场调试、填写调试记录、整理调试报告等工作内容。

5. 锅炉分系统调试分压缩空气系统调试、烟风系统调试、锅炉冷态通风试验、燃煤系统调试、制粉系统冷态调试、石灰石粉输送系统调试、除尘器系统调试、除灰与除渣系统调试、吹灰系统调试、锅炉汽水系统调试、燃油系统调试、锅炉化学清洗、锅炉过热器、再热器系统吹管、安全阀校验及蒸汽严密性试验、点火装置调试、生物质锅炉燃料供应系统调试、生物质锅炉烟气净化系统调试等部分分系统调试。

6. 汽轮机分系统调试分循环水与冷却水系统调试、凝结水与补给水系统调试、除氧给水系统调试、真空系统调试、蒸汽系统调试、发电机空气冷却系统调试、主机调节与保安系统调试、主机润滑油系统调试、旁路系统调试、柴油发电机系统调试、燃气轮机分系统调试等部分分系统调试。

7. 水处理系统调试分预处理系统调试、补给水处理系统调试、废水处理系统调试、冲管阶段化学监督、加药系统调试、凝汽器铜管镀膜系统调试、取样装置系统调试、化学水处理试运等部分分系统调试。

（1）补给水处理系统调试不包括原水净化系统的调试，工程发生时，根据工艺系统流程参照相应项目执行。

（2）废水处理系统调试是指对电厂生产运行产生的生活废水、生产废水处理系统的调试，不包括对焚烧垃圾废水处理、再生水处理系统的调试，工程发生时按照有关规定或参照相应项目执行。

8. 厂内热网系统调试是指热电厂围墙内供热系统的调试，不包括围墙外热力网及泵站系统的调试。热量计量装置经厂家调试合格后，不计算调试费用。

9. 脱硫系统调试不分脱硫工艺流程，根据脱硫吸收塔吸附烟气所对应的锅炉蒸发量执行相应项目。

10. 脱硝系统调试不分催化剂的材质和布置系统，根据锅炉蒸发量执行相应项目。

11. 整套启动调试分锅炉、汽轮发电机、化学三大部分。锅炉部分包括锅炉、锅炉辅助设备、锅炉附属设备及装置系统的整套启动调试、生物质锅炉整套启动调试；汽轮发电机部分包括汽轮发电机、汽轮机辅助设备、汽轮机附属设备及装置系统的整套启动调试、燃气轮机整套启动调试；化学部分包括补给水、预处理、补给水处理、循环水处理、废水处理系统的整套启动调试。发电厂电气部分及电气装置系统的整套启动调试、发电厂热工与仪表部分及配套装置系统的整套启动调试执行其他册的相应项目。

12. 整套启动调试包括发电厂在并网发电前进行的热力部分整套调试和配合生产启动试运以及程序校验、运行调整、状态切换、动作试验等内容。不包括在整套启动试运过程中暴露出来的设备缺陷处理或因施工质量、设计质量等问题造成的返工所增加的调试工作量。

13. 其他材料费中包括调试消耗、校验消耗材料费。

14. 锅炉分系统调试、锅炉整套启动调试按照燃煤和生物质考虑,燃烧其他介质的锅炉在执行本章时应按燃煤做相应调整。其中流化床锅炉乘以系数 1.10。

工程量计算规则

一、热力系统调试根据热力工艺布置系统图，结合调试项目的工作内容进行划分，按照项目的计量单位计算。

二、热力设备常规试验不单独计算工程量，特殊项目测试与性能验收试验根据工程需要按照实际数量计算工程量。

三、锅炉分系统调试除输煤系统调试外，其他系统根据单台锅炉蒸发量按照锅炉台数计算工程量；输煤系统调试根据上煤系统的胶带机布置，按照进入主厂房的胶带机路数计算工程量。

四、汽轮机分系统调试根据单台汽轮发电机组容量按照台数计算工程量。

五、预处理系统、补给水处理系统调试根据单套制水系统出力按照套数计算工程量。废水处理系统根据分流或混流系统布置，按照单套处理能力的套数计算工程量。

六、冲管阶段化学监督、加药系统调试、取样装置系统调试根据单台锅炉蒸发量按照锅炉台数计算工程量。

七、凝汽器铜管镀膜系统调试根据汽轮发电机的出力按照汽轮机台数计算工程量。

八、化学水处理试运系统调试根据工艺系统设置，分单套处理能力，按照套数计算工程量。

九、厂内热网、脱硝系统调试根据单台锅炉蒸发量，按照锅炉台数计算工程量。

十、脱硫系统调试根据脱硫吸收塔吸附烟气所对应的锅炉蒸发量，按照吸收塔台数计算工程量。当多台锅炉总容量大于 220t/h 且配置一座吸收塔时，脱硫系统调试按照锅炉容量 220t/h 进行折算，锅炉容量小于或等于 220t/h 时，按照锅炉容量 150t/h 进行折算，锅炉容量小于或等于 150t/h 时，按照锅炉容量 150t/h 计算一套。

十一、锅炉整套启动系统根据单台锅炉蒸发量，按照台数计算工程量。

十二、汽轮机整套启动调试根据单台汽轮机容量，按照台数计算工程量。

十三、特殊项目测试与性能验收试验根据技术标准的要求，按照实际测试与试验的数量计算工程量。

一、分系统调试

1. 锅炉分系统调试

（1）压缩空气系统调试

工作内容： 1. 配合储气罐严密性试验。
2. 安全阀校验。
3. 配合过滤器前后滤网冲洗。
4. 干燥器试运及自动切换与自动疏水调整。
5. 配合空压机卸荷器调整。
6. 空压机试运及压缩空气管道吹扫。
7. 冷却水温度调整。

计量单位： 台

编号				2-11-1	2-11-2	2-11-3	2-11-4
项目				锅炉蒸发量（t/h）			
				≤50	≤75	≤150	<220
名称			单位	消耗量			
人工	合计工日		工日	8.204	12.372	17.328	19.022
	其中	普工	工日	0.820	1.237	1.733	1.902
		一般技工	工日	4.102	6.186	8.664	9.511
		高级技工	工日	3.282	4.949	6.931	7.609
材料	转速信号荧光感应纸		卷	0.168	0.216	0.288	0.544
	遮挡式靠背管		个	5.728	10.296	15.368	22.712
	理化橡皮管		箱	0.240	0.320	0.480	0.880
	其他材料费		%	2.00	2.00	2.00	2.00
机械	小型工程车		台班	2.933	4.358	6.101	8.381
仪表	数字精密压力表		台班	2.933	4.358	6.101	8.381
	笔记本电脑		台班	3.048	5.200	7.010	9.905
	红外测温仪		台班	2.857	4.457	6.095	8.381
	手持高精度数字测振仪&转速仪		台班	2.857	4.457	6.095	8.381
	数字式电子微压计		台班	2.857	4.457	6.095	8.381
	超声波流量计		台班	0.800	0.800	1.200	1.600

（2）烟风系统调试

工作内容：烟风系统调试包括风机系统、暖风器系统、空气预热器系统。

1. 风机系统：风机调节试运，喘振保护值整定与试验，风机并列运行试验，轴承振动、温度测量，进行动力油压调整及动叶调节试验，进行液力耦合器或变频器带负荷调试。
2. 暖风器系统：疏水箱水位调整，自动放水门调整，暖风器出口风温调整，加热蒸汽压力调整，暖风器、疏水泵及系统调试。
3. 空气预热器系统：水冲洗装置调试，漏风自检系统调整，空预器试运，轴承振动、温度测量。

计量单位：台

编　号				2-11-5	2-11-6	2-11-7	2-11-8
项　目				锅炉蒸发量（t/h）			
				≤50	≤75	≤150	<220
名　称			单位	消　耗　量			
人工	合计工日		工日	24.771	28.258	45.748	69.313
	其中	普工	工日	2.477	2.826	4.575	6.931
		一般技工	工日	12.386	14.129	22.874	34.657
		高级技工	工日	9.908	11.303	18.299	27.725
材料	转速信号荧光感应纸		卷	0.253	0.370	0.520	0.722
	遮挡式靠背管		个	9.856	17.384	27.648	41.600
	理化橡皮管		箱	0.366	0.535	0.752	1.045
	其他材料费		%	2.00	2.00	2.00	2.00
机械	小型工程车		台班	4.853	7.400	10.880	16.240
仪表	笔记本电脑		台班	6.187	8.240	12.120	18.280
	红外测温仪		台班	5.867	8.680	13.040	19.560
	手持高精度数字测振仪&转速仪		台班	10.560	15.800	23.480	35.400
	数字式电子微压计		台班	4.693	7.120	10.440	15.840

(3)锅炉冷态通风试验

工作内容：风门、烟气挡板开关方向及操作机构试验与定位；测速管设计及配合制作；测点选择及配合安装；风压计布置、安装，胶皮管连接；一、二、三次风固定测速管的标定；一次风速调平；烟气系统负压测定；风流量测量装置校核。

计量单位：台

编号				2-11-9	2-11-10	2-11-11	2-11-12
项目				锅炉蒸发量(t/h)			
				≤50	≤75	≤150	<220
名称			单位	消耗量			
人工	合计工日		工日	11.232	17.898	25.478	36.345
	其中	普工	工日	1.123	1.790	2.548	3.635
		一般技工	工日	5.616	8.949	12.739	18.172
		高级技工	工日	4.493	7.159	10.191	14.538
材料	皮托管 $\phi 8\times 1\,000$		只	5.200	8.160	11.280	15.840
	转速信号荧光感应纸		卷	0.361	0.470	0.578	0.722
	理化橡皮管		箱	0.512	0.666	0.819	1.024
	其他材料费		%	2.00	2.00	2.00	2.00
机械	小型工程车		台班	1.280	1.902	2.662	3.657
仪表	笔记本电脑		台班	4.555	6.768	9.474	13.014
	红外测温仪		台班	1.376	2.044	2.862	3.931
	手持高精度数字测振仪&转速仪		台班	1.490	2.213	3.098	4.256
	数字式电子微压计		台班	2.772	4.118	5.765	7.919
	风压风速风量仪		台班	3.200	3.200	3.200	3.200

（4）输煤系统调试

工作内容： 输煤系统调试包括卸煤系统、上煤系统。

1. 卸煤系统：卸煤机械出力试验，输送设备空载及实载试验，计量装置空载校验，除铁器、木块分离器分离效果确认，除尘装置调试，煤样自动取样正确性确认，卸煤输送系统联锁保护校验及配合程控投运试验。
2. 上煤系统：配合进行原煤仓煤位测量正确性确认，磁铁分离器吸铁试验，除尘装置调试，联锁保护校验，系统联合式运，配合程控投运试验。

计量单位： 路

编　号				2-11-13	2-11-14	2-11-15	2-11-16
项　目				锅炉蒸发量（t/h）			
				≤50	≤75	≤150	<220
名　称			单位	消　耗　量			
人工	合计工日		工日	12.686	18.848	26.387	36.244
	其中	普工	工日	1.268	1.885	2.639	3.624
		一般技工	工日	6.343	9.424	13.193	18.122
		高级技工	工日	5.075	7.539	10.555	14.498
材料	转速信号荧光感应纸		卷	0.432	1.080	0.691	0.864
	其他材料费		%	2.00	2.00	2.00	2.00
机械	小型工程车		台班	1.600	2.377	3.328	5.080
仪表	笔记本电脑		台班	6.720	9.954	13.817	18.743
	红外测温仪		台班	1.600	2.377	3.328	4.572
	手持高精度数字测振仪&转速仪		台班	3.200	4.754	6.656	9.143

(5)细碎、制粉系统冷态调试

工作内容: 制粉系统有三种类型,其调试内容分别如下:

1. 仓储式制粉系统冷态调试:测粉装置投运中的正确性、锁气器投运时密封性能确认,粗粉分离器细度调节挡板(折向门)位置开度检查与确认,油系统保护、风门开关及联锁校验确认,磨煤机油泵油压及联锁保护校验,装球量与电流关系、磨煤机通风量试验,配合热工进行电子秤校验,灭火装置、粉仓测温装置、煤粉取样装置调试,制粉系统冷态通风时各部位阻力确认,各煤粉管内风速均匀性测试与调试。
2. 直吹式制粉系统冷态调试:弹簧加载或液压加载的调整与压力值的确认试验或装球量试验;润滑油系统油压油量确认;排石装置程控投运确认,磨煤机及润滑油系统联锁保护校验确认;分离器折向门位置开度检查确认,回转式分离器转速核对;磨煤机各部位密封风量合理性确认;制粉系统各部分通风阻力确认。
3. 细碎系统冷态调试:联锁保护确认,细碎装置调试,筛选性能调整,输送给煤装置速度调试,系统通风阻力确认。

计量单位: 台

编号				2-11-17	2-11-18	2-11-19	2-11-20
项目				锅炉蒸发量(t/h)			
				≤50	≤75	≤150	<220
名称			单位	消耗量			
人工	合计工日		工日	9.927	13.990	19.906	29.932
	其中	普工	工日	0.993	1.399	1.990	2.993
		一般技工	工日	4.963	6.995	9.953	14.966
		高级技工	工日	3.971	5.596	7.963	11.973
材料	转速信号荧光感应纸		卷	0.540	0.648	0.756	1.080
	遮挡式靠背管		个	5.600	7.680	10.192	16.000
	理化橡皮管		箱	0.912	1.094	1.277	1.824
	其他材料费		%	2.00	2.00	2.00	2.00
机械	小型工程车		台班	2.667	3.600	4.853	6.857
仪表	高速信号录波仪		台班	2.800	3.600	4.800	7.200
	笔记本电脑		台班	4.560	6.760	9.480	13.040
	红外测温仪		台班	2.667	3.600	4.853	6.857
	手持高精度数字测振仪&转速仪		台班	5.334	7.200	9.706	13.714
	数字式电子微压计		台班	2.667	3.600	4.853	6.857

(6)石灰石粉输送系统调试

工作内容: 石灰石输送风机速度控制与调节;石灰石破碎设备试转与调整;石灰石输送皮带试转与调整;进行投石灰石试验;进行 Ca/S 比调整试验。　　**计量单位:** 台

编　号				2-11-21	2-11-22	2-11-23	2-11-24
项　目				锅炉蒸发量(t/h)			
				≤50	≤75	≤150	<220
名　称			单位	消　耗　量			
人工	合计工日		工日	11.892	16.310	23.191	30.582
	其中	普工	工日	1.189	1.631	2.319	3.058
		一般技工	工日	5.946	8.155	11.596	15.291
		高级技工	工日	4.757	6.524	9.276	12.233
材料	转速信号荧光感应纸		卷	0.540	0.648	0.810	0.972
	其他材料费		%	2.00	2.00	2.00	2.00
机械	小型工程车		台班	1.733	2.377	3.380	4.457
仪表	笔记本电脑		台班	3.120	5.400	7.280	10.360
	红外测温仪		台班	1.733	2.377	3.380	4.457
	手持高精度数字测振仪&转速仪		台班	3.466	4.754	6.760	8.914

(7)除尘器系统调试

工作内容:1. 电除尘器系统:大梁与灰斗加热装置调试,配合进行振打试验,配合电气进行电气程控试验。
2. 布袋式除尘系统:系统相关阀门的检查与验收,喷吹装置与程控装置的检查与验收,配合进行布袋预涂灰试验。

计量单位:台

编号				2-11-25	2-11-26	2-11-27	2-11-28
项目				锅炉蒸发量(t/h)			
				≤50	≤75	≤150	<220
名称			单位	消耗量			
人工	合计工日		工日	11.028	15.123	21.502	28.356
	其中	普工	工日	1.103	1.512	2.150	2.836
		一般技工	工日	5.514	7.562	10.751	14.178
		高级技工	工日	4.411	6.049	8.601	11.342
材料	转速信号荧光感应纸		卷	0.188	0.242	0.322	0.610
	遮挡式靠背管		个	6.415	11.531	17.212	25.438
	理化橡皮管		箱	0.269	0.358	0.538	0.986
	其他材料费		%	2.00	2.00	2.00	2.00
机械	小型工程车		台班	1.467	2.012	2.860	3.772
仪表	笔记本电脑		台班	5.733	8.023	13.720	15.543
	红外测温仪		台班	1.467	2.012	2.860	3.772
	手持高精度数字测振仪&转速仪		台班	1.467	2.012	2.860	3.772

（8）除灰、除渣系统调试

工作内容：系统内各锁气器调试；输灰系统联动试验和参数整定；输渣系统联动试验和参数整定；灰库系统联动试验和参数整定。

计量单位：台

编　号				2-11-29	2-11-30	2-11-31	2-11-32
项　目				锅炉蒸发量（t/h）			
				≤50	≤75	≤150	<220
名　称			单位	消　耗　量			
人工	合计工日		工日	22.765	26.018	36.993	48.783
	其中	普工	工日	2.276	2.602	3.699	4.878
		一般技工	工日	11.383	13.009	18.497	24.392
		高级技工	工日	9.106	10.407	14.797	19.513
材料	转速信号荧光感应纸		卷	0.253	0.421	0.316	0.378
	其他材料费		%	2.00	2.00	2.00	2.00
机械	小型工程车		台班	1.440	1.646	2.340	3.086
仪表	笔记本电脑		台班	11.600	12.306	18.123	24.075
	红外测温仪		台班	1.476	1.688	2.399	3.164
	手持高精度数字测振仪&转速仪		台班	2.880	3.291	4.680	6.171

（9）吹灰系统调试

工作内容：配合吹灰蒸汽减压装置调试，安全阀校验与管道吹洗；吹灰器行程与旋转试验；吹灰时间整定；配合吹灰器程控试验及进汽门、疏水门自动打开试验。

计量单位：台

编　号				2-11-33	2-11-34	2-11-35	2-11-36
项　目				锅炉蒸发量（t/h）			
				≤50	≤75	≤150	<220
名　称			单位	消　耗　量			
人工	合计工日		工日	17.460	23.944	34.047	44.896
	其中	普工	工日	1.746	2.394	3.405	4.490
		一般技工	工日	8.730	11.972	17.023	22.448
		高级技工	工日	6.984	9.578	13.619	17.958
材料	转速信号荧光感应纸		卷	0.224	0.312	0.344	0.520
	理化橡皮管		箱	0.160	0.224	0.304	0.480
	其他材料费		%	2.00	2.00	2.00	2.00
机械	小型工程车		台班	2.933	4.023	5.720	7.543
仪表	笔记本电脑		台班	9.200	12.754	18.760	24.914
	红外测温仪		台班	2.933	4.023	5.720	7.543

(10)锅炉汽水系统调试

工作内容: 锅炉汽水系统调试包括减温水系统,疏水、放气、排污、炉前系统冲洗和锅炉工作压力试验。

1. 减温水系统:过热器减温水管道蒸汽冲洗,过热器减温水管道水冲洗,再热器减温水管道蒸汽冲洗,再热器减温水管道水冲洗,阀门、测点验收。
2. 疏水、放气、排污系统的工作内容:系统阀门状态确认和调整。
3. 炉前系统冲洗:配合设计临时管道系统、检查安装质量,协助施工单位对承压部件及锅炉膨胀进行详细检查和记录。
4. 锅炉工作压力试验:参加工作压力试验,进行监督指导;协助施工单位对承压部件及锅炉膨胀进行详细检查和记录。

计量单位:台

编号				2-11-37	2-11-38	2-11-39	2-11-40
项目				锅炉蒸发量(t/h)			
				≤50	≤75	≤150	<220
名称			单位	消耗量			
人工	合计工日		工日	7.756	10.637	15.123	19.944
	其中	普工	工日	0.776	1.064	1.512	1.994
		一般技工	工日	3.878	5.318	7.562	9.972
		高级技工	工日	3.102	4.255	6.049	7.978
材料	皮托管 $\phi 8\times 1\,000$		只	3.900	6.120	8.460	11.880
	转速信号荧光感应纸		卷	0.270	0.352	0.433	0.542
	理化橡皮管		箱	0.384	0.499	0.614	0.768
	其他材料费		%	2.00	2.00	2.00	2.00
机械	小型工程车		台班	2.667	3.657	5.200	6.857
仪表	笔记本电脑		台班	4.125	5.451	7.164	10.721
	红外测温仪		台班	2.667	3.657	5.200	6.857
	手持高精度数字测振仪&转速仪		台班	2.667	3.657	5.200	6.857

(11)燃油系统调试

工作内容:燃油系统调试包括卸油、储油系统和供油系统。

1. 卸油、储油系统:阀门、表计验收,配合卸油系统试验,配合卸油计量装置试验,配合油管路冲洗及吹扫试验。
2. 供油系统:阀门、表计验收,配合油管路冲洗工作,油泵联锁试验与低油压报警试验,油泵出口及油系统压力调整,各阀门泄漏试验,燃油速断阀动作试验,油枪冷态雾化试验及出力测定,燃油回油调节阀线性测试。

计量单位:台

编号				2-11-41	2-11-42	2-11-43	2-11-44
项目				锅炉蒸发量(t/h)			
				≤50	≤75	≤150	<220
名称			单位	消耗量			
人工	合计工日		工日	4.504	6.175	8.780	11.579
	其中	普工	工日	0.451	0.618	0.878	1.158
		一般技工	工日	2.252	3.087	4.390	5.789
		高级技工	工日	1.801	2.470	3.512	4.632
材料	转速信号荧光感应纸		卷	0.325	0.390	0.486	0.584
	其他材料费		%	2.00	2.00	2.00	2.00
机械	小型工程车		台班	1.200	1.646	2.340	3.086
仪表	便携式双探头超声波流量计		台班	1.200	1.646	2.340	3.086
	笔记本电脑		台班	2.933	4.023	5.720	7.543
	红外测温仪		台班	1.200	1.646	2.340	3.086
	手持高精度数字测振仪&转速仪		台班	2.400	3.291	4.680	6.171

(12)锅炉化学清洗

工作内容: 锅炉化学清洗工作由锅炉专业、化学专业和汽机专业共同完成。

1. 锅炉专业:临时系统设计及配合管道安装,配合施工进行系统严密性检查,过热器冲通试验,管道冲洗,系统加热,酸洗、漂洗、钝化等阶段值班及回路切换,进行清洗质量检查。
2. 化学专业:绘制化学清洗系统图及计算化学清洗水容积,清洗药品质量检查,配置酸洗液,水冲洗,系统加温试验,溢流调整试验,流量调整试验。
3. 汽机专业:配合系统操作,配合凝汽器碱洗,配合炉前系统酸洗,配合系统加热试验。

计量单位:台

编号				2-11-45	2-11-46	2-11-47	2-11-48
项目				锅炉蒸发量(t/h)			
				≤50	≤75	≤150	<220
名称			单位	消耗量			
人工	合计工日		工日	33.500	44.764	57.048	91.387
	其中	普工	工日	3.350	4.476	5.705	9.139
		一般技工	工日	16.750	22.382	28.524	45.693
		高级技工	工日	13.400	17.906	22.819	36.555
材料	砂纸		张	24.903	28.461	32.374	35.576
	酒精(工业用)99.5%		kg	11.945	13.651	15.528	17.064
	转速信号荧光感应纸		卷	1.416	1.416	1.416	1.416
	酸洗分析药剂		套	6.440	7.360	8.372	9.200
	试纸		张	11.945	13.651	15.528	17.064
	取样瓶(袋)		个	11.945	13.651	15.528	17.064
	其他材料费		%	2.00	2.00	2.00	2.00
机械	小型工程车		台班	2.133	2.438	2.773	3.048
仪表	便携式双探头超声波流量计		台班	0.247	0.282	0.321	0.353
	高精度测厚仪装置		台班	0.176	0.200	0.228	0.251
	循环冷却水动态模拟试验装置		台班	0.037	0.037	0.037	0.037
	旋转腐蚀挂片试验仪		台班	0.037	0.037	0.037	0.037
	动态盐垢沉积仪		台班	0.037	0.037	0.037	0.037
	酸洗小型试验台		台班	0.037	0.037	0.037	0.037
	笔记本电脑		台班	9.600	13.200	15.200	19.200
	标准压力发生器		台班	0.037	0.037	0.037	0.037
	红外测温仪		台班	1.899	2.170	2.469	2.713
	手持高精度数字测振仪&转速仪		台班	1.848	2.112	2.402	2.640

（13）点火装置调试

工作内容：图像火检系统的试验；点火枪进退、发火试验及发火时间整定；阀门、挡板验收试验；燃烧器雾化试验；配合燃烧器热态调整；燃烧器风机调节试运；燃烧器风机轴承振动、温度测量；压缩空气系统试验。　　**计量单位：**台

编号				2-11-49	2-11-50	2-11-51	2-11-52
项目				锅炉蒸发量（t/h）			
				≤50	≤75	≤150	<220
名称			单位	消耗量			
人工	合计工日		工日	20.635	24.276	28.560	33.600
	其中	普工	工日	2.063	2.428	2.856	3.360
		一般技工	工日	10.318	12.138	14.280	16.800
		高级技工	工日	8.254	9.710	11.424	13.440
材料	转速信号荧光感应纸		卷	0.351	0.414	0.486	0.559
	其他材料费		%	2.00	2.00	2.00	2.00
机械	小型工程车		台班	1.690	1.989	2.340	2.691
仪表	笔记本电脑		台班	4.133	4.862	5.720	6.578
	红外测温仪		台班	1.690	1.989	2.340	2.691
	手持高精度数字测振仪＆转速仪		台班	3.382	3.978	4.680	5.382

（14）生物质锅炉燃料供应系统调试

工作内容： 生物质锅炉燃料供应系统调试包括卸料系统、储料系统、上料系统、给料系统、炉排系统等。

计量单位： 台

编号				2-11-53	2-11-54	2-11-55	2-11-56
项目				锅炉蒸发量（t/h）			
				≤ 50	≤ 75	≤ 150	<220
名称			单位	消耗量			
人工	合计工日		工日	62.832	73.600	92.000	105.800
人工	其中	普工	工日	6.256	7.040	8.800	10.120
人工	其中	一般技工	工日	31.552	37.120	46.400	53.360
人工	其中	高级技工	工日	25.024	29.440	36.800	42.320
材料	理化橡皮管		箱	0.694	0.816	0.960	1.104
材料	转速信号荧光感应纸		卷	0.694	0.816	0.960	1.104
材料	遮挡式靠背管		个	11.098	13.056	15.360	17.664
材料	其他材料费		%	2.00	2.00	2.00	2.00
机械	小型工程车		台班	1.189	1.398	1.646	1.893
仪表	笔记本电脑		台班	24.970	29.376	34.560	39.744
仪表	红外测温仪		台班	4.162	4.896	5.760	6.624
仪表	数字式电子微压计		台班	11.098	13.056	15.360	17.664
仪表	手持高精度数字测振仪＆转速仪		台班	4.162	4.896	5.760	6.624

（15）生物质锅炉烟气净化系统调试

工作内容： 生物质锅炉烟气净化系统调试包括脱酸工艺系统、活性炭系统、烟气脱白系统。

1. 脱酸工艺系统调试：包括工艺水系统、半干法吸收塔脱酸系统、石灰粉储存及浆液制备系统、干法脱酸系统、湿法脱酸系统等。
2. 活性炭系统调试：包括活性炭储料系统、给料及活性炭喷射系统等。
3. 烟气脱白系统调试：包括热循环泵系统、烟气加热系统、吹灰系统、稳压罐系统等。

计量单位：台

编　号				2-11-57	2-11-58	2-11-59	2-11-60
项　目				锅炉蒸发量（t/h）			
				≤50	≤75	≤150	<220
名　称			单位	消　耗　量			
人工	合计工日		工日	87.888	103.482	127.008	146.060
	其中	普工	工日	8.796	10.348	12.701	14.606
		一般技工	工日	43.980	51.741	63.504	73.030
		高级技工	工日	35.112	41.393	50.803	58.424
材料	取压短管		个	4.994	5.875	6.912	7.949
	U形管夹		套	6.242	7.344	8.640	9.936
	取样瓶（袋）		个	4.994	5.875	6.912	7.949
	温度计套管		个	6.242	7.344	8.640	9.936
	医用口罩		个	9.988	11.750	13.824	15.898
	医用手套		副	9.988	11.750	13.824	15.898
	专用吸油纸		张	18.727	22.032	25.920	29.808
	转速信号荧光感应纸		卷	0.507	0.596	0.701	0.806
	其他材料费		%	2.00	2.00	2.00	2.00
机械	小型工程车		台班	2.140	2.518	2.962	3.406
仪表	精密声级计		台班	2.497	2.938	3.456	3.974
	便携式双探头超声波流量计		台班	0.624	0.734	0.864	0.994
	笔记本电脑		台班	49.939	58.752	69.120	79.488
	红外测温仪		台班	6.242	7.344	8.640	9.936
	浊度仪		台班	1.248	1.469	1.728	1.987
	BOD 测试仪		台班	0.999	1.175	1.382	1.590
	手持高精度数字测振仪&转速仪		台班	4.280	5.036	5.924	6.813

2. 汽轮机分系统调试

（1）循环水与冷却水系统调试

工作内容： 循环水与冷却水系统调试包括循环水系统、辅机冷却水系统。

1. 循环水系统的工作内容：循环水泵试运转及调整，系统管道水冲洗及阀门调整，出口蝶阀及液压装置调整，旋转滤网、清污机、冲洗水泵试转及调整投运，冷却水泵试运转及投运，系统投运及动态调整，胶球清洗装置投运及调整。
2. 辅机冷却水系统的工作内容有：水泵试转及调整，系统管道冲洗及阀门调整，旋转滤网试转及调整，冷却器投运及动态调整。

计量单位：台

编　号				2-11-61	2-11-62	2-11-63	2-11-64
项　目				单机容量（MW）			
				≤6	≤15	≤25	≤35
名　称			单位	消　耗　量			
人工	合计工日		工日	14.938	22.193	31.070	42.678
	其中	普工	工日	1.494	2.220	3.107	4.268
		一般技工	工日	7.469	11.096	15.535	21.339
		高级技工	工日	5.975	8.877	12.428	17.071
材料	转速信号荧光感应纸		卷	0.250	0.370	0.518	0.712
	理化橡皮管		箱	0.120	0.160	0.200	0.280
	其他材料费		%	2.00	2.00	2.00	2.00
机械	小型工程车		台班	4.200	6.320	8.480	13.120
仪表	便携式双探头超声波流量计		台班	6.133	9.112	12.757	17.524
	笔记本电脑		台班	7.867	11.848	18.187	22.476
	红外测温仪		台班	6.133	9.112	12.757	17.524
	手持高精度数字测振仪＆转速仪		台班	12.266	18.225	25.514	35.047

(2)凝结水与补给水系统调试

工作内容: 1. 凝结水泵试转及再循环系统调整。
2. 系统管道水冲洗阀门调整。
3. 凝结水补给水系统试运及凝结水箱自动补给水调节器投运调整。
4. 系统投运及动态调整。

计量单位: 台

编号				2-11-65	2-11-66	2-11-67	2-11-68
项目				单机容量(MW)			
				≤6	≤15	≤25	≤35
名称			单位	消耗量			
人工	合计工日		工日	10.109	15.018	21.025	28.880
	其中	普工	工日	1.011	1.502	2.102	2.888
		一般技工	工日	5.054	7.509	10.513	14.440
		高级技工	工日	4.044	6.007	8.410	11.552
材料	转速信号荧光感应纸		卷	0.250	0.370	0.518	0.712
	理化橡皮管		箱	0.096	0.144	0.216	0.288
	其他材料费		%	2.00	2.00	2.00	2.00
机械	小型工程车		台班	3.467	5.150	7.211	9.905
仪表	便携式双探头超声波流量计		台班	3.467	5.150	7.211	9.905
	笔记本电脑		台班	5.067	9.470	10.859	15.105
	红外测温仪		台班	3.467	5.150	7.211	9.905
	手持高精度数字测振仪&转速仪		台班	6.934	10.301	14.422	19.810

（3）除氧给水系统调试

工作内容：除氧给水系统调试包括除氧给水系统、电动给水泵系统。

1. 除氧给水系统的工作内容：系统水冲洗（给水管道、再循环管道），系统阀门调整，配合除氧器安全门热态校验，除氧器再循环泵试转及调整，系统投运及停用动态调整，前置泵试转、系统冲洗及前置泵投运。
2. 电动给水泵的工作内容：电机带耦合器试转，耦合器润滑油压、工作油压调整及油温调整。
3. 泵密封水管道冲洗，泵组带再循环试转，减温水管道冲洗及高压给水管道冲洗。

计量单位：台

编　号				2-11-69	2-11-70	2-11-71	2-11-72
项　目				单机容量（MW）			
				≤6	≤15	≤25	≤35
名　称			单位	消　耗　量			
人工	合计工日		工日	30.324	45.055	63.074	82.310
	其中	普工	工日	3.032	4.506	6.307	8.231
		一般技工	工日	15.162	22.527	31.537	41.155
		高级技工	工日	12.130	18.022	25.230	32.924
材料	转速信号荧光感应纸		卷	0.727	1.080	1.512	1.973
	理化橡皮管		箱	0.080	0.096	0.120	0.144
	其他材料费		%	2.00	2.00	2.00	2.00
机械	小型工程车		台班	4.240	6.320	9.480	14.400
仪表	便携式双探头超声波流量计		台班	7.232	10.520	15.080	19.680
	笔记本电脑		台班	9.640	16.080	27.360	32.680
	红外测温仪		台班	7.232	10.520	15.080	19.680
	手持高精度数字测振仪&转速仪		台班	14.464	21.040	30.160	39.360

（4）真空系统调试

工作内容：1. 机械真空泵系统的工作内容：机械真空泵试转及调整，气水分离箱水位自动调节装置调整，真空系统管道冲洗及阀门调整，凝汽器真空系统灌水检查，水室真空泵试转及投运，真空系统试抽真空及严密性检查，真空系统投运及动态调整。

2. 射水真空系统的工作内容：射水泵试转及系统调整，真空系统管道冲洗及阀门的调整，凝汽器真空系统灌水检查，真空系统试抽真空及严密性检查，真空系统投运及动态调整。

计量单位：台

编号				2-11-73	2-11-74	2-11-75	2-11-76
项目				单机容量（MW）			
				≤6	≤15	≤25	≤35
名称			单位	消耗量			
人工	合计工日		工日	7.352	10.922	15.290	21.004
	其中	普工	工日	0.735	1.092	1.529	2.100
		一般技工	工日	3.676	5.461	7.645	10.502
		高级技工	工日	2.941	4.369	6.116	8.402
材料	转速信号荧光感应纸		卷	0.454	0.674	0.945	1.298
	其他材料费		%	2.00	2.00	2.00	2.00
机械	小型工程车		台班	2.133	3.170	4.437	6.095
仪表	笔记本电脑		台班	4.000	5.932	7.984	10.914
	红外测温仪		台班	2.133	3.170	4.437	6.095
	手持高精度数字测振仪&转速仪		台班	4.266	6.339	8.874	12.190

(5)蒸汽系统调试

工作内容: 蒸汽系统调试包括辅助蒸汽系统、抽汽回热系统、轴封蒸汽系统。

1. 辅助蒸汽系统的工作内容:辅助蒸汽系统管道蒸汽吹扫,辅助蒸汽减温水管道冲洗,配合做辅助蒸汽系统安全门热态校验,减温减压装置投运及调整,系统投运及动态调整。
2. 抽汽回热系统的工作内容:高、低压加热器自动疏水装置调整及投用,高、低压加热器危急疏水装置调整及投用,抽汽逆止门控制系统调整,系统投运及动态调整。
3. 轴封蒸汽系统的工作内容:轴封蒸汽管道吹扫,轴封减温水管道冲洗,轴封压力自动控制装置调整,轴封汽冷却器投运,轴凝风机试转及轴封回汽负压调整,系统投运及动态调整。

计量单位:台

编号				2-11-77	2-11-78	2-11-79	2-11-80
项目				单机容量(MW)			
				≤6	≤15	≤25	≤35
名称			单位	消耗量			
人工	合计工日		工日	15.615	21.161	27.838	38.070
	其中	普工	工日	1.562	2.116	2.784	3.807
		一般技工	工日	7.807	10.580	13.919	19.035
		高级技工	工日	6.246	8.465	11.135	15.228
材料	转速信号荧光感应纸		卷	0.120	0.176	0.224	0.304
	其他材料费		%	2.00	2.00	2.00	2.00
机械	小型工程车		台班	2.133	3.170	4.437	6.095
仪表	笔记本电脑		台班	6.614	11.454	14.658	19.657
	红外测温仪		台班	3.731	4.890	7.427	9.905
	手持高精度数字测振仪&转速仪		台班	3.681	4.938	7.524	9.905

(6)发电机空气冷却系统调试

工作内容: 发电机空冷器水冲洗;空冷器及管道通水查漏;空气冷却系统调整试验;系统投运及动态调整。

计量单位: 台

编号				2-11-81	2-11-82	2-11-83	2-11-84
项目				单机容量(MW)			
				≤6	≤15	≤25	≤35
名称			单位	消耗量			
人工	合计工日		工日	12.405	18.430	25.803	35.444
	其中	普工	工日	1.240	1.843	2.580	3.544
		一般技工	工日	6.203	9.215	12.902	17.722
		高级技工	工日	4.962	7.372	10.321	14.178
材料	转速信号荧光感应纸		卷	0.454	0.674	0.945	1.298
	其他材料费		%	2.00	2.00	2.00	2.00
机械	小型工程车		台班	2.200	3.120	4.480	6.120
仪表	笔记本电脑		台班	6.400	9.897	13.376	18.572
	红外测温仪		台班	3.200	4.754	6.656	9.143
	手持高精度数字测振仪&转速仪		台班	6.400	9.509	13.312	18.286

(7)主机调节、保安系统调试

工作内容: 液压调节系统静态调试;保安系统静态调试;主汽门及调速汽门关闭时间测定;配合电液调节控制系统静态调试;控制油系统的试运及压力调整;系统投运及联动调试。

计量单位: 台

编号				2-11-85	2-11-86	2-11-87	2-11-88
项目				单机容量(MW)			
				≤6	≤15	≤25	≤35
名称			单位	消耗量			
人工	合计工日		工日	11.028	16.382	22.936	31.506
	其中	普工	工日	1.103	1.638	2.294	3.151
		一般技工	工日	5.514	8.191	11.468	15.753
		高级技工	工日	4.411	6.553	9.174	12.602
材料	转速信号荧光感应纸		卷	0.321	0.477	0.667	0.917
	其他材料费		%	2.00	2.00	2.00	2.00
机械	小型工程车		台班	2.040	3.000	4.240	5.920
仪表	高速信号录波仪		台班	3.467	5.150	7.211	9.905
	笔记本电脑		台班	5.867	8.705	11.867	16.648
	红外测温仪		台班	3.467	5.150	7.211	9.905
	手持高精度数字测振仪&转速仪		台班	6.934	10.301	14.422	19.810

（8）主机润滑油系统调试

工作内容：主机润滑油系统调试包括主机润滑油、顶轴油系统及盘车装置、润滑油净化处理系统。

1. 主机润滑油、顶轴油系统及盘车装置的工作内容：润滑油泵（交、直流）试转及调整，顶轴油泵试转及调整，顶轴油压分配及轴颈抬起高度调整，排烟风机试转，油箱真空调整，冷油器投用，事故排油系统调试，润滑油压、流量分配调整，盘车装置自动及手动投运、调试。
2. 润滑油净化处理系统的工作内容：油输送泵试转及调试，净化装置调试。　**计量单位：**台

编　号				2-11-89	2-11-90	2-11-91	2-11-92
项　目				单机容量（MW）			
				≤6	≤15	≤25	≤35
名　称			单位	消　耗　量			
人工	合计工日		工日	13.324	19.797	27.714	38.070
	其中	普工	工日	1.332	1.980	2.771	3.807
		一般技工	工日	6.662	9.898	13.857	19.035
		高级技工	工日	5.330	7.919	11.086	15.228
材料	转速信号荧光感应纸		卷	0.321	0.477	0.667	0.917
	其他材料费		%	2.00	2.00	2.00	2.00
机械	小型工程车		台班	2.480	3.560	4.840	7.120
仪表	高速信号录波仪		台班	3.733	5.547	7.765	10.667
	笔记本电脑		台班	5.040	7.040	9.640	13.120
	红外测温仪		台班	3.733	5.547	7.765	10.667
	手持高精度数字测振仪&转速仪		台班	7.466	11.094	15.530	21.334

(9)旁路系统调试

工作内容: 1. 旁路管道及减温水系统的冲洗。

2. 系统投运及功能调整。

计量单位: 台

编号			2-11-93	2-11-94	2-11-95	2-11-96
项目			单机容量(MW)			
			≤6	≤15	≤25	≤35
名称		单位	消耗量			
人工	合计工日	工日	7.352	10.922	15.290	21.004
其中	普工	工日	0.735	1.092	1.529	2.100
	一般技工	工日	3.676	5.461	7.645	10.502
	高级技工	工日	2.941	4.369	6.116	8.402
材料	转速信号荧光感应纸	卷	0.144	0.192	0.288	0.384
	理化橡皮管	箱	0.080	0.096	0.120	0.144
	其他材料费	%	2.00	2.00	2.00	2.00
机械	小型工程车	台班	1.867	2.773	3.883	5.333
仪表	笔记本电脑	台班	3.867	5.939	7.675	10.990
	红外测温仪	台班	1.867	2.773	3.883	5.333
	手持高精度数字测振仪&转速仪	台班	1.867	2.773	3.883	5.333

(10)柴油发电机系统调试

工作内容: 1. 冷却水、压缩空气、润滑油等辅助系统的投运、调试。

2. 燃料油系统冲洗及调整。

3. 柴油发电机组整组启动及超速保护试验。

4. 柴油发电机带负荷试运行。

计量单位: 台

编号			2-11-97	2-11-98	2-11-99	2-11-100
项目			单机容量(MW)			
			≤6	≤15	≤25	≤35
名称		单位	消耗量			
人工	合计工日	工日	10.214	15.174	21.011	29.182
其中	普工	工日	1.021	1.517	2.101	2.918
	一般技工	工日	5.107	7.587	10.506	14.591
	高级技工	工日	4.086	6.070	8.404	11.673
材料	转速信号荧光感应纸	卷	0.321	0.477	0.660	0.917
	其他材料费	%	2.00	2.00	2.00	2.00
机械	小型工程车	台班	2.240	3.328	4.608	6.400
仪表	笔记本电脑	台班	5.320	7.904	10.944	15.200
	红外测温仪	台班	2.240	3.328	4.608	6.400
	手持高精度数字测振仪&转速仪	台班	4.480	6.656	9.216	12.800

3. 燃气轮机分系统调试

工作内容：1. 燃机进气排气系统调试。
2. 燃机入口可调导叶（IGV）调试。
3. 压气机防喘放气系统调试。
4. 燃机冷却与密封系统调试。
5. 压气机水洗系统调试。
6. 燃机罩壳通风系统调试。
7. 燃机燃料及点火系统调试。
8. 燃机调节、保安及控制油系统调试。
9. 燃机润滑油、顶轴油及盘车装置调试。

计量单位：台

编号				2-11-101	2-11-102	2-11-103	2-11-104
项目				单机容量（MW）			
				≤6	≤15	≤25	≤35
名称			单位	消耗量			
人工	合计工日		工日	106.120	124.848	146.880	172.800
	其中	普工	工日	10.612	12.485	14.688	17.280
		一般技工	工日	53.060	62.424	73.440	86.400
		高级技工	工日	42.448	49.939	58.752	69.120
材料	转速信号荧光感应纸		卷	0.204	0.241	0.284	0.333
	其他材料费		%	2.00	2.00	2.00	2.00
机械	小型工程车		台班	6.633	7.803	9.180	10.800
仪表	便携式双探头超声波流量计		台班	1.503	1.769	2.081	2.448
	笔记本电脑		台班	97.278	114.444	134.640	158.400
	红外测温仪		台班	53.060	62.424	73.440	86.400
	手持高精度数字测振仪&转速仪		台班	44.217	52.020	61.200	72.000

4. 化学分系统调试

(1)预处理系统调试

工作内容: 预处理系统调试包括机械搅拌澄清池系统、压力式混合器系统、重力式滤池系统和空气擦洗滤池系统。

计量单位:套

编号				2-11-105	2-11-106
项目				出力(t/h)	
				≤40	>40
名称			单位	消耗量	
人工	合计工日		工日	10.789	15.411
	其中	普工	工日	1.079	1.541
		一般技工	工日	5.394	7.706
		高级技工	工日	4.316	6.164
材料	酒精(工业用)99.5%		kg	3.680	5.440
	取样瓶(袋)		个	3.680	5.440
	医用手套		副	8.640	12.480
	其他材料费		%	2.00	2.00
机械	小型工程车		台班	2.080	2.840
仪表	便携式双探头超声波流量计		台班	4.000	5.714
	总有机碳分析仪		台班	4.000	5.714
	原子吸收分光光度计		台班	4.000	5.714
	离子色谱仪		台班	4.000	5.714
	可见分光光度计		台班	4.000	5.714
	便携式多组气体分析仪		台班	4.000	5.714
	笔记本电脑		台班	4.000	8.114
	钠离子分析仪		台班	4.200	6.000

(2)补给水处理系统调试

工作内容: 补给水处理系统调试包括预脱盐系统、除盐系统、加药系统。

1. 预脱盐系统:多介质过滤器系统调试、活性炭过滤器系统调试、超滤系统调试、反渗透系统调试。
2. 除盐系统:软化水系统调试、固定床一级除盐系统调试、脱碳器系统调试、固定床二级除盐系统调试、电除盐系统调试、酸碱系统调试。
3. 加药系统:系统检查;水压,药液计量箱校验;计量泵试转、计量泵压力、安全阀调整;计量泵流量校验。

计量单位: 套

编号				2-11-107	2-11-108
项目				出力(t/h)	
				≤40	>40
名称			单位	消耗量	
人工	合计工日		工日	28.800	41.600
	其中	普工	工日	2.880	4.160
		一般技工	工日	14.400	20.800
		高级技工	工日	11.520	16.640
材料	酒精(工业用)99.5%		kg	10.570	15.101
	取样瓶(袋)		个	10.570	15.101
	医用手套		副	15.120	15.120
	其他材料费		%	2.00	2.00
机械	小型工程车		台班	2.720	3.560
仪表	便携式双探头超声波流量计		台班	3.200	4.572
	总有机碳分析仪		台班	2.133	3.048
	离子色谱仪		台班	2.133	3.048
	红外光谱仪		台班	2.400	3.428
	电子天平(0.000 1mg)		台班	2.400	3.428
	浊度仪		台班	3.200	4.572
	余氯分析仪		台班	2.933	4.190
	笔记本电脑		台班	9.200	14.000
	台式 PH/ISE 测试仪		台班	2.400	3.428
	钠离子分析仪		台班	1.120	1.600
	红外测温仪		台班	2.933	4.190

(3)废水处理系统调试

工作内容:废水处理系统调试包括经常性废水处理系统和非经常性废水处理系统。

1. 经常性废水处理系统的工作内容:酸碱液浓度配置、曝气装置的调整、曝气率试验;系统设备联动、循环处理、pH 值调整、分析监督。
2. 非经常性废水处理系统的工作内容:曝气装置的调整、曝气率试验;加药剂量系统的调整;系统设备联动、pH 中和、氧化、凝聚系统的调整;澄清器系统调整,污泥系统调整,脱水机调整。

计量单位:套

编号				2-11-109	2-11-110	2-11-111
项目				处理能力(t/h)		
				≤5	≤10	≤15
名称			单位	消耗量		
人工	合计工日		工日	8.334	10.715	11.906
	其中	普工	工日	0.833	1.071	1.190
		一般技工	工日	4.167	5.358	5.953
		高级技工	工日	3.334	4.286	4.763
材料	酒精(工业用)99.5%		kg	0.960	1.920	3.200
	取样瓶(袋)		个	0.960	1.920	3.200
	医用手套		副	3.200	4.800	6.400
	其他材料费		%	2.00	2.00	2.00
仪表	便携式双探头超声波流量计		台班	4.000	5.143	5.714
	BOD 测试仪		台班	4.000	5.200	7.428

（4）吹管阶段化学监督

工作内容： 1. 锅炉排污监督。
2. 给水、炉水及蒸汽品质监督。
3. 除氧效果监督。
4. 热态冲洗阶段汽水品质控制及监督。
5. 机组停炉保护，保养措施制订、保养工作的实施现场指导和保养效果监督检查。

计量单位： 台

编号				2-11-112	2-11-113	2-11-114	2-11-115
项目				锅炉蒸发量（t/h）			
				≤50	≤75	≤150	<220
名称			单位	消耗量			
人工	合计工日		工日	11.232	16.985	23.469	38.260
	其中	普工	工日	1.123	1.699	2.347	3.826
		一般技工	工日	5.616	8.492	11.734	19.130
		高级技工	工日	4.493	6.794	9.388	15.304
材料	砂纸		张	0.912	1.354	1.875	2.605
	酒精（工业用）99.5%		kg	0.268	0.398	0.551	0.766
	取样瓶（袋）		个	0.896	1.331	1.843	2.560
	医用手套		副	0.896	1.331	1.843	2.560
	其他材料费		%	2.00	2.00	2.00	2.00
仪表	便携式双探头超声波流量计		台班	2.347	3.486	4.828	6.705
	高精度测厚仪装置		台班	1.067	1.585	2.194	3.048
	高精度40通道压力采集系统		台班	1.120	1.680	2.240	3.200
	总有机碳分析仪		台班	1.280	1.902	2.633	3.657
	原子吸收分光光度计		台班	1.280	1.902	2.633	3.657
	离子色谱仪		台班	1.280	1.902	2.633	3.657
	可见分光光度计		台班	1.280	1.902	2.633	3.657
	便携式多组气体分析仪		台班	1.280	1.902	2.633	3.657
	笔记本电脑		台班	3.400	4.920	7.440	11.080
	钠离子分析仪		台班	1.344	1.997	2.765	3.840
	红外测温仪		台班	0.960	1.426	1.975	2.743
	手持高精度数字测振仪&转速仪		台班	0.747	1.109	1.536	2.133

(5)加药系统调试

工作内容: 1. 系统检查。
2. 水压、药液计量箱校验。
3. 计量泵试转、计量泵压力、安全阀调整。
4. 计量泵流量校验。

计量单位: 台

编号				2-11-116	2-11-117	2-11-118	2-11-119
项目				锅炉蒸发量(t/h)			
				≤ 50	≤ 75	≤ 150	<220
名称			单位	消耗量			
人工	合计工日		工日	9.464	18.928	29.120	44.800
	其中	普工	工日	0.946	1.893	2.912	4.480
		一般技工	工日	4.732	9.464	14.560	22.400
		高级技工	工日	3.786	7.571	11.648	17.920
材料	酒精(工业用) 99.5%		kg	0.630	1.055	1.667	3.217
	取样瓶(袋)		个	0.630	1.055	1.667	3.217
	医用手套		副	2.400	4.800	7.200	9.600
	其他材料费		%	2.00	2.00	2.00	2.00
仪表	便携式双探头超声波流量计		台班	0.672	1.124	1.777	2.743
	余氯分析仪		台班	0.672	1.124	1.777	2.743
	便携式精密露点仪		台班	1.120	1.874	2.962	4.572
	便携式可燃气体检漏仪		台班	7.040	9.840	13.560	24.440

(6)凝汽器铜管镀膜系统调试

工作内容: 1. 系统检查,设备试运,镀膜工艺确定。
2. 镀膜设备投运及调整。

计量单位: 台

编号				2-11-120	2-11-121	2-11-122	2-11-123
项目				单机容量(MW)			
				≤6	≤15	≤25	≤35
名称			单位	消耗量			
人工	合计工日		工日	5.394	8.014	11.096	15.411
	其中	普工	工日	0.540	0.801	1.110	1.541
		一般技工	工日	2.697	4.007	5.548	7.706
		高级技工	工日	2.157	3.206	4.438	6.164
材料	酒精(工业用)99.5%		kg	0.826	1.226	1.698	2.359
	取样瓶(袋)		个	0.826	1.226	1.698	2.359
	医用手套		副	1.600	2.400	3.200	4.800
	其他材料费		%	2.00	2.00	2.00	2.00
仪表	便携式双探头超声波流量计		台班	1.200	1.783	2.468	3.428
	总有机碳分析仪		台班	0.013	0.020	0.027	0.037
	原子吸收分光光度计		台班	1.333	1.981	2.743	3.810
	离子色谱仪		台班	1.333	1.981	2.743	3.810
	可见分光光度计		台班	1.200	1.783	2.468	3.428
	便携式多组气体分析仪		台班	3.199	4.383	5.668	7.428
	钠离子分析仪		台班	0.840	1.248	1.728	2.400

(7)取样装置系统调试

工作内容:1. 装置检查,取样点核对,冷却水调整。
2. 取样系统减压阀、安全阀、高压阀调整。
3. 冷却装置调整。

计量单位:台

编号				2-11-124	2-11-125	2-11-126	2-11-127
项目				锅炉蒸发量(t/h)			
				≤50	≤75	≤150	<220
名称			单位	消耗量			
人工	合计工日		工日	2.298	5.250	5.908	6.564
	其中	普工	工日	0.230	0.525	0.591	0.657
		一般技工	工日	1.149	2.625	2.954	3.282
		高级技工	工日	0.919	2.100	2.363	2.625
材料	酒精(工业用)99.5%		kg	2.252	2.574	2.895	3.217
	取样瓶(袋)		个	2.252	2.574	2.895	3.217
	医用手套		副	3.200	4.800	6.400	9.600
	其他材料费		%	2.00	2.00	2.00	2.00
仪表	便携式双探头超声波流量计		台班	1.200	2.743	3.086	3.428
	余氯分析仪		台班	1.200	2.743	3.086	3.428
	便携式精密露点仪		台班	1.067	2.438	2.743	3.048
	便携式可燃气体检漏仪		台班	1.067	2.438	2.743	3.048

(8)化学水处理试运

工作内容: 1. 净水、除盐水系统设备运行周期试验。
2. 加药量、排泥周期、反冲洗强度调整。
3. 再生工艺和酸碱耗调整。
4. 运行水质鉴定。

计量单位: 套

编　号				2-11-128	2-11-129	2-11-130	2-11-131
项　目				反渗透装置试运		过滤、二级钠交换系统	
				出力(t/h)			
				≤50	≤100	30~60	70~150
名　称			单位	消　耗　量			
人工	合计工日		工日	31.960	59.354	54.790	63.920
	其中	普工	工日	3.196	5.935	5.479	6.392
		一般技工	工日	15.980	29.677	27.395	31.960
		高级技工	工日	12.784	23.742	21.916	25.568
材料	酒精(工业用) 99.5%		kg	0.550	0.786	0.550	0.786
	取样瓶(袋)		个	1.120	1.600	1.120	1.600
	医用手套		副	1.120	1.600	1.120	1.600
	其他材料费		%	2.00	2.00	2.00	2.00
机械	试压泵 60MPa		台班	0.400	0.400	0.400	0.400
仪表	总有机碳分析仪		台班	2.133	3.048	2.400	3.428
	原子吸收分光光度计		台班	1.600	2.400	2.000	2.800
	离子色谱仪		台班	1.600	2.400	2.000	2.800
	可见分光光度计		台班	1.600	2.400	2.000	2.800
	钠离子分析仪		台班	2.520	3.600	2.240	3.200

计量单位：套

编号				2-11-132	2-11-133	2-11-134	2-11-135	2-11-136	2-11-137
项目				过滤、并列氢钠二级钠系统		过滤、一级除盐系统		过滤、二级除盐系统	
				出力（t/h）					
				30~60	70~150	30~60	70~150	30~60	70~150
名称			单位	消耗量					
人工	合计工日		工日	39.265	48.397	59.354	68.487	4.596	6.564
	其中	普工	工日	3.926	4.840	5.935	6.849	0.460	0.657
		一般技工	工日	19.633	24.198	29.677	34.243	2.298	3.282
		高级技工	工日	15.706	19.359	23.742	27.395	1.838	2.625
材料	酒精（工业用）99.5%		kg	0.550	0.786	0.550	0.786	0.550	0.786
	取样瓶（袋）		个	1.600	3.200	1.600	3.200	1.120	1.600
	医用手套		副	1.600	3.200	1.600	3.200	1.120	1.600
	其他材料费		%	2.00	2.00	2.00	2.00	2.00	2.00
机械	试压泵 60MPa		台班	0.400	0.400	0.400	0.400	0.400	0.400
仪表	总有机碳分析仪		台班	0.026	0.037	2.400	3.428	2.400	3.428
	原子吸收分光光度计		台班	0.003	0.004	2.400	3.428	2.400	3.428
	离子色谱仪		台班	0.003	0.004	2.400	3.428	2.400	3.428
	可见分光光度计		台班	0.026	0.037	2.400	3.428	2.400	3.428
	钠离子分析仪		台班	0.028	0.039	2.520	3.600	2.520	3.600

5. 厂内热网系统调试

工作内容: 1. 热网供热减温减压装置投运及调整。

2. 热网管道、蒸发站管道、加热站管道冲洗及阀门调整。
3. 热工信号及联锁保护校验。
4. 配合安全门热态检验。
5. 热网回水及处理系统投运及调整。
6. 系统投停及动态调整。

计量单位: 台

编　号				2-11-138	2-11-139	2-11-140	2-11-141
项　目				锅炉蒸发量(t/h)			
				≤50	≤75	≤150	<220
名　称			单位	消　耗　量			
人工	合计工日		工日	13.785	15.752	17.722	19.691
	其中	普工	工日	1.379	1.575	1.772	1.969
		一般技工	工日	6.892	7.876	8.861	9.846
		高级技工	工日	5.514	6.301	7.089	7.876
材料	转速信号荧光感应纸		卷	1.120	1.280	1.080	1.600
	其他材料费		%	2.00	2.00	2.00	2.00
机械	小型工程车		台班	1.680	2.520	3.400	4.480
仪表	笔记本电脑		台班	4.533	8.381	9.200	10.076
	红外测温仪		台班	2.240	2.920	3.400	3.880
	手持高精度数字测振仪&转速仪		台班	2.240	2.920	3.400	3.880

6. 脱硫工艺系统调试

工作内容：脱硫工艺系统调试工作内容包括工艺水系统调试、烟气系统冷态调试、二氧化硫吸收系统调试、烟气换热器系统调试、石灰石粉储存及浆液制备系统调试、石膏脱水系统调试和脱硫废水处理系统调试。

计量单位：套

编号				2-11-142	2-11-143
项目				烟气量为锅炉蒸发量（t/h）	
				≤ 150	<220
名称			单位	消耗量	
人工	合计工日		工日	168.933	187.196
	其中	普工	工日	16.893	18.719
		一般技工	工日	84.467	93.598
		高级技工	工日	67.573	74.879
材料	温度计套管		个	1.600	1.600
	医用口罩		个	38.400	48.000
	取样瓶（袋）		个	16.016	17.600
	医用手套		副	13.104	14.400
	取压短管		个	1.600	1.600
	表计插座		个	3.200	3.200
	U 形管夹		套	1.600	1.600
	专用吸油纸		张	4.000	4.000
	理化橡皮管		箱	0.800	0.800
	其他材料费		%	2.00	2.00
机械	小型工程车		台班	12.200	14.720
仪表	便携式多组气体分析仪		台班	15.600	18.000
	浊度仪		台班	15.600	18.000
	标准测力仪		台班	10.400	12.000
	便携式双探头超声波流量计		台班	12.133	14.000
	精密声级计		台班	12.133	14.000
	数字压力表		台班	12.133	14.000
	笔记本电脑		台班	24.267	32.000
	BOD 测试仪		台班	15.600	18.000
	红外测温仪		台班	15.600	18.000
	手持高精度数字测振仪&转速仪		台班	24.266	28.000
	数字式电子微压计		台班	12.133	14.000

7. 脱硝工艺系统调试

工作内容： 脱硝工艺系统调试工作内容包括氨卸料与存储系统调试、液氨蒸发系统调试、稀释风系统调试、注氨系统调试、SCR 吹灰系统调试和 SCR 反应器系统调试。

计量单位： 台

编　号				2-11-144	2-11-145	2-11-146	2-11-147
项　目				锅炉蒸发量（t/h）			
				≤50	≤75	≤150	<220
名　称			单位	消　耗　量			
人工	合计工日		工日	82.184	109.578	136.972	164.367
	其中	普工	工日	8.218	10.958	13.697	16.436
		一般技工	工日	41.092	54.789	68.486	82.184
		高级技工	工日	32.874	43.831	54.789	65.747
材料	肥皂水		kg	16.800	19.200	21.840	24.000
	医用口罩		个	24.000	32.000	40.000	48.000
	氮气		瓶	8.400	9.600	10.920	12.000
	理化橡皮管		箱	0.800	0.800	0.800	0.800
	其他材料费		%	2.00	2.00	2.00	2.00
机械	小型工程车		台班	4.000	4.800	6.000	7.200
仪表	氨气检漏仪		台班	11.467	13.105	14.907	16.381
	便携式污染检测仪		台班	10.133	11.581	13.173	14.476
	笔记本电脑		台班	8.000	12.000	16.000	20.000
	烟气采样器		台班	6.040	7.280	8.960	11.480
	红外测温仪		台班	6.040	7.280	8.960	11.480
	手持高精度数字测振仪&转速仪		台班	12.080	14.560	17.920	22.960
	数字式电子微压计		台班	7.280	8.240	11.480	12.640

二、整套启动调试

1. 锅炉整套启动调试

工作内容：锅炉整套启动调试工作内容包括热工信号及联锁保护校验、分系统投运、点火及燃油系统试验、安全阀校验及蒸汽严密性试验、机组空负荷运行调试、低负荷调试、主要辅机设备及附属系统带负荷调试、制粉系统热态调试、燃烧调整、机组带负荷试验、带负荷锅炉相关热控自动投用试验、甩负荷试验和72h+24h连续试运行。

计量单位：台

编号				2-11-148	2-11-149	2-11-150	2-11-151
项目				燃煤锅炉蒸发量(t/h)			
				≤50	≤75	≤150	<220
名称			单位	消耗量			
人工	合计工日		工日	150.638	213.847	292.416	424.741
	其中	一般技工	工日	60.255	85.539	116.966	169.896
		高级技工	工日	90.383	128.308	175.450	254.845
材料	医用口罩		个	16.000	24.000	32.000	40.000
	医用手套		副	12.000	20.000	28.000	36.000
	其他材料费		%	2.00	2.00	2.00	2.00
机械	小型工程车		台班	8.000	9.143	10.286	12.000
仪表	笔记本电脑		台班	26.933	39.924	48.912	71.200
	红外测温仪		台班	8.000	9.143	10.286	12.000
	手持高精度数字测振仪&转速仪		台班	8.000	9.143	10.286	12.000

2. 生物质锅炉整套启动调试

工作内容： 生物质锅炉整套启动调试工作内容包括热工信号及联锁保护校验、分系统投运、点火及燃油系统试验、安全阀校验及蒸汽严密性试验、机组空负荷运行调试、低负荷调试、主要辅机设备及附属系统带负荷调试、制粉系统热态调试、燃烧调整、机组带负荷试验、带负荷锅炉相关热控自动投用试验、甩负荷试验和 72h+24h 连续试运行。

计量单位： 台

编　号				2-11-152	2-11-153	2-11-154	2-11-155
项　目				生物质锅炉蒸发量（t/h）			
				≤ 50	≤ 75	≤ 150	<220
名　称			单位	消　耗　量			
人工	合计工日		工日	243.820	286.848	318.816	366.638
	其中	一般技工	工日	97.528	114.739	127.526	146.655
		高级技工	工日	146.292	172.109	191.290	219.983
材料	医用口罩		个	20.808	24.480	28.800	33.120
	医用手套		副	18.207	21.420	25.200	28.980
	其他材料费		%	2.00	2.00	2.00	2.00
机械	小型工程车		台班	6.688	7.868	9.257	10.646
仪表	笔记本电脑		台班	31.805	37.418	44.021	50.624
	红外测温仪		台班	6.688	7.868	9.257	10.646
	手持高精度数字测振仪&转速仪		台班	6.688	7.868	9.257	10.646

3. 汽轮机整套启动调试

工作内容： 汽机整套启动调试工作内容包括热工信号及联锁保护校验、分系统投运、主机冲转前检查（冷态启动）、主机冲转、并网及空负荷技术消耗量控制调整、发电机冷却系统运行、主机带负荷阶段试验、汽机辅助设备及附属系统带负荷调试、轴承及转子振动测量、带负荷汽机相关热控自动投用试验、甩负荷试验和 72h+24h 连续满负荷试运行。

计量单位：台

编号				2-11-156	2-11-157	2-11-158	2-11-159
项目				发电单机容量（MW）机组			
				≤6	≤15	≤25	≤35
名称			单位	消耗量			
人工	合计工日		工日	103.694	154.931	213.847	297.338
	其中	一般技工	工日	41.478	61.972	85.539	118.935
		高级技工	工日	62.216	92.959	128.308	178.403
材料	碎布		箱	0.400	0.640	0.960	1.200
	医用口罩		个	9.600	14.400	19.200	24.000
	医用手套		副	8.000	12.000	16.000	20.000
	其他材料费		%	2.00	2.00	2.00	2.00
机械	小型工程车		台班	8.400	9.600	10.800	11.428
仪表	便携式双探头超声波流量计		台班	8.400	9.600	10.800	11.428
	高精度测厚仪装置		台班	8.400	9.600	10.800	11.428
	笔记本电脑		台班	24.400	36.800	46.800	67.428
	红外测温仪		台班	8.400	9.600	10.800	11.428
	手持高精度数字测振仪&转速仪		台班	7.280	8.320	9.360	9.905

4. 燃气轮机整套启动调试

工作内容： 燃气轮机整套启动调试工作内容包括燃气轮机分系统投运、燃气轮机空负荷试运、燃气轮机带负荷试运、燃气轮机满负荷连续试运（168h 或 72h+24h）。

计量单位： 台

编　号				2-11-160	2-11-161	2-11-162	2-11-163
项　目				单机容量（MW）			
				≤6	≤15	≤25	≤35
名　称			单位	消　耗　量			
人工	合计工日		工日	134.125	157.795	185.640	218.400
	其中	一般技工	工日	53.650	63.118	74.256	87.360
		高级技工	工日	80.475	94.677	111.384	131.040
材料	转速信号荧光感应纸		卷	0.227	0.268	0.315	0.370
	其他材料费		%	2.00	2.00	2.00	2.00
机械	小型工程车		台班	7.370	8.670	10.200	12.000
仪表	便携式双探头超声波流量计		台班	1.670	1.966	2.312	2.720
	笔记本电脑		台班	88.434	104.040	122.400	144.000
	红外测温仪		台班	49.130	57.800	68.000	80.000
	手持高精度数字测振仪&转速仪		台班	34.391	40.460	47.600	56.000

5. 化学整套启动调试

工作内容：化学整套启动调试工作内容包括分系统投运、整组启动化学监督、化学热工系统投运、化学净水、补给水及废液排放系统调试和 72h+24h 连续试运行。

计量单位：台

编号				2-11-164	2-11-165	2-11-166	2-11-167
项目				燃煤锅炉蒸发量（t/h）			
				≤50	≤75	≤150	<220
名称			单位	消耗量			
人工	合计工日		工日	82.218	105.540	108.814	150.769
	其中	一般技工	工日	32.887	42.216	43.526	60.308
		高级技工	工日	49.331	63.324	65.288	90.461
材料	酒精（工业用）99.5%		kg	2.796	3.195	3.595	3.994
	医用口罩		个	4.000	6.400	9.600	12.000
	取样瓶（袋）		个	2.796	3.195	3.595	3.994
	医用手套		副	2.796	3.195	3.595	3.994
	其他材料费		%	2.00	2.00	2.00	2.00
机械	小型工程车		台班	8.400	9.143	10.286	12.000
仪表	笔记本电脑		台班	11.200	13.143	18.286	27.428

三、特殊项目测试与性能验收试验

1. 流化床锅炉燃烧试验

工作内容：1. 床温、床压、炉膛出口温度控制与调整。
2. 燃料量的控制与调整。
3. 过剩空气系数调整。
4. 燃料粒度配比的控制与调整。
5. 配风方式试验。
6. 试验方案措施的制订。

计量单位：台

编　号				2-11-168	2-11-169
项　目				锅炉蒸发量（t/h）	
				≤75	<220
名　称			单位	消　耗　量	
人工	合计工日		工日	11.487	16.410
	其中	普工	工日	1.149	1.641
		一般技工	工日	5.743	8.205
		高级技工	工日	4.595	6.564
材料	遮挡式靠背管		个	11.200	16.000
	理化橡皮管		箱	1.669	2.384
	其他材料费		%	2.00	2.00
机械	小型工程车		台班	2.600	4.120
仪表	笔记本电脑		台班	6.667	9.524
	红外测温仪		台班	3.000	4.840
	手持高精度数字测振仪&转速仪		台班	4.000	5.714
	数字式电子微压计		台班	3.000	4.840

2. 流化床锅炉投石灰石试验

工作内容: 1. 投石灰石系统设备试转及检查。
2. 进行钙硫比调整试验。
3. 试验方案措施的制订。

计量单位:台

编号				2-11-170	2-11-171
项目				锅炉蒸发量(t/h)	
				≤75	<220
名称			单位	消耗量	
人工	合计工日		工日	6.891	9.846
	其中	普工	工日	0.689	0.984
		一般技工	工日	3.446	4.923
		高级技工	工日	2.756	3.939
材料	遮挡式靠背管		个	7.280	10.400
	理化橡皮管		箱	0.560	0.800
	其他材料费		%	2.00	2.00
机械	小型工程车		台班	3.428	4.952
仪表	笔记本电脑		台班	3.733	5.333
	红外测温仪		台班	3.467	4.952
	手持高精度数字测振仪&转速仪		台班	3.467	4.952
	数字式电子微压计		台班	3.467	4.952

3. 给水、减温水调节漏流量与特性试验

工作内容：1. 电动门、调节门检查与整定。
2. 调节门漏流量测定。
3. 自动调节门流量特性试验。

计量单位：台

编号				2-11-172	2-11-173
项目				锅炉蒸发量（t/h）	
				≤75	<220
名称			单位	消耗量	
人工	合计工日		工日	6.432	9.190
	其中	普工	工日	0.643	0.919
		一般技工	工日	3.216	4.595
		高级技工	工日	2.573	3.676
材料	碎布		箱	0.080	0.096
	遮挡式靠背管		个	4.800	6.400
	理化橡皮管		箱	0.240	0.400
	其他材料费		%	2.00	2.00
机械	小型工程车		台班	1.600	2.400
仪表	笔记本电脑		台班	4.000	5.714

4. 等离子点火装置调整试验

工作内容：1. 冷却水系统调试。
2. 压缩空气系统调试。
3. 一、二次风系统冷态调试。
4. 电气系统调试（包括冷态拉弧试验）。
5. 图像火检系统的调试。
6. 各项联锁保护的传动试验。
7. 热态调整试验。

计量单位：台

编号				2-11-174	2-11-175
项目				锅炉蒸发量（t/h）	
				≤75	<220
名称			单位	消耗量	
人工	合计工日		工日	28.385	40.550
	其中	普工	工日	2.838	4.055
		一般技工	工日	14.193	20.275
		高级技工	工日	11.354	16.220
机械	小型工程车		台班	2.400	3.200
仪表	笔记本电脑		台班	9.600	13.714

5. 微油点火装置调整试验

工作内容：1. 各项联锁保护的传动试验。
2. 阀门、挡板试验。
3. 小型雾化试验。
4. 热态调整。

计量单位：台

编号				2-11-176	2-11-177
项目				锅炉蒸发量（t/h）	
				≤75	<220
名称			单位	消耗量	
人工	合计工日		工日	22.829	36.526
	其中	普工	工日	2.283	3.652
		一般技工	工日	11.414	18.263
		高级技工	工日	9.132	14.611
机械	小型工程车		台班	2.000	2.800
仪表	笔记本电脑		台班	8.000	12.000

6. 制粉系统出力测试

工作内容：1. 按照试验方案要求配合进行试验仪表设备安装。
2. 系统运行方式及运行参数调整，系统隔离。
3. 正式试验。
4. 试验结果计算、分析、总结。

计量单位：台

编号				2-11-178	2-11-179
项目				锅炉蒸发量（t/h）	
				≤75	<220
名称			单位	消耗量	
人工	合计工日		工日	51.685	80.175
	其中	普工	工日	5.169	8.017
		一般技工	工日	25.842	40.088
		高级技工	工日	20.674	32.070
材料	遮挡式靠背管		个	9.829	14.042
	无石棉手套		副	3.351	4.787
	防尘口罩		只	3.402	4.860
	理化橡皮管		箱	0.662	0.945
	其他材料费		%	2.00	2.00
机械	小型工程车		台班	4.000	5.714
仪表	便携式煤粉取样装置		台班	3.306	4.722
	煤粉气流筛		台班	3.707	5.296
	笔记本电脑		台班	18.425	26.322
	数字式电子微压计		台班	3.171	4.530

7. 磨煤机单耗测试

工作内容：1. 按照试验方案要求配合进行试验仪表设备安装。
2. 系统运行方式及运行参数调整，系统隔离。
3. 正式试验。
4. 试验结果计算、分析、总结。

计量单位：台

编　号				2-11-180	2-11-181
项　目				锅炉蒸发量（t/h）	
				≤75	<220
名　称			单位	消　耗　量	
人工	合计工日		工日	59.258	84.652
	其中	普工	工日	5.926	8.465
		一般技工	工日	29.629	42.326
		高级技工	工日	23.703	33.861
材料	遮挡式靠背管		个	4.480	6.400
	无石棉手套		副	2.610	3.730
	防尘口罩		只	2.668	3.811
	理化橡皮管		箱	0.480	0.686
	其他材料费		%	2.00	2.00
机械	小型工程车		台班	2.720	3.720
仪表	便携式煤粉取样装置		台班	2.133	3.048
	煤粉气流筛		台班	2.133	3.048
	笔记本电脑		台班	16.563	23.662
	数字式电子微压计		台班	2.133	3.048

8. 机组热耗测试

工作内容: 1. 试验测点(温度、压力、流量等)安装位置讨论确认。
2. 按照试验方案要求配合进行试验仪表设备(热电偶、变送器、电功率表等)安装。
3. 机组明漏、内漏检查,热力系统检查及优化调整。
4. 机组运行方式及运行参数调整,阀门隔离。
5. 流量平衡试验。
6. 预备性试验。
7. 正式试验。
8. 试验结果计算、分析、总结。

计量单位:台

编号				2-11-182	2-11-183
项目				发电机容量(MW)	
				≤15	≤35
名称			单位	消耗量	
人工	合计工日		工日	27.394	41.091
	其中	普工	工日	2.739	4.109
		一般技工	工日	13.697	20.546
		高级技工	工日	10.958	16.436
材料	砂纸		张	2.159	3.084
	凡士林		kg	0.151	0.216
	铜芯聚氯乙烯绝缘屏蔽电线 RVVP-2×1.0mm^2		m	168.000	240.000
	高精度热电偶补偿导线		m	112.000	160.000
	其他材料费		%	2.00	2.00
机械	小型工程车		台班	3.200	4.800
仪表	便携式双探头超声波流量计		台班	1.589	2.270
	高精度测厚仪装置		台班	1.291	1.844
	高精度 40 通道压力采集系统		台班	3.840	5.486
	数字压力表		台班	1.275	1.821
	高精度多功能电功率采集仪		台班	1.482	2.116
	笔记本电脑		台班	9.600	12.000
	红外测温仪		台班	2.726	3.895

9. 机组轴系振动测试

工作内容： 1. 按照试验方案要求配合进行试验仪表设备安装。
2. 机组低速下的原始晃动监测。
3. 机组升速和降速过程中的振动监测。
4. 机组带负荷期间典型工况下的振动监测。
5. 变排汽温度对主机振动影响试验。
6. 变润滑油温对主机振动影响试验。
7. 试验情况分析与总结。

计量单位： 台

编　号				2-11-184	2-11-185
项　目				发电机容量（MW）	
				≤15	≤35
名　称			单位	消　耗　量	
人工	合计工日		工日	41.122	58.746
	其中	普工	工日	4.112	5.875
		一般技工	工日	20.561	29.373
		高级技工	工日	16.449	23.498
机械	小型工程车		台班	4.800	6.000
仪表	振动动态信号采集分析系统		台班	12.000	16.800
	笔记本电脑		台班	18.000	26.000
	红外测温仪		台班	5.632	8.046

10. 机组供电煤耗测试

工作内容： 1. 按照试验方案要求进行机组热力系统优化调整、运行方式及运行参数调整。
2. 正式试验。
3. 结合炉热效率试验、机组热耗试验结果进行计算、分析、总结。

注释：试验与炉热效率试验、机组热耗试验同期进行。若单独进行本试验，费用须在本项目基础上，加上炉热效率试验、机组热耗试验的项目。

计量单位： 套

编　号				2-11-186	2-11-187
项　目				发电机容量（MW）	
				≤15	≤35
名　称			单位	消　耗　量	
人工	合计工日		工日	45.882	65.546
	其中	普工	工日	4.588	6.555
		一般技工	工日	22.941	32.773
		高级技工	工日	18.353	26.218
机械	小型工程车		台班	3.200	4.572
仪表	数字压力表		台班	2.549	3.642
	高精度多功能电功率采集仪		台班	5.926	8.466
	笔记本电脑		台班	12.000	18.000
	红外测温仪		台班	5.453	7.790

11. 机组 RB 试验

工作内容：1. RB 动作回路的检查确认。
2. 最大带载能力及 RB 目标负荷等参数的检查与确认。
3. 与其他控制系统的联调试验。
4. 跳磨程序的联锁试验。
5. 现场 RB 试验。
6. 试验结果计算、分析、总结告。

计量单位：套

编　号				2-11-188	2-11-189
项　目				发电机容量（MW）	
				≤15	≤35
名　称			单位	消　耗　量	
人工	合计工日		工日	252.705	361.007
	其中	普工	工日	25.270	36.100
		一般技工	工日	126.353	180.504
		高级技工	工日	101.082	144.403
机械	小型工程车		台班	4.000	5.714
仪表	标准信号发生器		台班	2.636	3.766
	笔记本电脑		台班	11.299	16.142

12. 污染物排放测试

工作内容：1. 大气污染物排放浓度测试。
2. 大气污染物排放速率测试。
3. 水污染物排放浓度测试。

计量单位：样次

编　号				2-11-190	2-11-191
项　目				锅炉蒸发量（t/h）	
				≤75	<220
名　称			单位	消　耗　量	
人工	合计工日		工日	33.811	48.302
	其中	普工	工日	3.381	4.830
		一般技工	工日	16.906	24.151
		高级技工	工日	13.524	19.321
材料	麻丝		kg	0.493	0.704
	密封胶		kg	0.493	0.704
	无石棉纸		kg	0.986	1.408
	水流指示器		个	0.493	0.704
	细铁丝		m	0.493	0.704
	防护眼罩		个	0.493	0.704

续前

编号			2-11-190	2-11-191
项目			锅炉蒸发量（t/h）	
			≤75	<220
名称		单位	消耗量	
材料	表计插座	个	0.493	0.704
	无石棉手套	副	0.986	1.408
	防尘口罩	只	1.971	2.816
	仪表接头（不锈钢）	个	0.493	0.704
	标志牌	个	0.493	0.704
	一次性耳塞	个	1.971	2.816
	硅胶管	m	24.640	35.200
	防爆插头	个	0.493	0.704
	铠装热电偶	只	0.493	0.704
	烟气取样枪	个	0.493	0.704
	清洗液 500mL	瓶	0.986	1.408
	聚四氟乙烯生料带	卷	0.493	0.704
	橡胶手套	副	0.986	1.408
	理化橡皮管	箱	0.493	0.704
	其他材料费	%	2.00	2.00
机械	小型工程车	台班	2.400	3.600
仪表	便携式多组气体分析仪	台班	0.024	0.034
	电子天平（0.000 1mg）	台班	0.070	0.100
	便携式电导率表	台班	0.047	0.067
	pH 测试仪	台班	0.117	0.168
	湿度采样管	台班	0.047	0.067
	热电偶精密测温仪	台班	0.117	0.168
	可拆式烟尘采样枪	台班	0.070	0.100
	粉尘快速测试仪	台班	0.070	0.100
	便携式烟气预处理器	台班	0.070	0.100
	烟尘测试仪	台班	0.070	0.100
	烟气分析仪	台班	0.070	0.100
	笔记本电脑	台班	7.200	9.600
	压力校验仪	台班	0.047	0.067
	便携式精密露点仪	台班	0.024	0.034
	BOD 测试仪	台班	0.024	0.034
	气体分析仪	台班	0.047	0.067
	气体、粉尘、烟尘采样仪校验装置	台班	0.070	0.100
	烟气采样器	台班	0.070	0.100
	烟尘浓度采样仪	台班	0.070	0.100
	加热烟气采样枪	台班	0.070	0.100
	钠离子分析仪	台班	0.047	0.067

13. 噪声测试

工作内容: 1. 各设备噪声测试。
2. 设备背景噪声测试。
3. 厂界噪声测试。
4. 各敏感点噪声测试。
5. 测试结果计算、分析、总结。

计量单位: 样次

编号				2-11-192	2-11-193
项目				锅炉蒸发量(t/h)	
				≤75	<220
名称			单位	消耗量	
人工	合计工日		工日	16.985	23.102
	其中	普工	工日	1.699	2.310
		一般技工	工日	8.492	11.551
		高级技工	工日	6.794	9.241
材料	医用口罩		个	3.696	5.280
	医用手套		副	3.696	5.280
	细纱白手套		副	3.080	4.400
	其他材料费		%	2.00	2.00
机械	小型工程车		台班	2.080	3.440
仪表	叶轮式风速表		台班	0.293	0.419
	精密声级计		台班	2.933	4.190
	笔记本电脑		台班	6.560	9.920

14. 散热测试

工作内容： 1. 按照试验方案要求配合进行试验仪表设备安装。
2. 系统运行方式及运行参数调整，系统隔离。
3. 正式试验。
4. 测试结果计算、分析、总结。

计量单位： 样次

编号				2-11-194	2-11-195
项目				锅炉蒸发量（t/h）	
				≤75	<220
名称			单位	消耗量	
人工	合计工日		工日	49.668	70.954
	其中	普工	工日	4.967	7.096
		一般技工	工日	24.834	35.477
		高级技工	工日	19.867	28.381
材料	无石棉手套		副	2.956	4.222
	其他材料费		%	2.00	2.00
机械	小型工程车		台班	2.600	3.920
仪表	笔记本电脑		台班	7.440	11.520
	红外测温仪		台班	4.620	6.600

15. 粉 尘 测 试

工作内容：1. 大气压测定。
2. 风速、湿度测定。
3. 厂区粉尘测试。
4. 测试结果计算、分析、总结。

计量单位：样次

编号				2-11-196	2-11-197
项目				锅炉蒸发量（t/h）	
				≤75	<220
名称			单位	消耗量	
人工	合计工日		工日	41.091	59.354
	其中	普工	工日	4.109	5.935
		一般技工	工日	20.546	29.677
		高级技工	工日	16.436	23.742
材料	医用口罩		个	2.464	3.520
	医用手套		副	3.696	5.280
	其他材料费		%	2.00	2.00
机械	小型工程车		台班	2.933	4.190
仪表	叶轮式风速表		台班	0.293	0.419
	粉尘快速测试仪		台班	0.293	0.419
	笔记本电脑		台班	7.400	11.120
	气体、粉尘、烟尘采样仪校验装置		台班	0.200	0.400

16. 除尘效率测试

工作内容：1. 除尘器前烟尘浓度测定。
2. 除尘器后烟尘浓度测定。
3. 除尘器前后烟气氧量与湿度测定。
4. 试验结果计算、分析、总结。

计量单位：套

编　号				2-11-198	2-11-199
项　目				锅炉蒸发量(t/h)	
				≤75	<220
名　称			单位	消　耗　量	
人工	合计工日		工日	50.224	73.052
	其中	普工	工日	5.022	7.305
		一般技工	工日	25.112	36.526
		高级技工	工日	20.090	29.221
材料	密封胶		kg	0.246	0.352
	无石棉手套		副	0.986	1.408
	防尘口罩		只	1.971	2.816
	铠装热电偶		只	0.493	0.704
	烟气取样枪		个	0.493	0.704
	其他材料费		%	2.00	2.00
机械	小型工程车		台班	3.467	4.952
仪表	热电偶精密测温仪		台班	0.117	0.168
	可拆式烟尘采样枪		台班	0.070	0.100
	便携式烟气预处理器		台班	0.070	0.100
	笔记本电脑		台班	9.600	14.400
	压力校验仪		台班	0.047	0.067
	气体分析仪		台班	0.047	0.067
	气体、粉尘、烟尘采样仪校验装置		台班	0.070	0.100
	烟尘浓度采样仪		台班	0.070	0.100
	加热烟气采样枪		台班	0.070	0.100
	钠离子分析仪		台班	0.047	0.067

17. 烟气监测系统测试

工作内容: 1. 按照试验方案要求配合进行试验仪表设备安装。
2. 系统运行方式及运行参数调整,系统隔离。
3. 测试。
4. 测试结果计算、分析、总结。

计量单位:试件

编号				2-11-200	2-11-201
项目				锅炉蒸发量(t/h)	
				≤75	<220
名称			单位	消耗量	
人工	合计工日		工日	21.915	32.872
	其中	普工	工日	2.191	3.287
		一般技工	工日	10.958	16.436
		高级技工	工日	8.766	13.149
材料	密封胶		kg	0.246	0.352
	无石棉手套		副	0.986	1.408
	防尘口罩		只	1.971	2.816
	铠装热电偶		只	0.493	0.704
	烟气取样枪		个	0.493	0.704
	其他材料费		%	2.00	2.00
机械	小型工程车		台班	1.600	2.286
仪表	热电偶精密测温仪		台班	0.117	0.168
	可拆式烟尘采样枪		台班	0.070	0.100
	便携式烟气预处理器		台班	0.070	0.100
	笔记本电脑		台班	6.933	9.905
	压力校验仪		台班	0.047	0.067
	气体分析仪		台班	0.047	0.067
	气体、粉尘、烟尘采样仪校验装置		台班	0.070	0.100
	烟尘浓度采样仪		台班	0.070	0.100
	加热烟气采样枪		台班	0.070	0.100
	钠离子分析仪		台班	0.047	0.067

18. 炉热效率测试

工作内容：1. 按照试验方案要求配合进行试验仪表设备安装。
2. 系统运行方式及运行参数调整，系统隔离。
3. 测试。
4. 测试结果计算、分析、总结。

计量单位：台

编　号				2-11-202	2-11-203
项　目				锅炉蒸发量（t/h）	
				≤75	<220
名　称			单位	消　耗　量	
人工	合计工日		工日	77.618	116.883
	其中	普工	工日	7.762	11.688
		一般技工	工日	38.809	58.442
		高级技工	工日	31.047	46.753
材料	氮气		瓶	0.103	0.147
	无石棉手套		副	3.784	5.406
	防尘口罩		只	3.842	5.489
	铠装热电偶		只	66.016	94.308
	烟气取样枪		个	16.502	23.575
	铜三通		个	4.119	5.885
	氮气 99.999 99% 25L		瓶	0.078	0.111
	一氧化碳气体 804ppm 25L		瓶	0.033	0.046
	理化橡皮管		箱	0.374	0.534
	其他材料费		%	2.00	2.00
机械	小型工程车		台班	4.800	6.857
仪表	烟气分析仪		台班	1.202	1.716
	隔膜式抽气泵		台班	1.373	1.962
	笔记本电脑		台班	20.000	30.000
	钠离子分析仪		台班	1.217	1.738

主编单位：电力工程造价与定额管理总站

专业主编单位：电力工程造价与定额管理总站

参编单位：中国电力企业联合会电力建设技术经济咨询中心
迪尔集团有限公司
上海电力建设启动调整试验所有限公司

计价依据编制审查委员会综合协商组：胡传海　王海宏　吴佐民　王中和　董士波
冯志祥　褚得成　刘中强　龚桂林　薛长立
杨廷珍　汪亚峰　蒋玉翠　汪一江

计价依据编制审查委员会专业咨询组：薛长立　蒋玉翠　杨　军　张　鑫　李　俊
余铁明　庞宗琨

编制人员：褚得成　张天光　董士波　郭金颖　庞奎民　徐　毅　叶祺贤　聂建宁
靳　飞　龚凯峰　陈　凯　田进步　陈　韬　柳　印　王美玲　周彦龙
姜力国　张慧涛　刘龙飞　刘珊珊

专业内部审查专家：李伟亮　蒋玉翠

审查专家：薛长立　蒋玉翠　张　鑫　兰有东　彭永才　陈庆波　李伟亮

软件支持单位：成都鹏业软件股份有限公司

软件操作人员：杜　彬　赖勇军　可　伟　孟　涛

关注官方微信
获取更多图书资讯

ISBN 978-7-5182-1400-6

9 787518 214006 >

定价：154.00 元

住房和城乡建设部标准定额研究所　　　　建设工程造价技术资料

通用安装工程消耗量

TY 02-31-2021

第二册　热力设备安装工程

中国计划出版社